中国地质大学（武汉）实验教学系列教材

"互联网十"教材系列
大学化学实验
DAXUE HUAXUE SHIYAN

主　编：廖桂英　王群英
副主编：李　勇　李　静　谢　静

中国地质大学出版社
ZHONGGUO DIZHI DAXUE CHUBANSHE

图书在版编目(CIP)数据

大学化学实验/廖桂英等主编. —武汉:中国地质大学出版社,2023.1
[中国地质大学(武汉)实验教学系列教材]
ISBN 978-7-5625-5466-0

Ⅰ.①大… ②王… Ⅱ.①廖… Ⅲ.①化学实验-高等学校-教材 Ⅳ.①O6-3

中国版本图书馆 CIP 数据核字(2022)第 227097 号

大学化学实验	主 编:廖桂英 王群英
	副主编:李 勇 李 静 谢 静
责任编辑:胡珞兰　　　　选题策划:胡珞兰 张 健	责任校对:徐蕾蕾

出版发行:中国地质大学出版社(武汉市洪山区鲁磨路 388 号)	邮编:430074
电　　话:(027)67883511　　传　　真:(027)67883580	E-mail:cbb@cug.edu.cn
经　　销:全国新华书店	http://cugp.cug.edu.cn
开本:787 毫米×1092 毫米 1/16	字数:329 千字　　印张:14.25
版次:2023 年 1 月第 1 版	印次:2023 年 1 月第 1 次印刷
印刷:湖北新华印务有限公司	
ISBN 978-7-5625-5466-0	定价:39.00 元

如有印装质量问题请与印刷厂联系调换

前 言

"大学化学"和"大学化学实验"是中国地质大学(武汉)面向非化学类理工科学生开设的重要基础课程。我们编写的《大学化学》《大学化学实验》和《工科基础化学与实验》是我校"大学化学"课程分层次教学的必选系列教材。"大学化学实验"是"大学化学"课程的重要组成部分,是夯实和加深学生的化学基础理论知识,培养学生动手实践、观察思考、分析总结等多方面能力的重要环节。

我们根据多年来的大学化学教学与实践经验,参考借鉴国内其他院校的化学实验教学体系内容,并结合我校特色,在上一版《大学化学实验》的基础上重新编写了本教材,力求在实验体系和内容上推陈出新,兼顾传统与创新、基础与应用,激发学生的学习兴趣和积极性,提高学生的实践动手能力与综合素质。

本实验教材的内容分为6个部分,即绪论、化学实验基础知识、基础实验、综合应用实验、设计与创新实验和计算机在化学实验数据处理中的应用。在化学实验基础知识部分,我们编写了实验室安全守则及一些常见事故的处理方法,强调安全规范操作的重要性;结合近年来学校新进的实验仪器,更新了分光光度计、酸度计等实验测量仪器的操作使用说明。在实验内容部分,我们分成3个模块,即基础实验、综合应用实验、设计与创新实验,共收编42个实验。基础实验与上一版教材基本相同,主要包含化学基本原理和基本操作训练方面的一系列实验;在综合应用实验中,我们新编写了与地质、环境、分析等专业相关的一些实验,希望能够显示现代测试分析技术的应用;在设计与创新实验中,我们编写了8个实验,希望充分发挥学生的主观能动性,综合运用所学的化学理论知识和实验技能,开展实验设计,突出实验的创新性。此外,我们对上一版教材存在的一些不妥之处进行了较为全面的更正,以提高教材质量。我们还新增了基本操作和部分基础实验的小视频,以二维码的形式嵌入本教材中,读者可扫码观看学习,直观地获取更多关于基础实验的电子学习资源。

参加本次编写工作的有廖桂英、王群英、李勇、李静、谢静等教师。"Liesegang 环带:凝胶中的周期性沉淀反应"实验由杨问华教授编写;"微珠法测定痕量铁"由盛绍基教授编写。视频拍摄由廖桂英、李静、李勇教师合作完成,研究生助教王同飞和龚真鹏参与了实验拍摄,谢静和王群英教师参与指导。

  本教材在编写过程中,参阅了国内外出版的相关实验教材、论文及著作,在此特致谢意。感谢中国地质大学(武汉)设备处实验教材项目的资助;感谢材料与化学学院实验中心和大学化学教学团队教师们的帮助与支持,特别是周森教师在基础实验内容部分给予的补充和改进;还要特别感谢大学化学实验第一版的主编及编者安黛宗、华萍、夏华等教师,感谢他们搭建了中国地质大学(武汉)基础化学实验体系的框架以及对后辈的大力指导和帮助。

  我们努力并力争在编写过程中少出错误,但由于水平有限,本实验教材中难免有疏漏和不足之处,敬请读者批评指正。

作 者
2022 年 10 月于武汉

目 录

第一章 绪 论 (1)
- 第一节 化学实验的目的 (1)
- 第二节 化学实验的学习方法 (1)
- 第三节 化学实验规则 (2)
- 第四节 化学实验成绩的评定 (3)

第二章 化学实验基础知识 (4)
- 第一节 化学实验室的安全防护基本常识 (4)
- 第二节 化学实验常见的事故处理 (5)
- 第三节 化学实验常用的玻璃仪器 (6)
- 第四节 化学试剂、试纸和滤纸 (12)
- 第五节 化学实验基本操作 (14)
- 第六节 实验测量仪器 (17)
- 第七节 实验误差及有效数字 (36)
- 第八节 实验数据处理及实验报告 (39)

第三章 基础实验 (44)
- 实验 1 标准物质的称量、配制与酸碱滴定 (44)
- 实验 2 醋酸解离常数和解离度的测定 (47)
- 实验 3 燃烧焓的测定 (50)
- 实验 4 液体饱和蒸气压的测定(动态法) (54)
- 实验 5 液体饱和蒸气压的测定(静态法) (57)
- 实验 6 电解质溶液 (61)
- 实验 7 凝固点降低法测摩尔质量 (65)
- 实验 8 氧化还原反应及电化学(Ⅰ)——电极电位、原电池、电解池与金属腐蚀防护 (69)
- 实验 9 电动势的测定及应用——电化学(Ⅱ) (74)
- 实验 10 蔗糖水解反应速率常数的测定 (77)
- 实验 11 二级反应——乙酸乙酯皂化 (80)
- 实验 12 双液系气-液平衡相图 (84)
- 实验 13 二组分金属相图 (87)

Ⅲ

  实验 14 磺基水杨酸合铁(Ⅲ)配离子的组成和稳定常数的测定 ……………………… (90)
  实验 15 锡、铅、锑、铋 ……………………………………………………………………… (94)
  实验 16 铬和锰 ………………………………………………………………………………… (98)
  实验 17 铁、钴、镍 …………………………………………………………………………… (103)
  实验 18 铜、银、锌、汞 ……………………………………………………………………… (108)
  实验 19 常见阴离子的分离与检出 ………………………………………………………… (113)
  实验 20 常见阳离子的分离和检出 ………………………………………………………… (119)

第四章 综合应用实验 ………………………………………………………………………………… (125)
  实验 21 水的净化与软化处理 ……………………………………………………………… (125)
  实验 22 Belousov-Zhabotinsky 振荡反应 …………………………………………………… (130)
  实验 23 Liesegang 环带——凝胶中的周期性沉淀反应 ………………………………… (134)
  实验 24 食用白醋总酸度的测定 …………………………………………………………… (136)
  实验 25 高锰酸钾法测定过氧化氢的含量 ………………………………………………… (138)
  实验 26 自来水中微量氯离子的测定 ……………………………………………………… (140)
  实验 27 微珠法测定痕量铁(微型实验) …………………………………………………… (143)
  实验 28 铁矿石中铁含量的测定(重铬酸钾法) ………………………………………… (145)
  实验 29 铁矿石中铁含量的测定(XRF 法) ……………………………………………… (148)
  实验 30 紫外分光光度法测定氯霉素 ……………………………………………………… (150)
  实验 31 碳酸饮料中柠檬酸含量的测定 …………………………………………………… (152)
  实验 32 火焰原子吸收光谱法测定茶叶中铅的含量 …………………………………… (155)
  实验 33 高效液相色谱法测定咖啡中的咖啡因含量 …………………………………… (157)
  实验 34 电感耦合等离子发射光谱法测定头发中微量铜、铅、锌 …………………… (160)

第五章 设计与创新实验 ……………………………………………………………………………… (162)
  实验 35 微波辐射法合成隐形荧光防伪墨水 …………………………………………… (162)
  实验 36 常用塑料的鉴别 …………………………………………………………………… (164)
  实验 37 ZIF-8 纳米颗粒的形貌控制合成与表征 ……………………………………… (167)
  实验 38 银纳米颗粒的形貌可控制备 ……………………………………………………… (169)
  实验 39 纳米氧化锌的制备与质量分析 …………………………………………………… (171)
  实验 40 纳米二氧化钛的制备及其光催化制氢性能 …………………………………… (174)
  实验 41 废锌锰干电池的综合利用研究 …………………………………………………… (177)
  实验 42 河道底泥中氮形态的测定 ………………………………………………………… (179)

第六章 计算机在化学实验数据处理中的应用 ……………………………………………………… (181)
  第一节 Excel 处理化学实验数据 ………………………………………………………… (181)
  第二节 应用 Origin 软件处理化学实验数据 …………………………………………… (188)

附 录 ……………………………………………………………………………………………………… (194)
  附录 1 若干重要无机化合物在水中的溶解度 ………………………………………… (194)
  附录 2 常用酸碱的浓度 ………………………………………………………………………… (196)

附录 3　弱电解质的解离常数 ··· (196)
附录 4　难溶电解质的溶度积 ·· (198)
附录 5　常见元素及其化合物的标准电极电势 ·· (199)
附录 6　常见配离子的稳定常数 ·· (205)
附录 7　危险药品的分类、性质和管理 ·· (207)
附录 8　一些化学试剂的性质、危害及存放要求 ······································· (208)
附录 9　部分物理化学常用数据表 ··· (210)
附录 10　一些物质的热力学性质 ·· (212)
主要参考文献 ··· (220)

第一章 绪 论

第一节 化学实验的目的

化学是一门研究物质组成、结构、性质及其变化规律的基础科学,也是应用性科学,许多重要的理论依据与科研成果均来自实验研究。化学离不开实验,化学实验是化学理论产生的基础,没有化学实验就没有化学的规律和成果;化学实验是检验化学理论正确的唯一标准,是大学理工类专业必修的基础化学课程,大学化学实验是大学化学课程的重要组成部分,是不可缺少的重要环节。

通过大学化学实验课使学生能够运用实验方法检验和探索化学变化的规律,加深对大学化学基本理论的理解,熟练掌握化学实验的基本操作技能,培养学生动手实践能力,提高学生的观察、思考、分析能力以及创新协作能力。大学化学实验目的总结如下:

(1)通过实验获得感性认识和实验数据,经过分析、归纳、总结,将感性认识上升到理性认识,更好地理解和掌握大学化学课程的基本理论和基础知识,并适当扩大知识面。

(2)培养学生正确地掌握实验基本操作和技术,正确地使用常用的化学实验仪器,获得准确的实验数据,学会科学地处理和分析实验结果的能力。

(3)培养学生独立工作、独立思考、独立分析和独立解决问题的能力,达到通过化学实验获取新知识,提高创新能力的目的。

(4)培养学生具有实事求是的态度、团队协作的精神,养成严谨、细致、整洁的工作习惯,培养学生掌握科学研究的方法。

第二节 化学实验的学习方法

一、预习

充分预习实验教材是保证做好实验的一个重要环节。预习时认真阅读实验教材,按照每个实验中的预习要求进行,应当搞清楚实验的目的、内容、有关原理、操作方法及注意事项等,并初步估计每一个反应的预期结果,还可以提前观看相应实验内容的视频,必须在实验前写好预习报告。对于每个实验的思考题,预习时应认真思考。

二、检查

实验开始前由指导教师进行集体或个别提问和检查。一方面了解学生的预习情况,另一方面可以具体指导学生进行预习。查问的内容主要是实验的目的、内容、原理、操作方法和注意事项等。若发现个别学生准备不足,教师可以让其停止本次实验,在指定日期另行补做。

三、实验

学生应遵守实验室规则,接受教师指导,按照实验教材上提出的方法、步骤、要求及药品的用量,采用规范的操作要领进行实验。

学生必须备有实验记录本,把必要的数据和现象清楚、准确地记录下来。在进行每一步操作时,都要思考这一步操作的目的和作用,应得什么现象,并认真操作,细心观察,理论联系实际,不能生搬硬套。实验过程中要勤于思考,仔细分析,如发现实验现象与理论不相符,不能随意否定,应认真分析和检查原因。多动手、勤动脑,细心观察实验现象,准确、合理地记录实验数据,并如实记载于实验报告中。同时,应深入思考,用已学过的知识判断、理解、分析实验中所观察到的实验现象和解决实验中遇到的问题,培养分析问题和解决问题的能力。实验中,若有疑问,可相互讨论或询问教师。

实验过程中自觉遵守实验室规则(详见本章第三节),保持实验室整洁、安静,使实验台整洁、仪器安置有序,注意节约和安全。如遇到不安全事故发生,应沉着冷静,妥善处理,并及时报告教师。

四、完成实验报告

每次实验完成后,应在指定时间内写好实验报告,由课代表收齐交给指导教师。学生可以根据每个实验的不同要求,自己设计报告格式。大学化学实验报告示例中列出一些实验的报告格式,供学生书写时参考(详见第二章第八节)。实验报告要记载清楚、结论明确、文字简练、书写整洁。不合格者,教师可退回给学生,要求其重做。

第三节 化学实验规则

学生实验时,必须遵守以下规则:

(1)实验前必须认真预习,掌握实验目的、原理、要求等。

(2)必须按规定的时间进行实验。因故不能做实验者,应向指导教师请假,所缺实验必须在指定的时间内补做,否则不能参加理论课的考试。

(3)实验前要清点仪器,如果发现有破损或缺少,应立即报告教师,按规定手续到实验预备室补领。实验时仪器若有损坏,亦应按规定手续到实验预备室换取新仪器。未经教师同意,不得挪用其他位置上的仪器。

(4)实验过程中要听从教师和实验工程技术人员的指导;要严格遵守各项规章制度,不准动用与本实验无关的其他仪器设备。

(5)实验时要有严肃认真的态度,应保持安静,思想集中,做到胆大心细,认真操作,仔细观察现象,如实记录结果,积极思考问题。

(6)实验时应保持实验室和桌面清洁整齐。废纸屑和废液等应投入相应的垃圾桶与废液桶中,严禁投入或倒入水槽内,以防水槽和下水管道堵塞或被腐蚀。

(7)实验时要爱护财物、小心地使用仪器和实验设备,注意节约水、电、药品。使用精密仪器时,应严格按照操作规程进行,要谨慎细致。如果发现仪器有故障,应立即停止使用,及时报告指导教师。

药品应按需用量取用,自药品瓶中取出的药品,不应倒回原瓶中,以免带入杂质;取用药品后,应立即盖上瓶塞,以免搞错瓶塞,玷污药品,并立即将药品瓶放回原处。

(8)实验时要求按正确操作方法进行,注意安全。

(9)实验完毕后应将玻璃仪器洗净,放回原处。清洁并整理好桌面,打扫干净水槽和地面,最后洗净双手。

(10)实验结束后或离开实验室前,必须检查电插头或闸刀是否断开、水龙头是否关闭等。实验室内的一切物品(仪器、药品和实验产物等)不得带离实验室。

第四节 化学实验成绩的评定

(1)学习实验课程的完整内容包括预习报告、考勤、实验态度、实验过程操作、数据及实验现象记录、安全卫生和实验报告,据此进行综合成绩评定。

(2)每次实验课前要求完成预习报告,由教师评分,占总成绩的20%;实验不允许迟到或早退,考勤占总成绩的10%;实验态度、实验过程操作、数据及实验现象记录、实验安全卫生由任课教师根据学生的实验情况评分,占总成绩的20%;实验报告占总成绩的50%。

(3)每次实验不合格者,必须补做,直至操作规范且数据正确,经任课教师检查允许后才能离开实验室。需要强调的是实验缺一不可,如果出现实验未按要求完成,则该生的成绩判定为不及格。

第二章　化学实验基础知识

第一节　化学实验室的安全防护基本常识

化学实验室经常使用水、电、气等，化学实验室中许多试剂易燃、易爆，具有腐蚀性和毒性，存在着不安全因素。因此，在实验前应充分了解安全注意事项，学生初次进实验室时，需接受必要的安全教育；进行化学实验时，思想上应充分重视安全问题，绝不能麻痹大意，要集中注意力，严格遵守操作规程及安全守则，以避免事故的发生。进实验室前应了解实验室环境，充分熟悉水、电、气等的控制阀所在的位置，以及灭火器、消防栓、洗眼器等存放的位置。注意以下的安全防护基本常识：

(1)使用危险化学品时，一定要做好防护措施，如佩戴防护手套、护目镜和口罩等。

(2)加热试管时，不要将试管口指向自己或别人，不要俯视正在加热的液体，以免液体溅出，受到伤害。加热易燃液体时，要在通风橱中使用水浴、加热套进行加热，避免明火、静电和热表面。

(3)嗅闻气体时，应用手轻拂气体，扇向自己后再嗅。

(4)粉尘较多的实验室，除了采取有效的通风和除尘措施外，一定注意防止明火、静电引起粉尘爆炸。

(5)使用酒精灯时，应随用随点燃，不用时盖上灯罩。不要用已点燃的酒精灯去点燃别的酒精灯，以免酒精溢出而失火。

(6)浓酸、浓碱具有强腐蚀性，切勿溅在衣服、皮肤上，尤其勿溅到眼睛里。稀释浓硫酸时，应将浓硫酸慢慢倒入水中，而不能将水向浓硫酸中倒，以免迸溅。

(7)对于乙醚、乙醇、丙酮、苯等有机易燃物质，安放和使用时必须远离明火，取用完毕后应立即盖瓶塞和瓶盖。

(8)实验操作前应充分知晓内容，防范风险。产生有刺激性或有毒气体的实验，应在通风橱内(或通风处)进行，并做好防护措施，如佩戴防护手套和口罩等。

实验产生的有毒有害废弃物不能随意丢弃或排放，应按照相关规定进行分类回收处理，以免造成安全事故和环境污染。有毒有害废弃物一般有固态、液态和气态3种形态，应按不同的方式进行回收，再由学校设备处统一安排处理，具体操作方法如下：

(1)实验废液需用专用容器或旧试剂瓶收集，并根据回收物的相容性和危险级别分开收集存放。注意废液收集容器要具有良好的密封性。

(2)每个收集容器上必须贴上"危险废弃物品"字样的标签，并附有包含以下信息的实验废液登记表，即①实验废弃物成分、回收日期(第一滴危险废弃物质滴入容器的日期)；②产实验废弃物的地点和人员姓名。

（3）一般实验室按照 3 类分别收集，即一般无机物废液、一般有机物废液、含卤有机物废液。

（4）对有可能与收集容器中已有的化学物质发生反应而产生有毒有害物质，则必须另取收集容器进行单独收集存放。

（5）含剧毒化学品的废液或含易与其他化学品发生反应的废液应分别单独收集存放，如氰化物、丙酮、二氯甲烷、硼、氢氟酸、重铬酸钾、钡盐、铅盐、砷的化合物、汞的化合物等。

（6）含稀酸、稀碱或无毒盐类实验废液可直接排入下水道，但必须在排前、期间和排后都要用大量水对下水道进行冲洗。

（7）含浓酸、浓碱的实验废液，必须先酸碱中和，再排入下水道，并在排前、期间和排后都要用大量水对下水道进行冲洗。

（8）有机溶剂如乙醚、苯、丙酮、三氯甲烷、四氯化碳等千万不能直接倒入水槽（会腐蚀下水管、污染环境），应倒入收集容器中回收。

（9）收集容器所收集的废液不能超过器皿最大容量的 80%，且应在阴凉处保存，远离火源和热源。

第二节　化学实验常见的事故处理

化学实验时必须树立安全第一的观念，务必严格按操作规程进行安全操作，还要以预防为主，熟悉相关的事故处理知识，避免在事故发生后束手无策。化学实验室一般都配有常用的实验室安全应急设备，如喷淋器及洗眼器，可将溅射到身体上或者眼睛里的化学有害物质尽快冲洗掉，最大限度降低酸、碱、有机物等有害化学物质的伤害。特别针对大面积溅射有害化学物质的情况，降低伤害的效果明显。

化学实验室应配备必要的医药箱，以便实验中在发生意外事故时供实验室急救用，平时不允许随便挪动或借用。医药箱应配备主要药品、医用材料与工具，药品主要包括碘酒、红药水、紫药水、云南白药、消炎粉、烫伤油膏、甘油、无水乙醇、硼酸溶液（1%～3%，饱和）、醋酸溶液（2%）、碳酸氢铵溶液（1%～5%）、硫代硫酸钠溶液（20%）、高锰酸钾溶液（3%～5%）、硫酸铜溶液（5%）、生理盐水、可的松软膏、蓖麻油等；医用材料与工具包括纱布、药棉、棉签、绷带、医用胶布、创可贴、医用镊子和剪刀等。

一些常见实验室的事故处理如下：

（1）玻璃划伤，如伤口有玻璃碎片，先挑出，再抹上红药水并用纱布包扎。

（2）烫伤，用高锰酸钾或苦味酸溶液揩洗灼伤口，再抹烫伤药膏，小面积轻度烫伤抹肥皂水即可。

（3）酸碱腐蚀，立即用大量的水冲洗，然后相应地用 3%～5% 碳酸氢钠（或稀氨水、肥皂水）溶液或 3% 硼酸（或 2% 醋酸）溶液冲洗。

（4）溴灼伤，立即用大量水冲洗，再用酒精擦至无溴存在为止。

（5）吸入氯、氯化氢等气体，可吸入少量酒精和乙醚的混合气体以解毒（吸入硫化氢气体而感到不适或头晕时，应立即到室外呼吸新鲜空气）。

(6)触电,首先切断电源,必要时进行人工呼吸。

(7)火灾,若酒精、苯或乙醚等引起着火,应立即用湿布或沙土等扑火。

(8)化学试剂洒溢后的紧急处置,一般原则是立即向教师报告,同时戴上防护用品进行适当处理。如汞的处理,采用吸管或湿润的小棉棒或胶带纸尽可能收集肉眼可见的汞珠,放入内装清水可以封口的瓶中。对于无法收集的汞,撒硫磺粉加以覆盖,使汞转变成不挥发的硫化汞,防止水银挥发到空气中危害人体健康。注意,一周后再扫去硫磺粉。

第三节　化学实验常用的玻璃仪器

一、大学化学实验室常用的玻璃仪器

大学化学实验室常用的玻璃仪器和其他一些常用制品见表 2-1。

表 2-1　大学化学实验常用玻璃仪器

仪器	质地及规格	用途	注意事项
烧杯	玻璃质和塑料质。分硬质、软质,有一般型和高型,有刻度和无刻度。规格以容积(cm^3)表示,一般有 1000、500、400、200、100、50 等	用作反应物量较多时的反应容器,反应物易混合均匀,也可用来配制溶液	加热时应放在石棉网上,使其受热均匀
锥形瓶	玻璃质。分普通锥形瓶和碘量瓶两种。规格按容积(cm^3)表示,有 250、150、50 等	加热处理试样和滴定分析用普通锥形瓶。碘量法或其他易挥发物质的定量分析用碘量瓶	
试管、离心试管、试管架	玻璃质。分硬质试管、软质试管、普通试管、离心试管。规格按容积(cm^3)表示,有 15、10、5 等。试管架有木质、铝质和塑料质等。有大小不同、形状不一的各种规格	普通试管用作少量试剂的反应容器,便于操作和观察。离心试管主要用作少量沉淀的辨认和分离。试管架放试管用	加热后不能骤冷,以防爆炸。离心试管不能用火直接加热,只能用水浴加热

续表 2-1

仪器	质地及规格	用途	注意事项
量筒 量杯	玻璃质。规格按刻度所能量度的最大容积(cm^3)表示,有 100、50、25、10 等	量取一定体积液体	a. 不能加热; b. 不能用作反应容器; c. 不能量取热溶液
容量瓶	玻璃质。按刻度以下的容积(cm^3)表示,有 1000、500、100、50、25	用于配制准确浓度的溶液	a. 不能加热,不能用毛刷洗刷; b. 不能量取热的液体; c. 不能在其中溶解固体,瓶塞不能互换
吸量管 移液管	玻璃质。按所能量取的最大容积(cm^3)表示。 吸量管:10、5、2、1; 移液管:50、25、20、10	用于准确移取一定体积的液体	a. 不能加热; b. 用后应洗净,置于吸量管架上,以免玷污; c. 为了减少测量误差,吸量管每次都应从最上面刻度起往下放出所需体积
移液管吸液 移液管放液 容量瓶的握法	玻璃质	用于准确移取一定体积的液体	a. 不能加热; b. 用后洗涤; c. 尖端 1 滴不能吹出
聚四氟乙烯 滴定管	玻璃质。分酸式、碱式、两用型 3 种;规格按容积(cm^3)表示,有 50、25 等	用于滴定或准确量取液体的体积	a. 不能加热或量取热的液体或溶液; b. 酸式滴定管的玻璃活塞是配套的,不能互换使用

续表 2-1

仪器	质地及规格	用途	注意事项
洗瓶	分塑料质和玻璃质两种。目前实验室所用多是塑料制品	装蒸馏水,用于涮洗仪器和洗涤容器	不能加热
滴瓶 细口瓶 广口瓶	玻璃质。以容积(cm^3)表示	滴瓶、细口瓶用于盛放液体药品,广口瓶用于盛放固体药品	a. 不能直接加热; b. 瓶塞不能互换; c. 如放碱液时,要用橡皮塞,不能用磨口玻璃瓶塞,防止瓶塞被腐蚀粘牢
点滴板	瓷质。有十二凹穴、六凹穴等。颜色有白色、黑色	用于点滴反应,尤其是显色反应	a. 不能加热; b. 不能用于含氢氟酸溶液和浓碱溶液的反应
表面皿	玻璃质。以口径(mm)大小表示	盖在烧杯上,防止液体进溅或其他用途	不能用火直接加热,直径要略大于所盖容器
蒸发皿	瓷质等。以口径(cm)表示,或以容积(cm^3)表示,规格有 125、100、50	用于蒸发液体	a. 能耐高温,但不能骤冷; b. 视溶液性质选用不同材质的蒸发皿
吸滤瓶 布氏漏斗	布氏漏斗为瓷质,以口径(cm)或以容积(cm^3)表示。吸滤瓶为玻璃质,以容积(cm^3)表示	两者配套使用,用于减压过滤	不能直接加热

续表 2-1

仪器	质地及规格	用途	注意事项
长颈漏斗、漏斗、漏斗架(木质)	玻璃质。漏斗以口径(mm)表示	用于过滤或液体转移	不能直接加热
称量瓶	玻璃质。分高型和扁型两种;以外径(mm)×高(mm)表示	要求准确称量一定的固体时用	a.不能直接加热;b.盖子和瓶子是配套的,不能互换
坩埚钳	有铜质、铁质	用于夹取坩埚或蒸发皿	a.使用前钳尖应预热;b.用后钳尖应向上放在桌面或石棉网上
坩埚	以容积(cm^3)表示,材质有瓷、石英、铁、镍等	灼烧固体用。随固体性质的不同可选用不同质地的坩埚	a.瓷坩埚加热后不能骤冷;b.视试样性质选用不同材质的坩埚
泥三角	由铁丝弯成,套有瓷管,有大小之分	灼烧坩埚时放置坩埚用	a.使用前检查铁丝是否断裂,已断裂者不能使用;b.坩埚放置要正确,坩埚底应横着斜放在3个瓷管中的一个上
铁架台(滴定管夹、铁夹、铁环)	铁制品,铁夹也有铝或铜制成的	用于固定或放置反应容器	应先将铁夹等放置至合适高度,并旋转螺丝,使之牢固后再进行实验

续表 2-1

仪器	质地及规格	用途	注意事项
干燥器	玻璃质,有普通干燥器和真空干燥器之分。以外径(mm)表示,有 21、18、5 等规格	内放干燥剂,用作样品的干燥和保存	a. 防止盖子滑动而打碎; b. 不能放入过热的物品
研钵	以口径(mm)表示。材质有瓷、玻璃、玛瑙、铁	用于研磨固体物质及固体物质的混合	a. 不能用火直接加热; b. 按固体物质的性质和硬度选用不同的研钵; c. 大块物质不能敲,只能碾压
水浴锅	铜或铝制品。有大小之分	用于间接加热,也可用作粗略控温实验	a. 加热时防止锅内水烧干; b. 用完后应将锅洗净擦干
药匙	用牛角、塑料、钢制成,有长短、大小各种规格	去固体药品时用。视所取药量的多少选用药勺两端的大、小勺	a. 不能用以取用灼热的药品; b. 用后应洗净擦干备用
毛刷	以大小和用途表示,如试管刷等	洗刷玻璃仪器	小心刷子顶端的铁丝撞破玻璃仪
石棉网	由铁丝编成,中间涂有石棉,有大小之分	加热时垫在受热仪器与热源之间,能使受热物体均匀受热	a. 不能与水接触,以免石棉脱落或铁丝锈蚀; b. 石棉脱落的不能使用

二、玻璃仪器的洗涤

玻璃仪器在使用前必须洗净。洗涤玻璃仪器的方法如下：

（1）用水洗涤。先用少量水润湿玻璃仪器，用毛刷洗，然后用自来水冲洗数次，最后用少量去离子水润洗 3 次。

（2）用去污粉等洗刷。经过水洗后，仪器器壁上如仍有水珠，可用毛刷蘸去污粉或肥皂等洗刷，然后用自来水冲洗数次，最后用少量去离子水润洗 3 次。

（3）用铬酸洗液洗涤。对于较精密的量度仪器，如移液管、容量瓶和滴定管等，不宜用去污粉刷洗，通常用铬酸洗液洗涤。铬酸洗液是用重铬酸钾的饱和溶液与浓硫酸配制而成。它具有很强的氧化性，能彻底地除去油脂等有机物。洗涤时，向仪器内倒入少量洗液，并慢慢转动仪器，待其内壁全部被洗液润湿后，稍等片刻，将洗液倒回原瓶中，然后用自来水冲洗数次。如果仍不干净，还可将仪器用洗液浸泡一段时间。用自来水冲洗仪器数次，最后用少量去离子水润洗 3 次。

玻璃仪器洗涤后，在仪器内加少许水，再倾出。若仪器器壁上只有均匀的水膜，而无水珠附着时，则表示仪器已经洗净。但铬酸溶液有毒，会对环境造成污染，因此要慎用。

三、玻璃仪器的干燥

在某些情况下需要使用干燥的玻璃仪器进行实验，此时就需要对玻璃仪器进行干燥处理。干燥玻璃仪器的主要方法如下：

（1）晾干。不急用的玻璃仪器可以放在仪器架上，让其自然干燥。度量玻璃仪器都采用此方法（图 2-1）。

（2）烘干。洗净不挂水珠的玻璃仪器可以放在烘箱内烘干。烘箱温度控制在 105 ℃ 为宜，也可将需烘干器皿的水滴甩干，试管口朝下插入玻璃仪器气流烘干器支架内烘干（图 2-2）。

（3）烤干。在进行试管加热分解固体药品时，试管通常需要干燥，临时干燥试管可使用酒精灯烤干，其他耐热仪器，如烧杯、蒸发皿等也可以使用酒精灯小心烤干。

烤干试管的方法：选择一只洗净且不挂水珠的试管，用蒸馏水冲洗干净，试管夹夹住试管上部约 1/3 处，试管口朝下在酒精灯火焰上加热干燥（图 2-3）。火焰应从试管底部开始移向

图 2-1 晾干　　图 2-2 玻璃仪器气流烘干器　　图 2-3 烤干试管（试管口始终朝下）

试管口,如此反复多次直至烤干。不可将火焰停留在试管的某一个部分集中加热,应不停地在火焰上移动试管,使试管受热均匀。先将试管下半部分的水分蒸发干,然后再加热试管上半部分。

加热时,试管口始终朝下,以防水珠落入加热的试管底部使试管炸裂。刚烤干的试管不要用手拿,不要沾冷水。烧杯、蒸发皿等可放在石棉网上用酒精灯烤干。使用酒精灯烤干仪器时应使用小火烤干。

(4)吹干。使用压缩空气,或使用吹风机吹干。

(5)使用有机溶剂。一般使用酒精或1∶1体积比的酒精和丙酮的混合溶剂。将适量有机溶剂倒入容器中,倾斜容器并不断转动,使溶剂润湿容器全部内壁,然后倾出溶剂并回收。容器内剩下的溶剂自然晾干。若配合使用吹风机,效果会更好。

移液管、滴定管、容量瓶等计量仪器一般不需要干燥,不能采用烤干的方式,如需要干燥,一般使用有机溶剂干燥或晾干。

第四节 化学试剂、试纸和滤纸

化学试剂有不同的纯度,按杂质含量的多少可分为4级:一级试剂为优质纯试剂,通常用G·R表示,绿色标签;二级试剂为分析纯试剂,通常用A·R表示,红色标签;三级试剂为化学纯试剂,通常用C·R表示,蓝色标签;四级试剂为实验或工业试剂,通常用L·R表示,棕色或黄色标签。

此外,还有一些特殊的纯度标准,如光谱纯、荧光纯、半导体纯等。使用时应按不同的实验要求,选用不同规格的试剂。

一、固体试剂的取用规则

(1)要用干净的药勺取用。用过的药勺必须洗净、擦干后再使用,以免沾污试剂。

(2)取用试剂后立即盖紧瓶盖,防止药剂与空气中的氧气等起反应。

(3)称量固体试剂时,必须注意不要取多,取多的药品,不能倒回原瓶。因为取出的药品已经接触空气,有可能已经受到污染,再倒回去容易污染瓶里的其他药剂。可放在指定的容器中供他人使用。

(4)一般的固体试剂可以放在干净的纸或表面皿上称量。具有腐蚀性、强氧化性或易潮解的固体试剂不能在纸上称量,应放在玻璃容器内称量。如氢氧化钠有腐蚀性,又易潮解,最好放在烧杯中称取,否则容易腐蚀天平。

(5)称取有毒的药品时要做好防护措施,如戴好口罩、手套等。要求在教师的指导下取用。

二、液体试剂的取用规则

(1)从试剂滴瓶中取液体试剂时,要用滴瓶中的滴管,滴管绝不能伸入所用的容器中,以免接触器壁而玷污药品。从试剂瓶中取少量液体试剂时,则需使用专用滴管。装有药品的滴管不得横置或滴管口向上斜放,以免液体滴入滴管的胶皮帽中,腐蚀胶皮帽,再取试剂时受到污染。

(2)从细口瓶中取出液体试剂时,用倾注法。先将瓶塞取下,反放在桌面上,手握住试剂瓶上贴标签的一面,逐渐倾斜瓶子,让试剂沿着洁净的管壁流入试管或沿着洁净的玻璃棒注入烧杯中。取出所需量后,将试剂瓶扣在容器上靠一下,再逐渐竖起瓶子,以免遗留在瓶口的液体滴流到瓶的外壁。

(3)在某些不需要准确体积的实验时,可以估计取出液体的量。例如用滴管取用液体时,1 cm³ 相当于多少滴,5 cm³ 液体占容器的几分之几等。倒入的溶液的量,一般不超过其容积的 1/3。

(4)定量取用液体时,用量筒或移液管取。量筒用于量度一定体积的液体,可根据需要选用不同量度的量筒,而取用准确的量时就必须使用移液管。取多的试液不能倒回原瓶,但可倒入指定容器内供他人使用。

(5)夏季由于室温高,试剂瓶中易冲出气液,最好把瓶子在冷水中浸泡一段时间再打开瓶塞。取完试剂后要盖紧塞子,不可换错瓶塞。

(6)取用挥发性强的试剂时要在通风橱中进行,做好安全防护措施。

三、试纸和滤纸

1. 试纸

试纸是用化学药品浸渍过的,可通过其颜色变化检验液体或气体中某些物质存在的一类纸。试纸一般是用指示剂或试剂浸过的干纸条,实验室常用的试纸有石蕊试纸、pH 试纸、醋酸铅试纸和淀粉-碘化钾试纸。

(1)石蕊试纸。当检验溶液的酸碱性时,可将小片石蕊试纸放到干燥清洁的点滴板或表面皿上,再用玻璃棒蘸取少许待检验溶液,与试纸接触后观察试纸颜色的变化。

当检验气体的酸碱性时,先将试纸用去离子水润湿,置于试管口的上方,观察试纸颜色的变化。

(2)pH 试纸。使用方法与石蕊试纸基本相同,最后需将 pH 试纸所显示的颜色与标准色板比较,以确定溶液的 pH 值。

(3)醋酸铅试纸。用去离子水将试纸润湿,置试纸于盛装待检验物的试管口上方,如试纸变黑,表示有 H_2S 气体逸出。

(4)淀粉-碘化钾试纸。用去离子水将试纸润湿,置试纸于盛装待检验物的试管口上方,如试纸变蓝,表示有 Cl_2 逸出。

2. 滤纸

滤纸是一种常见于化学实验室的过滤工具,常见的形状是圆形。大部分滤纸由棉质纤维组成,按不同的用途而使用不同的方法制作。由于其材质是纤维制成品,因此它的表面有无数小孔可供液体粒子通过,而体积较大的固体粒子则不能通过。这种性质容许混合在一起的液态及固态物质分离。

目前我国生产的滤纸主要有定量分析滤纸、定性分析滤纸和层析定性分析滤纸 3 类。化学实验室一般使用定量和定性两种分析滤纸。

(1)定量分析滤纸。又称定量滤纸,它在制造过程中,纸浆经过盐酸和氢氟酸处理,并经过蒸馏水洗涤,将纸纤维中大部分杂质除去,所以灼烧后残留灰分很少,每张滤纸灰化后的灰分重量是个定值,对分析结果几乎不产生影响,适于作精密定量分析。定量滤纸主要用于过滤后需要灰化称量分析实验,即定量化学分析中重量法分析试验和相应的分析试验。

目前国内生产的定量分析滤纸,有快速、中速、慢速 3 类,在滤纸盒上分别用白带(快速)、蓝带(中速)、红带(慢速)为标志分类。滤纸的外形有圆形和方形两种。圆形定量滤纸的规格按直径有 d 7 cm、d 9 cm、d 11 cm、d 12.5 cm、d 15 cm 和 d 18 cm 数种。方形定量滤纸的规格有 60 cm×60 cm 和 30 cm×30 cm。

滤纸的孔径:80~120 μm 为快速,30~50 μm 为中速,1~3 μm 为慢速。

(2)定性分析滤纸。又称定性滤纸,是相对于定量分析滤纸和层析定性分析滤纸来说的。它是一种具有良好过滤性能的纸。纸质疏松,对液体有强烈的吸收性能。定性分析滤纸一般残留灰分较多,仅供一般的定性分析和用于过滤沉淀或溶液中悬浮物用,不能用于质量分析。

定性分析滤纸的类型和规格与定量分析滤纸基本相同,表示快速、中速和慢速,在滤纸盒上印有快速、中速、慢速字样。

(3)层析定性分析滤纸。它主要是在纸色谱分析法中用作载体,进行待测物的定性分离。层析定性分析滤纸有 1 号和 3 号两种,每种又分为快速、中速和慢速 3 种。

在实验中滤纸多与过滤漏斗及布氏漏斗等仪器一同使用。使用前需把滤纸折成合适的形状,常见的折法是把滤纸折成类似花的形状。滤纸的折叠程度愈高,能提供的表面面积愈高,过滤效果愈好,但注意不要过度折叠而导致滤纸破裂。把引流的玻璃棒放在多层滤纸上,用力均匀,避免滤纸破坏。

第五节　化学实验基本操作

一、称量

称量的容器包括计量器和量容器。

(1)化学实验中常用的计量器是台秤(又称托盘天平),一般精度为 0.1 g。首先调节托盘下面的螺旋,让指针在刻度板中心附近等距离摆动,此谓调零点。称量时,左盘放称量物,右盘放砝码(10 g 或 5 g 以下是通过移动游码添加的),增减砝码,使指针也在刻度板中心附近摆动。砝码的总质量就是称量物的质量。称量时应注意:①不能称量热的物体;②称量物不能直接放在托盘上,依情况将其放在纸上、表面皿中或容器内;③砝码用镊子夹,不能用手拿,加砝码的顺序从大到小,最后移动游码;④称量完毕,一切复原并保持台秤清洁。

精密的称量仪器是分析天平。分析天平的种类很多,最常见的是电子天平,其详细介绍见本章第六节。天平的称量包括直接法和减量法,具体如下:①直接法称量,将电子天平调水平,使水平仪内空气气泡位于圆环中央,并开机自检待用。将天平归零。打开天平门,将一干燥洁净的烧杯放在天平盘正中央,轻轻地关上天平的门,按下去皮键。打开天平一侧的门,手持药匙盛试样后小心地伸向烧杯的近上方,以手指轻击匙柄,将试样弹入。注意不要将试样洒到秤盘上和天平箱内,待天平读数为所需质量时停止添加药品。②减量法称量,用纸条叠成宽度适中的两三层纸带,套在称量瓶上。一手拇指与食指拿住纸条,由天平的一侧门放在天平盘的正中,取下纸带,称出瓶和试样的质量记为 m_1;然后一手仍用纸带把称量瓶从盘上取下,另一手用另一小纸片衬垫打开瓶盖,将称量瓶移至烧杯上方,称量瓶口离烧杯上端约 1 cm 处,用盖轻轻敲瓶口上部使试样落入接受的容器内。倒出试样后,把称量瓶轻轻竖起,同时用盖敲打瓶口上部,使粘在瓶口的试样落下。盖好瓶盖,放回到天平盘上,称出其质量记为 m_2。倒出的试样质量即为 m_1-m_2。

(2)化学称量的量容器主要有容量瓶、滴定管、移液管、量筒等。各种量容器的使用精度不同,一般粗略移取溶液时,使用量筒、量杯;精确移取溶液时使用移液管等。读数时小数点后面的第二位要进行估读。

容量瓶是用来精确地配制一定体积和浓度的溶液的量器,具有各种大小不同的规格,容量瓶瓶颈上刻有环形标线,瓶上标有它的容积和标定时的温度。

滴定管是滴定时用来精确量度液体的量容器。滴定管的主要部分管身用细长而内径均匀的玻璃管制成,上面刻有均匀的分度线,刻度由上而下数值增大,下端的流液口为一尖嘴,中间通过聚四氟乙烯旋塞连接以控制滴定速度。

移液管的使用包括移液管的吸液和放液两个操作。首先用右手的大拇指和中指拿住移液管标线以上的部位将移液管下端伸入液面下适当深度(不宜太浅,以免吸入空气)。左手拿住洗耳球,先把球内空气压出,洗耳球的尖端对准移液管的上管口,然后慢慢松开左手手指,使液体吸入管内,当液面升高到标线以上时拿走洗耳球,立即用右手的食指按住管口。将移液管提起,并使管的下端靠在盛液容器的内壁,微微松开食指,使液面平稳下降,直至弯月面与标线相切。立即用食指按紧管口,取出移液管,进行放液操作。将移液管的下端紧靠盛放溶液的容器壁,保持移液管垂直,而盛放溶液的容器略倾斜,放松食指,使溶液自然流出,流出后停 15 s,取出移液管。不得将管内残留的液滴吹入接受器。因为校正移液管的容量时,已略去残留的液体。当使用标有"吹"字的移液管时,则必须把管内的残液吹入接受器内。

注意:在使用量容器时,首先,量容器都不能加热或量取热的液体。其次,量取一定量的液体时,必须使视线和量容器内的液面凹液处最低点保持水平时再读数。这里尤其要注意的是,对量筒、容量瓶、移液管来说,通常不标零刻度,它们的零刻度是在下部,不装液体时视为零。最后一点就是,量筒里不能配制溶液,量筒只适用于精度要求不高时的测量液体体积。

二、加热

某些仪器的干燥,溶液的蒸发和某些化学反应的进行等都需要加热。加热常用煤气灯。有时用酒精灯加热,使用时应注意灯中酒精不得超过灯容积的 2/3,以免点燃时受热膨胀而溢出,不能用另一个燃着的酒精灯来点燃;熄灭时要用灯罩盖上,不能用嘴吹熄。当被加热的物质要求受热均匀而温度又不能超过 100 ℃时,可用水浴加热。蒸发浓缩溶液时,可将蒸发皿放在水浴锅的铜圈或铝圈上,用煤气灯把锅中的水烧沸,利用蒸汽加热。水浴中的水量不能超过 2/3,应使蒸发皿受热面积尽可能大但又不能浸入水中。如果加热的容器是锥形瓶或小烧杯等时,可直接浸入水浴中,但不能触及水浴底部。实验室可用较大的烧杯代替水浴锅。

当被加热的物质要求受热均匀,而温度又要高于 100 ℃时,可使用沙浴。它是将一个盛有均匀细沙的铁制器皿,用煤气灯加热,将被加热的器皿的下部埋置在沙中。若要测量温度,可将温度计插入沙中。

除此之外,实验室中有时还用电加热,常用的电加热装置有电炉、电加热套、恒温箱、管式电炉及马弗炉等。

常用的加热操作:

(1)烧杯、烧瓶中液体的加热。所盛液体的体积应不超过烧杯或烧瓶容积的 1/3。加热前,要先将烧杯或烧瓶外壁上的水擦干,再放在石棉网上加热。

(2)试管中液体的加热。所盛液体的量不应超过试管高度的 1/3。加热时应该用试管夹夹住试管的中上部,管口不能对着自己或别人,以免加热时迸溅到脸上,造成烫伤。加热时应使液体受热均匀,先加热液体的中上部,再慢慢移动试管,热及下部,然后不时振荡试管,从而使液体各部分均匀受热,以免试管内部液体因局部沸腾而迸溅,造成烫伤。

(3)试管中固体的加热。所加固体在试管中要铺开,管口略向下倾斜,以免管口冷凝的水珠倒流入试管的加热处而使试管炸裂。加热时,应先将火焰来回移动,再在盛有固体物质的部位加强热。

(4)坩埚中固体的灼烧。当某固体物质需要高温加热时,可将固体放入坩埚中,用煤气灯的氧化焰灼烧;灼热后的坩埚要用坩埚钳夹取。

三、结晶

结晶是指固体溶质从过饱和溶液中析出的过程。结晶是化学实验室常用的混合物分离的方法,在制备和提纯实验中,常常需要进行结晶操作。结晶方法一般为两种:一种是蒸发结晶,另一种是降温结晶。

蒸发(浓缩)通常用蒸发皿浓缩溶液,所加入溶液的量不得超过蒸发皿容积的 2/3,以防液体溅出,如果溶液较多,可分次添加;依物质对热的稳定性或者用煤气灯直接加热或者用水浴间接加热。

当溶液蒸发到一定浓度时,冷却后会有晶体析出,有时加入一小粒晶体或搅动溶液,会促成晶体的析出。析出晶体颗粒的大小与冷却快慢有关。若缓慢冷却溶液,可得到较大颗粒的晶体;若迅速冷却溶液,则得到较细颗粒的晶体。如果第一次结晶所得的物质纯度不合要求,可以重新加入尽可能少的去离子水使其溶解,再进行蒸发和结晶(不得蒸干),重结晶后的晶体纯度一般较高。

四、离心分离

在元素性质实验中,常常要使在试管中得到的少量沉淀和溶液分离,由于沉淀量很少,不适合采用过滤的方法。实验室中常使用离心机(又称离心沉降器)进行沉淀和溶液的分离。这是基础化学实验中最基本的操作。

沉淀反应一般在普通试管或离心试管中完成。若在普通试管中进行沉淀,实验完毕后要将溶液和沉淀一并倒入离心试管中,将离心试管放入离心机,开动离心机。一段时间后,关闭离心机,让其自然停转,取出离心试管,这时可以看到沉淀沉降在试管底部的尖嘴处,其余部分为清液。这时就可以将清液倒出,或使用滴管小心地将上层清液吸取出来,如图 2-4 所示。

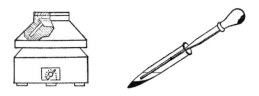

图 2-4 离心机示意图以及采用吸管吸取离心试管中的上清液

使用离心机要注意:使用之前要检查离心机内是否还有其他物体。试管放入离心机内的位置要对称。开启离心机要小心,速度从小变大,一旦发现离心机工作异常,应立即停止并检查。在离心机自然停止前,不要用手或其他物体强行制动。

离心机工作时的转速和工作时间视沉淀的性质而定。晶形好的沉淀,转速以 1000 r/min 为宜,工作时间 1~2 min 就足够了。若形成了无定形沉淀甚至胶状沉淀,转速可以适当增加到 2000 r/min,工作时间也可以适当延长至 3~4 min。若仍不能很好地分离沉淀和溶液,应采取其他辅助措施,如将沉淀和溶液一起温热存放待沉淀生长,或加入特定电解质破坏胶体。

若得到的沉淀还需要进一步试验其性质,必须对沉淀进行洗涤。通常使用蒸馏水洗涤。在分离了清液的试管中加入洗涤剂,用尖嘴搅拌棒充分搅拌(也可以使用滴管吸取),然后再一次离心分离。必要的可重复洗涤 2~3 次。

第六节 实验测量仪器

一、分析天平的使用

分析天平是一种精密的称量仪器。分析天平的种类很多,根据其结构不同,可分为摇摆天平、阻尼天平、电光天平和电子天平等。电子天平由于其称量快速、简便,是目前使用最为普遍的一种天平。

实验室用的梅特勒电子天平 ME104E 如图 2-5 所示。

梅特勒电子天平 ME104E 操作步骤：

(1)开机前需确认水平仪中气泡是否位于中央位置，如需调节可通过天平地脚螺旋栓进行调整，直至水平仪内的气泡正好位于圆环的中央位置。

(2)天平需预热 30 min 以上，因此，称量实验室通常不做断电处理。

(3)按下"电源"键即"清零"键"→0/T←"，仪器进行自检，待显示屏中的数字显示为"0.000 0 g"字样时自检结束，即可使用天平进行称量。

(4)将空容器或称量纸放入天平秤盘上后，待读数稳定，按下"清零"键进行去皮，显示屏读数为"0.000 0 g"。

(5)加入样品后，关闭天平门，待读数稳定 30 s 后，即可进行结果记录。

(6)称量结束后取出样品并关闭天平门，按"清零"键归零，并清洁天平。

(7)长按"清零"键"→0/T←"即可关闭天平。

图 2-5　梅特勒电子天平

注意：①所有的操作，包括校零、读数，必须在防风罩的门关闭的情况下才能进行；②称量物品时要轻拿轻放，严禁对超过电子天平的称量范围的物品进行称量；③称量完毕后，用小毛刷清扫天平盘和天平底座，关上防风罩门，罩好天平罩，关闭电源；④登记使用天平情况，经教师检查、签字后方可离开。

二、酸度计的使用

（一）雷磁 25 型酸度计

1. 基本原理

雷磁 25 型酸度计是一种通过测量电势差的方法测定溶液 pH 值的仪器。它的主要组成部分包括指示电极（玻璃电极）、参比电极（甘汞电极）以及与之相连的电表等电路系统。

玻璃电极（图 2-6）是用一种特殊玻璃吹制成的空心小球，球内注有 0.1 mol·dm^{-3} HCl 和 Ag-AgCl 电极，将其插入待测溶液便组成一个电极，可表示为

$$Ag(s)\,|\,AgCl(s)\,|\,HCl(0.1\ mol\cdot dm^{-3})\,|\,玻璃\,|\,待测溶液$$

玻璃膜把两个溶液隔开，膜内外有电势差，膜内氢离子浓度是固定的，玻璃电极的电极电势随待测溶液的 pH 值而改变：$E_G = E_G^{\ominus} - 0.059\ 16\text{pH}$，$E_G$ 代表一定 pH 值条件下玻璃电极的电极电势，$E_G^{\ominus}$ 代表标准状态下玻璃电极的电极电势。

饱和甘汞电极（图 2-7）是由金属汞、Hg_2Cl_2、饱和 KCl 溶液组成的电极，内玻璃管封接一根铂丝，铂丝插入纯汞中，纯汞下面有一层甘汞（Hg_2Cl_2）和汞的糊状物。外玻璃管中装入饱和 KCl 溶液，下端用素瓷塞塞住，通过素瓷塞的毛细孔，可使内外溶液相通。甘汞电极可表示为

$$Pt\,|\,Hg(l)\,|\,Hg_2Cl_2(s)\,|\,KCl(饱和)$$

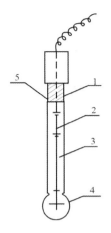

1.玻璃管；2.铂丝；3.缓冲溶液；
4.玻璃膜；5.Ag+AgCl

图 2-6　玻璃电极

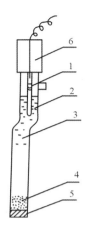

1.Hg；2.Hg+Hg_2Cl_2；3.KCl 饱和溶液；
4.KCl 晶体；5.素瓷塞；6.导线

图 2-7　甘汞电极

电极反应为

$$Hg_2Cl_2 + 2e = 2Hg + 2Cl^-$$

其电极电位表示式为

$$E(Hg_2Cl_2/Hg) = E^{\ominus}(Hg_2Cl_2/Hg) - \frac{0.059\,16}{2}\lg\left[\frac{c(Cl^-)}{c^{\ominus}}\right]^2$$

甘汞电极电势只与 $c(Cl^-)$ 有关，当管内盛饱和 KCl 溶液时，$c(Cl^-)$ 恒定，其表示式为

$$E(Hg_2Cl_2/Hg)_{饱和} = 0.241\,5\text{ V }(25\,℃)$$

将甘汞电极与玻璃电极一起浸到被测溶液中组成原电池，其电动势为

$$E = E(Hg_2Cl_2/Hg) - E_G = 0.241\,5 - E_G^{\ominus} + 0.059\,16\,\text{pH}$$

如果 $E_G^{\ominus}$ 已知，即可求出待测溶液的 pH 值

$$\text{pH} = \frac{E - 0.241\,5 + E_G^{\ominus}}{0.059\,16}$$

$E_G^{\ominus}$ 可用一个已知 pH 值的缓冲溶液代替待测溶液而确定。酸度计上一般把测得的电动势直接用 pH 值表示出来，仪器上有定位调节器，测量标准缓冲溶液时，可利用调节器，把读数直接调节到标准缓冲溶液的 pH 值，以后测量未知液时，就可直接指示出溶液的 pH 值。

2.仪器的使用方法

1）pH 档使用

(1)先把甘汞电极上的橡皮套取下，再将玻璃电极和甘汞电极固定在电极夹上。注意把甘汞电极的位置装得低些，以保护玻璃电极。

(2)接通电源，打开"电源"开关，预热 10 min。

(3)定位(或校准)。①电极用去离子水冲洗后，用滤纸条吸干水分，插入定位用的标准缓冲溶液中；②将 pH-mV 旋钮置于"pH"档；③温度补偿器旋钮指至溶液的温度值；④量程开关置于与标准缓冲溶液相应的 pH 值范围(0~7 或 7~14)；⑤调节零点调节器，使电表指针在 pH=7 处；⑥按下"读数"开关，调节定位调节器，使指针的读数与标准缓冲溶液的 pH 值相同；

⑦放开"读数"开关,指针应回到 pH＝7 处。如有变动,重复步骤⑤与⑥。定位结束,不得再转动定位调节器。

(4)测量。①电极用去离子水冲洗后,用滤纸条吸干水分,插入被测溶液中;②按下"读数"开关,指针所指的数值就是被测溶液的 pH 值;③在测量的过程中零点可能发生变化,应随时加以调整;④测量完毕,放开"读数"开关,移走溶液,冲洗电极,取下甘汞电极,擦干后套上橡皮套。玻璃电极可不取下,用新鲜去离子水浸泡保存。切断电源。

2)注意事项

(1)玻璃电极在使用前要用去离子水浸泡一昼夜。

(2)安装电极及测量过程中要注意保护玻璃电极,以免破坏。

(3)冲洗电极或更换测量溶液时都必须先放开"读数"开关,以保护电表。

3)mV 档的使用

(1)接通电源,打开"电源"开关,预热 10 min。

(2)把 pH-mV 旋钮置于"＋mV"(或"－mV")档处,此时温度补偿旋钮和定位旋钮都不起作用。

(3)量程开关重置于"0"处,此时电表指针应指 7 处,再将量程开关置于"7～0"处,指针范围为 700～0 mV,调节零点调节器,使电表指针在"0"处。

(4)将待测电池的电极接在电极接线柱上。

(5)按下"读数"开关,电表指针所指读数即为所测的端电压。若指针偏转范围超出刻度时,量程开关由"7～0"扳回到"0"。再扳到"7～14",指针所示范围为 700～1400 mV。

(6)读数完毕,先将量程开关扳向"0",再放开"读数"开关,以免打弯指针。

(7)切断电源,拆除电极。

(二)雷磁 PHS-3C 型酸度计的使用

1. 基本原理

该类酸度计的使用的基本原理与雷磁 25 型酸度计相同。

2. 仪器的使用方法

1)开机前准备

(1)仪器在电极插入之前输入端必须插入 Q9 短路插头,使输入端短路以保护仪器。仪器供电电源为交流电,把仪器的三芯插头插在 220 V 交流电源上,并把电极安装在电极架上。然后将 Q9 短路插头拔去,把复合电极插头插在仪器的电极插座上,电极下端玻璃球泡较薄,以免碰坏。电极插头在使用前应保持清洁干燥,切忌与污物接触,复合电极的参比电极在使用时应把上面的加液口橡皮套向下滑动使口外露,保持液位压差。在不用时仍用橡皮套将加液口套住。

(2)仪器选择开关置"pH"档或"mV"档,开启电源,仪器预热 30 min,然后标定。

2)标定

仪器在使用之前先要标定,一般来说,仪器在连续使用时,每天要标定 1 次。

(1)拔出测量电极插头,插入短路插头,置"mV"档,仪器显示 0.00。

(2)插上电极,置"pH"档。将"斜率"调节器调节在100%位置(顺时针轻轻旋到底)。

(3)先用蒸馏水清洗电极,然后将电极插在第一种已知pH值的缓冲溶液中(如pH=6.86),调节"温度"调节器使所指示的温度与溶液的温度相同,并摇动烧杯使溶液混合均匀。

(4)调节"定位"调节器使仪器读数为该缓冲溶液的pH值(如pH=6.86)。

(5)用蒸馏水清洗电极,然后将电极插在第二种已知pH值的缓冲溶液中(如pH=4.00),按步骤(3)(4)进行操作。仪器的标定完成。

3)注意事项

经标定的仪器,"定位"电位器及"斜率"电位器不应再有变动。

标定的缓冲溶液第一次应用pH=6.86的溶液,第二次应用接近被测溶液pH值的缓冲溶液,如被测溶液为酸性时,缓冲溶液应选pH=4.00的缓冲溶液;如被测溶液为碱性时,应选pH=9.18的缓冲溶液。

在一般情况下24 h之内仪器不需再标定。但遇到下列情况之一,则仪器最好事先标定:①溶液温度与标定时的温度有较大的变化时;②干燥过久的电极或换过了的新电极;③"定位"调节器有变动,或可能有变动时;④测量过浓酸(pH<2)或浓碱(pH>12)之后;⑤测量过含有氟化物的溶液而酸度在pH<7的溶液之后或较浓的有机溶液之后。

4)测量pH值

已经标定过的仪器,即可用来测量被测溶液。被测溶液与标定溶液温度相同与否,测量步骤有所不同。

被测溶液和定位溶液温度相同时,测量步骤:①用蒸馏水清洗电极头部,再用被测溶液清洗1次;②把电极浸入被测溶液中,摇动烧杯使溶液混合均匀后读出该溶液的pH值。

被测溶液和定位溶液温度不同时,测量步骤:①用蒸馏水清洗电极头部,再用被测溶液清洗1次;②用温度计测出被测溶液的温度值;③调节"温度"调节器,使之指示在该温度值上;④将电极插在被测溶液中,摇动烧杯使溶液混合均匀后,读出该溶液的pH值。

5)测量电极电位(mV)值

(1)用蒸馏水清洗电极头部,再用被测溶液清洗1次。

(2)拔出测量电极插头,插上短路插头Q9,置"mV"档,仪器显示0.00(温度调节器、斜率调节器在测mV值时不起作用)。

(3)接上各种适当的离子选择电极。

(4)将电极插在被测溶液中,将溶液搅拌均匀后,即可读出该离子选择的电极电位(mV值),并自动显示正负极性。

(5)如果被测信号超出仪器的测量范围或测量端开路,显示部分会发出超载报警。

(6)仪器有"斜率"调节器,因此可做二点校正定位法,以准确测定样品。

6)仪器维护

仪器的正确使用与维护,可保证仪器正常、可靠地使用,特别像pH计这一类的仪器,它必须具有很高的输入阻抗,而其使用环境需经常接触化学药品,因此更需合理维护。

(1)仪器的输入端必须保持干燥清洁。仪器不用时将Q9短路插头插入插座防止灰尘及水汽浸入。在环境湿度较高的场所使用时,应把电极插头用干净纱布擦干。

(2)带夹子连线的Q9插头及电极转换器专为配用其他电极时使用,平时注意防潮防尘。

(3)测量时,电极的引入导线应保持静止,否则会引起测量不稳定。

(4)仪器采用了 MOS 集成电路,因此,在检修时应保证电烙铁良好地接地。

(5)用缓冲溶液标定仪器时,要保证缓冲溶液的可靠性,否则将导致测量结果产生误差。

(三)赛多利斯 PB-10 型酸度计的使用

1. 基本原理

赛多利斯 PB-10 型酸度计(图 2-8)的使用基本原理与雷磁 25 型酸度计相同。

2. 仪器的使用方法

1)准备

(1)连接电极到仪器的 BNC 插头,连接温度传感器到"ATC"。

(2)用变压器把仪器连接到电源。

(3)按"mode"键设置 pH 模式。

2)校准

(1)按"Setup"键,显示屏显示"Clear buffer",按"Enter"键确认,清除以前的校准数据。

图 2-8　赛多利斯 PB-10 型酸度计

(2)按"Setup"键,直至显示屏显示缓冲液组"1.68、4.01、6.86、9.18、12.46"或按所要求的其他缓冲液组,按"Enter"键确认。

(3)将复合电极用蒸馏水或去离子水清洗,滤纸吸干水分后浸入第一种缓冲液(6.86),等到数值达到稳定并出现"S"时,按"Standardize"键,仪器将自动校准,如果校准时间较长,可按"Enter"键手动校准。作为第一校准点数值被存储,显示"6.86"。

(4)用蒸馏水或去离子水清洗电极,滤纸吸干水分后浸入第二种缓冲液(4.01),等到数值达到稳定并出现"S"时,按"Standardize"键,仪器将自动校准,如果校准时间较长,可按"Enter"键手动校准。作为第二校准点数值被存储,显示(4.01,6.86)和信息"%Slope Good Electrode"显示测量的电极斜率值,如该测量值在 90%～105% 范围内,可接受。如果与理论值有更大的偏差,将显示错误信息(Err),电极应清洗,并对上述步骤重新校准。

(5)重复以上操作,完成第三点(9.18)校准。

3)测量

用蒸馏水或去离子水清洗电极,滤纸吸干水分后将电极浸入待测溶液中。等到数值达到稳定,出现"S"时,即可读取测量值。

4)保养

(1)测量完成后,电极用蒸馏水或去离子水清洗后,浸入 3 mol·dm^{-3} KCl 溶液中保存。

(2)测量完成后,不用拔下变压器,应待机或关闭总电源,以保护仪器。

(3)如发现电极有问题,可用 0.1 mol·dm^{-3} 盐酸溶液浸泡电极半小时再放入 3 mol·dm^{-3} KCl 溶液中保存。

三、雷磁塑壳可充式复合电极

1. 用途

本电极是玻璃电极和参比电极组合在一起的塑壳可充式复合极,是 pH 值测量元件,用于测量水溶液中的氢离子活度(pH 值),它广泛用于轻工业、医药工业、染料工业和科研事业中需要检测酸碱度的地方。

2. 技术规格

(1)测量范围:pH=0~14.00。

(2)测量温度:0~60 ℃(短时 100 ℃)。

(3)零电位:7±0.5pH(25 ℃)(E-201C),2±0.5pH(25 ℃)(65-1AC)。

(4)百分理论斜率:(PTS)≥98.5% (25 ℃)。

(5)内阻≤25 Ω (25 ℃)。

(6)碱误差 0.2pH(1 mol·dm^{-3} Na$^+$,pH=14)(25 ℃)。

(7)响应时间:到达平衡值的 95%所需时间,不大于 1 s。

3. 插头的类型(图 2-9)

(1)可配插座 Q6~50KY。

(2)电极插头 Q6~J3。

(3)可配插座 Q9~50KY。

(4)电极插头 Q9~J3。

(5)可配插头座自制。

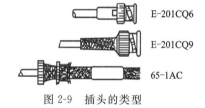

图 2-9 插头的类型

4. 电极使用维护的注意事项

(1)电极在测量前必须用已知 pH 值的标准缓冲溶液进行定位校准,其值愈接近被测值愈好。

(2)取下电极套后,应避免电极的敏感玻璃泡与硬物接触,因为任何破损或擦毛都会使电极失效。

(3)测量后,及时将电极保护套套上,电极套内应放少量参比补充液以保持电极球泡湿润。切忌浸泡在蒸馏水中。

(4)复合电极的内参比补充液为 3 mol·dm^{-3} KCl 溶液,补充液可以从电极上端小孔加入。复合电极不使用时,拉上橡皮套,防止补充液干涸。

(5)电极的引出端必须保持清洁干燥,绝对防止输出两端短路,否则将导致测量失准或失效。

(6)电极应与输入阻抗较高的 pH 计配套,以使其保持良好的特性。

(7)电极应避免长期浸在蒸馏水、蛋白质溶液和酸性氟化物溶液中。

(8)电极避免与有机硅油接触。

(9) 电极经长期使用后,如发现斜率略有降低,则可把电极下端浸泡在 4% 氢氟酸中 3~5 s,用蒸馏水洗净,然后在 0.1 mol·dm^{-3} 盐酸溶液中浸泡,使之复新。

(10) 被测溶液中如含有易污染敏感球泡或堵塞液交界的物质而使电极钝化,会出现斜率降低现象,显示读数不准。如发生该现象,应根据污染物质的性质,用适当的溶液清洗,使电极复新。

注意:选用清洗剂时,如选用能溶解聚碳酸树脂的清洗液(如四氯化碳、三氯乙烯、四氢呋喃等),则可能把聚碳酸树脂溶解后,污染敏感玻璃球泡,而使电极失效,请慎用!

污染物质和清洗剂见表 2-2,供参考。

表 2-2　污染物和清洗剂对照表

污染物	清洗剂
无机金属氧化物	低于 1 mol·dm^{-3} 稀酸
有机油脂类物质	稀洗涤剂(弱碱性)
树脂高分子物质	酒精、丙酮、乙醚
蛋白质血球沉淀物	酸性酶溶液(如食母生)
颜料类物质	稀漂白液、过氧化氢

缓冲溶液的 pH 值与温度关系见表 2-3。

表 2-3　缓冲溶液的 pH 值与温度关系对照表

温度/℃	0.05 mol·kg^{-1} 邻苯二钾酸氢钾	0.025 mol·kg^{-1} 混合物磷酸盐	0.01 mol·kg^{-1} 四硼酸钠
5	4.00	6.95	9.39
10	4.00	6.92	9.33
15	4.00	6.90	9.28
20	4.00	6.88	9.23
25	4.00	6.86	9.18
30	4.01	6.85	9.14
35	4.02	6.84	9.11
40	4.03	6.84	9.07
45	4.04	6.84	9.04
50	4.06	6.83	9.03
55	4.07	6.83	8.99
60	4.09	6.84	8.97

四、7220型分光光度计

(一)基本原理

一束单色光通过有色溶液时,溶液中的溶质能吸收其中的一部分。物质对光的吸收是有选择性的,一种物质对不同波长的光吸收的程度不同。

用透光率或光密度表示物质对光的吸收程度。如果入射光强度用 I_0 表示,透射光强度用 I_t 表示,定义透光率以 T 表示,即 $T=I_t/I_0$。定义 $\lg(I_0/I_t)$ 为吸光度(或消光度、光密度),以 A 表示,即 $A=\lg(I_0/I_t)$。显然,T 越小,或 A 越大,则溶液对光的吸收程度越大。

Lambert-Beer 定律总结了溶液对光的吸收规律:一束单色光通过有色溶液时,有色溶液的吸光度 A 与溶液的浓度 c 和液层厚度 L 的乘积成正比,即 $A=\varepsilon cL$。其中,比例常数 ε 叫作吸光系数(光密度系数),它与物质的性质、入射光的波长和溶液的温度等因素有关。

由 $A=\varepsilon cL$ 可以看出,当溶液层厚度一定时,溶液的吸光度只与溶液的浓度呈正比。由 T 的定义可知,$-\lg T = \varepsilon cL$,在同样条件下,透光率的负对数与溶液的浓度呈正比。测定时一般只读取吸光度。

分光光度法就是以 Lambert-Beer 定律为基础建立起来的分析方法。一般在测量样品前,先测量一系列已知准确浓度的标准溶液的吸光度,画出吸光度-浓度曲线,作为工作曲线。样品的吸光度测出后,就可以在工作曲线上求出相应的浓度。

(二)7220型分光光度计的安装与使用

1. 安装

7220型分光光度计见图2-10。打开仪器包装箱后,应按装箱单检查仪器的配套件是否齐全,然后取出仪器电源线安装在仪器右后方的电源插座上,另一端与电源接通。

2. 仪器各部分功能介绍

(1)样品室门:打开门(向显示窗方向推,即可打开样品室门)可放置样品,关上门才可进行测量。

(2)显示窗:显示测量值。在不同的功能下,可以分别显示透射比、吸光度及浓度和错误显示。

(3)波长显示窗:显示当前波长值。

(4)波长调节旋钮:调节波长用,当转动波长旋钮时,显示窗的数字随之改变。

(5)仪器电源开关。

(6)仪器操作键盘。

(7)样品池拉手:前后拉动可改变四位样池的位置。

(8)Rs232 输出口(选配)。

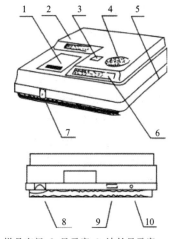

1.样品室门;2.显示窗;3.波长显示窗;
4.波长调节旋钮;5.仪器电源开关;
6.仪器操作键盘;7.样品池拉手;
8.Rs232输出口;9.打印输出口;
10.电源

图2-10 7220型分光光度计示意图

(9)打印输出口。

(10)电源插座。

3. 键盘

本仪器共有 8 个操作键,7 个工作方式指示灯(图 2-11),当用户每选用一种工作方式时,该指示灯亮,当进行测量时,每按一次操作键其对应指示灯点亮一次,点亮时间与按键时间长短一致。

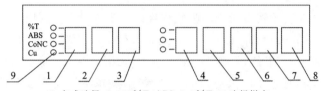

1.方式选择;2.100%T,ABS;3.0%T;4.选择样点;
5.置数加;6.置数减;7.确认;8.打印;9.功能指示灯

图 2-11　7220 型分光光度计面板图

操作键的具体功能如下:

(1)方式选择键。共有 4 种工作方式供用户选择。这 4 种方式是透射比、吸光度、浓度及建曲线,每按此键一次可循环进入下一种工作方式,同时相应的指示灯亮,指示当前工作状态。

(2)调零键。调 100%T 键:按此键后计算机对当前样品采样,调整电气系统放大量,并使显示器显示为 100.0(%T)或 0.000(ABS)。按下此键后,仪器所有键被封锁,当调整 100%T 结束后,显示 100(%T)或 0.000(ABS)后键释放,此键只在透射比及吸光度档起作用。

(3)调 0%T 键。调整仪器零点,显示器显示"0.0",应在全挡光的情况下进行。此键只在透射比档起作用。

(4)选标样点。用户选择(选标样点)功能时,需先按(方式选择)键,使"建曲线"功能指示灯亮,此时仪器处于选标样点建曲线功能状态下。

本仪器有 3 种曲线拟合方式供用户选择,分别是:一点法(即输入一个标样浓度值建拟合曲线)、两点法(即输入两个标样浓度值建拟合曲线)、三点法(同理)。用户选哪种曲线拟合方式,哪种拟合方式对应的指示灯亮。

用户在进行浓度测量前,必须首先建立标样浓度曲线(即标准样品浓度曲线)。拟合曲线建好后,方可进行浓度测量,使用所选拟合曲线方式进行浓度测量,"第一点"(一点法)、"第二点"(二点法)、"第三点"(三点法)的指示灯,哪个指示灯亮表示选用几点法曲线拟合方式计算浓度。

例如:建拟合曲线时输入了两个标样值,则在浓度测量时,把"选标样点"指示灯放在二点法("第二点"指示灯亮),表示实际测量选用的标准曲线是用二点法建立的。但若建曲线时,输入的是 3 个标样值,而在浓度测量时,把"选标样点"指示灯放在二点法("第二点"灯亮),则此时表示实际测量选用的标准曲线为前两点标样值所建,第三标样值不起作用。

只有在"建曲线"状态下,选"标样点"键、"置数(+-)"键、"确认"键才起作用。

(5)置数加。标样浓度置入数字增加键,改变显示器数值,可使显示窗显示的数字增大(按键一次数字加1,按键时间超过 0.5 s,则数字连续递增)。该键只在"建曲线"功能下起作用。

(6)置数减。标样浓度量入数字减少键,改变显示器数值,可使显示窗的数字减少(按键一次,数字减1,按键时间超过 0.5 s,则数字连续递减)。该键只在"建曲线"功能下起作用。

(7)确认。当按"置数(+-)"键置好(使显示窗数字与标样品浓度值一致)所需标样浓度值后按下此键,确认所输入的标样值,并对当前值的信号进行采集,作为标样 A 值(一个标样浓度值)存入计算机内。按"确认"键时要注意,显示器上的标样浓度应为光路中样品的标样值,当置入另一点标样时应注意改变光路中的标样(拉动样品池拉手移动样品池),该键只在"建曲线"功能下起作用。

(8)打印。在不同的方式选择功能下,可打印出透射比值、吸光度值及浓度值,在不同功能下的打印内容分别为透过率、吸光度、浓度、建曲线。

4. 操作步骤

安装好仪器后,检查样池位置,使其处在光路中(拉动拉手应感到每档的定位)。关好样品室门,打开仪器"电源"开关,方式选择指示灯应在透射比位置,选标样点应在第一点,预热 10 min,即可以进行测量。

如果选购了本仪器配置的微型打印机,则应先连接主机与打印机之间的线缆,插上打印机电源线。请注意:使用时必须先开启主机电源,后开打印机。

(1)透射比测量。在样池中,放置空白及样品:①按需要调节波长旋钮,使显示窗显示所需波长值;②按"方式选择"键使透射比指示灯亮,并使空白溶液处在光路中;③按"100%T"键调 100%,待显示"100.0"时即表示已调好"100%T";④在样池架中放挡光块,拉入光路,关好样品室门,观察显示是否为"0",如不为"0.0"则按"0%T"调零;⑤取出挡光块,放入空白溶液,关好样品室门,显示器应显示"100.0",若不为"100.0"则应重调"100%T"(重复③);⑥拉动样品拉手使被测样品依次进入光路,则显示器上依次显示样品的透射比值。

(2)吸光度测量。吸光度测量与透射比基本相同,有两点要注意:①在选择方式②(即 100%T、ABS,0)时,应使吸光度指示灯亮;②在选择方式③(即"0%T")调零时应在"透射比"功能下(即方式选择指示灯放在透射比档,调零后再将方式选择指示放回吸光度档)。

五、AOELAB UV-1800 型分光光度计的安装与使用

1. 安装

AOELAB UV-1800 型分光光度计见图 2-12。打开仪器包装后,需依据装箱单核对检查仪器包装物件配套,然后取出仪器放置于平稳的工作台上。仪器各部分如图 2-13 所示,操作面板各功能键及说明如图 2-14 所示。

检查确认电源开关处于关闭状态后,将电源线插到仪器电源接口与电源接通。检查连接无误后,打开仪器电源开关,仪

图 2-12 AOELAB UV-1800 型分光光度计

器进入自检,经过滤色盘定位、波长自检,获取暗电流、钨灯能量、氘灯能量,仪器预热的过程后,仪器进入主菜单(图2-15)。

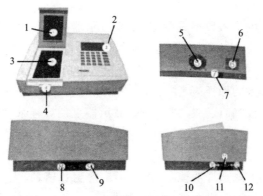

1.室盖;2.作面板;3.样品架;4.拉杆;5.散热风扇;6.散热孔照;7.电源插座;
8.恒温接口;9.电源开关;10.U盘接口;11.联机接口;12.打印接口

图 2-13　AOELAB UV-1800 型分光光度计各部分图

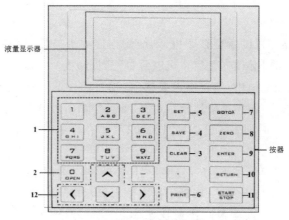

图 2-14　操作面板

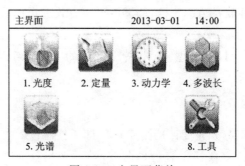

图 2-15　主界面菜单

操作面板介绍:
(1)数字按键,用于输入参数、波长及设置自动八联池。
(2)OPEN,用于打开保存在仪器存储器中的文件。

(3)CLEAR,用于清除输入或测量的数据。

(4)SAVE,用于保存文件到仪器存储器中。

(5)SET,用于进入设置参数界面。

(6)PRINT,用于打印数据。

(7)GOTO λ,用于设置波长。

(8)ZERO,用于校准100%T或0 ABS。

(9)ENTER,用于确认输入或设置。

(10)RETURN,用于取消操作或返回上一界面。

(11)START/STOP,用于启动、取消测量、读数据。

(12)上下左右箭头,用于翻滚菜单选项或数据表,查找波峰或设置坐标。

2. 测试步骤

(1)准备工作。开机自检,确认光路中无阻挡物,关上样品室盖,打开电源开始仪器自检。仪器完成自检后进入预热状态,建议预热时间在20 min以上。检查比色皿是否干净完整。

(2)进入光度模式。在主界面中,按数字键"1",选择"光度",即可进入。

(3)设置测量模式。通过按键SET进入设置界面(图2-16),按数字键"1"进入选择模式,通过上下箭头按键选择吸光度、透过率等模式,选定后按"ENTER"确认,可通过数字"2"键设置系数 K 值($-9\,999.9$~$9\,999.9$),按"ENTER"键确认。确定所有设置内容后按"START/STOP"进行确认。

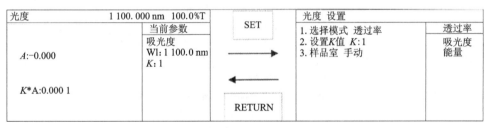

图2-16 设置界面

(4)设置波长。通过"GOTO λ"键设置测试波长,用数字键输入波长数值,确定后按"ENTER"键确认,按"START/STOP"键进入光度数据表。

(5)校准。将参比比色皿放置于光路中,按"ZERO"键进行校准100%T或0 ABS。

(6)测量样品。将样品放于光路中,关上样品室盖,液晶显示屏显示测试结果,按"START/STOP"键,数据进入光度数据表,即完成此样品的测量。如需测量多个样品,重复校准及测量步骤,按"START/STOP"键将数据计入数据表。

(7)导出数据。数据表下按"SAVE"键保存数据,通过上下箭头选择保存的位置,可通过"SAVE"键输入文件名,再按"ENTER"键完成保存。通过"PRINT"键即可打印测试数据。

(8)关机。关机时,需先按"ENTER"键返回到主界面,再关闭仪器。

六、阿贝折射仪

折射率是物质的重要物理常数之一，可借助它了解物质的纯度、浓度及其结构，在实验室中可用阿贝折射仪来测量液体物质的折射率。阿贝折射仪具有液体用量少、操作方便、读数准确的特点。

1. 工作原理

当一束光投在两种不同性质的介质的交界面上时发生折射现象，它遵守折射定律

$$\frac{\sin\alpha}{\sin\beta} = \frac{n_\beta}{n_\alpha} \quad \text{或} \quad n_\beta = n_\alpha \frac{\sin\alpha}{\sin\beta}$$

式中：α 为入射角；β 为折射角；n_α、n_β 为交界面两侧两种介质的折射率。

在一定温度下对于一定的两种介质，其比值是一定的。当光束由光疏介质进入光密介质时(图 2-17)，入射角大于折射角(反之，则入射角小于折射角)。入射角增大时折射角也增大，当入射角 $\alpha_0 = 90°$ 时，折射角为 β_0，故任何方向的入射光进入光密介质时，其折射角一定服从 $\beta \leqslant \beta_0$。

2. 结构

阿贝折射仪是根据上述临界折射现象设计的，外形如图 2-18 所示，图 2-19 是它的构造示意图。镜箱由两个折射率为 1.75 的玻璃直角棱镜构成，上部为基本棱镜，下部为辅助棱镜。从反射镜反射来的入射光进入棱镜"3"，此棱镜的 $A'D'$ 面为一毛玻璃，入射光在毛玻璃面上发生漫散射，并从各个方向通过置于缝隙的液层而达到棱镜"4"的 AD 面。根据折射定律，当光由光疏介质(待测液体)折射进入光密介质(棱镜"4")时，折射角小于入射角；如果入射光正好沿着 AD 面射入，即入射角 $\alpha_0 = 90°$，则折射角为 β_0。因再也没有比 β_0 更大的折射角，所以 β_0 为临界角。对 AD 镜面上任一点来说，当光在 $0°\sim 90°$ 范围内入射时，折射光都应落在临界角 β_0 内成为亮区，其他为暗区，构成明暗的分界线，因此具有特征意义。根据上面的公式，若已知棱镜的折射率为 n_β，测定临界角 β_0，就能求出液体的折射率 n_0。实际上，此值可从阿贝折射仪上直接读出而不必计算。

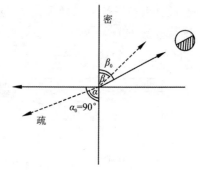

图 2-17 光的折射

折射率用符号 n 表示，其值与温度和入射光的波长有关，故应在其右上角标出测量温度，右下角标出测量时所用的波长。例如 $n_D^{25°}$ 表示介质在 25 ℃ 时对钠黄光的折射率。阿贝折射仪使用的光源为白光。白光为各种不同波长的混合光。由于波长不同的光在相同介质内的传播速度不同，所以会产生色散现象，使目镜的明暗分界线不消失。为此在仪器上装有可调的消色补偿器，通过它可清除色散，得到清楚的明暗分界线，这时所测得的液体折射率，与用钠光 D 线所得的液体折射率相同。

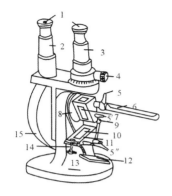
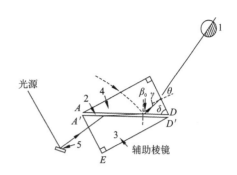

1.目镜;2.读数镜筒;3.测量镜筒;
4.消色散手柄;5.5′、5″.恒温水入口;
6.温度计;7.基本棱镜;8.转轴;9.铰链;
10.辅助棱镜;11.加液槽;12.反射镜;13.底座;
14.锁钮;15.刻度罩盘

图 2-18 阿贝折射仪的外形

1.目镜视野;2.液面;3.辅助棱镜;
4.基本棱镜;5.反射镜

图 2-19 折射仪构造示意图

3. 使用方法

(1)将阿贝折射仪置于光亮处,但避免阳光直接照射,让超级恒温槽中的恒温水通入阿贝折射仪的两棱镜恒温夹套中,恒温温度以折射仪上的温度计读数为准。

(2)打开棱镜,滴 1 滴无水乙醇(或乙醚)在镜面上,用擦镜纸轻轻擦干镜面。

(3)用滴管滴加 1~3 滴试液于辅助棱镜的毛玻璃面上,闭合棱镜、旋紧锁钮,务必使被测物体均匀覆盖于两棱镜间的镜面上,不可有气泡存在,否则需重新取样进行操作。

(4)调节反射镜,让入射光进入棱镜,使望远镜中视场最亮。调节目镜至视场最清晰。

(5)旋转左边手柄,使测量目镜中能看到彩色光带或黑白现象为止。

(6)转动右边消色散手柄,消除彩色光带,使视场内呈现一清晰的明暗分界线。

(7)再转动左边手柄,使分界线和十字线相交于一点,然后从读数望远镜中读取折射率。

(8)测定后用擦镜纸擦干棱镜面。

4. 仪器校正

阿贝折射仪刻度盘上标尺的零点,有时会发生移动,测量前可用已知折射率的蒸馏水进行校正,其方法:按操作要求加样(蒸馏水)后,转动左边手轮使标尺读数等于蒸馏水的折射率,再消除色散,然后用方孔调节扳手旋动目镜前凹槽中的调整螺丝,使明暗分界线与十字线相交于一点。水在各种温度下的折射率见表 2-4。

表 2-4 不同温度下水的折射率

$t/℃$	n_D	$t/℃$	n_D	$t/℃$	n_D	$t/℃$	n_D
11	1.333 65	16	1.333 31	21	1.332 90	26	1.332 42
12	1.333 59	17	1.333 24	22	1.332 81	27	1.332 31

续表 2-4

$t/℃$	n_D	$t/℃$	n_D	$t/℃$	n_D	$t/℃$	n_D
13	1.333 12	18	1.333 16	23	1.330 20	28	1.332 19
14	1.333 46	19	1.333 07	24	1.332 63	29	1.332 08
15	1.333 39	20	1.332 99	25	1.332 52	30	1.331 96

5. WAY 阿贝折射仪的结构及使用方法

WAY 阿贝折射仪的外形如图 2-20 所示，其使用方法如下。

(1)将阿贝折射仪置于光亮处，但避免阳光直接照射，让超级恒温槽中的恒温水通入阿贝折射仪的两棱镜恒温夹套中，恒温温度以折光仪上的温度计读数为准。

(2)打开棱镜，滴 1 滴无水乙醇(或乙醚)在镜面上，用镜头纸轻轻擦干镜面。

(3)用干净滴管加 1~3 滴试液于折射棱镜表面上，闭合棱镜，用手轮 10 锁紧，务必使被测物体均匀覆盖于两棱镜间镜面上，不可有气泡存在，否则需重新取样进行操作。

(4)打开遮光板 3，合上反射镜 1，调节目镜视度，使十字线成像清晰，此时旋转手轮 15，使分界线位于十字线中心，再适当转动聚光镜 12，此时目镜视场下方显示的值即为被测液体的折射率。

(5)转动右边消色散手柄，消除彩色光带，使视场内呈现一清晰的明暗分界线。

(6)再转动左边手柄，使分界线和十字线相交于一点，然后从读数望远镜中读取折射率。

(7)测定后用擦镜纸擦干棱镜面。

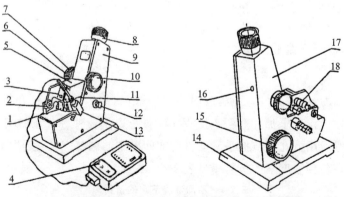

1.反射镜；2.转轴；3.遮光板；4.数显温度计；5.进光棱镜座；
6.色散图调节轮；7.色散值刻度圈；8.目镜；9.盖板；10.手轮；
11.折射镜座；12.照明刻度盘聚光镜；13.温度计座；14.底座；
15.折射率刻度调节手轮；16.微调孔；17.壳体；18.4 支恒温器接头

图 2-20 WAY 阿贝折射仪结构示意图

七、WZZ-2B 自动旋光仪

旋光仪是研究溶液旋光性的仪器,用来测定平面偏振光通过具有旋光性物质的旋光度的大小和方向,从而定量测定旋光物质的浓度,确定某些有机物分子的立体构型。

WZZ-2B 自动旋光仪(图 2-21)采用光电自动平衡原理进行旋光测量,其测量结果由数字显示。

图 2-21　WZZ-2B 自动旋光仪

1. 原理

仪器采用 20 W 钠光灯做光源,由小孔光栏和物镜组成一个简单的点光源平行光管(图 2-22),平行光经偏振镜(一)变为平面偏振光,其振动平面为 00 [图 2-23(a)],当偏振光经过有法拉第效应的磁旋线圈时,其振动平面产生 50 Hz 的 β 角往复摆动[图 2-23(b)],光线经过偏振镜(二)投射到光电倍增管上,产生交变的电讯号。

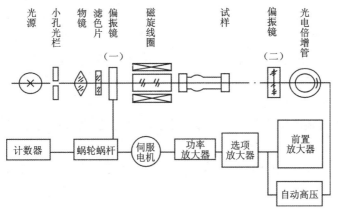

图 2-22　自动旋光仪结构示意图

2. 仪器的使用方法

(1)将仪器电源插头插入 220 V 交流电[要求使用交流电子稳压器(1 kVA)],并将接地线可靠接地。

(2)向上打开电源开关(右侧面),此时钠光灯在交流工作状态下起辉,经 5 min 钠光灯激活后,钠光灯才发光稳定。

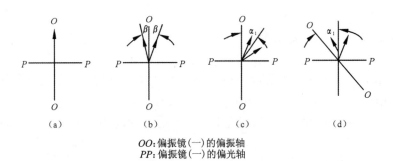

OO：偏振镜（一）的偏振轴
PP：偏振镜（一）的偏光轴

(a)偏振镜（一）产生的偏振光在 OO 平面内振动；(b)通过磁旋线圈后的偏振光动面以 β 角摆动；
(c)通过样品后的偏振光动面旋转 α_1；(d)仪器示数平衡后偏振镜（一）反向转动 α_1 补偿了样品的旋光度

图 2-23　旋光仪测旋光度的示意图

（3）向上打开光源开关（右侧面），仪器预热 20 min（若光源开关扳上后，钠光灯熄灭，则再将光源开关上下重复扳动 1～2 次，使钠光灯在直流下点亮，为正常）。

（4）按"测量"键，这时液晶屏应有数字显示。注意：开机后，"测量"键只需按 1 次，如果误按该键，则仪器停止测量，液晶屏无显示。用户可再次按"测量"键，液晶重新显示，此时需重新校零（若液晶屏已有数字显示，则不需按"测量"键）。

（5）将装有蒸馏水或其他空白试剂的试管放入样品室，盖上箱盖，待示数稳定后，按"清零"键。试管中若有气泡，应先让气泡浮在凸颈处；通光面两端的雾状水滴应用软布揩干。试管螺帽不宜旋得过紧，以免产生应力，影响读数。试管安放时应注意标记的位置和方向。

（6）取出试管。将待测样品注入试管，按相同的位置和方向放入样品室内，盖好箱盖。仪器将显示出该样品的旋光度。注意：试管内腔应用少量被测试样冲洗 3～5 次。

（7）逐次按下复测按钮，重复读几次数，取平均值作为样品的测定结果。

（8）如样品超过测量范围，仪器在 ±45°处来回振荡。此时，取出试管，仪器即自动转回零位。此时可将试液稀释 1 倍再测。

（9）仪器使用完毕后，应依次关闭光源、电源开关。

（10）钠光灯在直流供电系统出现故障不能使用时，仪器也可在钠光灯交流供电的情况下测试，但仪器的性能可能略有降低。

（11）当放入小角度样品（$-5°\sim+5°$）时，示数可能变化，这时只要按复测按钮，就会出现新数字。

八、电导率仪

1. 仪器

电导率仪是用以测量电解质溶液的电导率的仪器。电解质溶液的电导 λ 除与电解质种类、溶液浓度及温度等有关外，还与所使用的电极的面积 A、两电极间距离 l 有关。其关系为

$$\lambda = \kappa A / l$$

式中：κ 为比电导或电导率。

在电导率仪中,常用的电极有铂黑电极或铂光亮电极(统称为电导电极),对于某一给定的电极来说,l/A 为常数,叫作电极常数(或称为电导池常数)。每一电导电极的常数由制造厂家给出。

现以 DDS-307A 型电导率仪为例简单说明。仪器的外形如图 2-24 所示,电导电极示意图如图 2-25 所示。

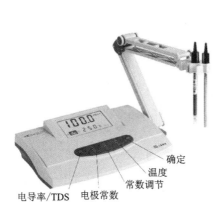

图 2-24　DDS-307A 型电导率仪示意图

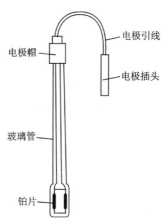

图 2-25　电导电极示意图

2. 操作步骤

(1)接通仪器电源,预热约 20 min。

(2)将电极浸入被测溶液,电极插头插入电极插座(插头、插座上的定位销对准后,按下插头顶部即可使插头插入插座。如欲拔出插头,则捏其外套往上拔即可)。

(3)按"电导率/TDS"键,选择测定"电导率"或者"TDS"。

(4)在"电导率"测定状态下,按"电极常数"的上下调节键选择电极上对应的常数,按"确认"键进行确认并返回测量状态。

(5)在"电导率"测定状态下,按"常数调节"的上下调节键选择合适的电极规格常数,按"确认"键进行确认并返回测量状态。不同电极规格常数的电极对应的测量范围不同,其关系如下。

电极常数	测量范围/($\mu s \cdot cm^{-1}$)
0.01~0.1	0~20
0.1~1.0	0~200
1.0	200~2 000
1.0~10	2 000~20 000
10	20 000~200 000

(6)如使用温度电极,可将温度电极一同放入待测液中,仪器显示自动测量温度值,仪器自动进行温度补偿,无需进行温度设置。

(7)设置完成后,待显示屏测量值稳定后即可读数。

3. 维护

(1)防止湿气、腐蚀性气体进入仪器内部。电极插头、插座应保持干燥。

(2)电极使用完毕应清洗干净,用净布拭干后放好。
(3)盛放被测溶液的容器须干净,无离子玷污。

第七节　实验误差及有效数字

一、实验误差

实际的实验测量发现,即使采用最可靠的方法,使用最精密的仪器,由技术很熟练的人员操作,也不可能得到绝对准确的结果。同一个人在相同条件下,对同一试样进行多次测定,所得结果也不可能完全相同。因此,实验误差是客观存在的,只有了解误差产生的原因和出现的规律,并分析总结降低误差的措施,才能使测量结果达到所要求的准确度,以满足实际工作的需要。

(一)产生误差的原因

根据误差的来源和特点,误差可分为系统误差(或称可测误差)和偶然误差(或称随机误差、未定误差)。

1. 系统误差

系统误差是由于测定过程中某些经常性的原因所造成的误差,它对测量结果的影响比较恒定,会在同一条件下的多次测定中重复地显示出来,使测定结果系统地偏高或偏低。

产生系统误差的具体原因:

(1)测定方法不当。测定方法本身不够完善,如反应不完全、指示剂选择不当,或者由于计算公式不够严格、公式中系数的近似性而引入的误差。

(2)仪器本身缺陷。测定中用到的砝码、容量瓶、滴定管、温度计等未经校正,仪表零位未调好,指示值不正确等仪器系统的因素造成的误差。

(3)试剂纯度不够。使用试剂不纯或去离子水(或蒸馏水)不合规格,使试液中引入杂质干扰测定,甚至使试液中引入微量被测物质,这都会造成误差。

(4)操作者的主观因素。如有的人对某种颜色的辨别特别敏锐或迟钝;记录某一信号的时间总是滞后;读数时眼睛的位置习惯性偏高或偏低;又如在滴定第二份试样时,总希望与第一份试液的滴定结果相吻合,因此在判别终点或读取滴定管读数时,可能就受到"先入为主"的影响。

2. 偶然误差

由于测定过程中各种因素的不可控制的随机变动所引起的误差,如观测时温度、气压的偶然微小波动,个人一时辨别的差异,在估计最后一位数值时,几次读数不一致。偶然误差的大小、方向都不固定,在操作上不能完全避免。

此外还应该指出,由于工作上的粗枝大叶,不遵守操作规程,以致丢失试液、加错试剂、看错读数、记录出错、计算错误等而引入过失误差,这类"误差"实属操作错误,无规律可循,对测定结果有严重影响,必须注意避免。对含有此类因素的测定值,应予以剔除,不能参加计算平均值。

(二)减免误差的方法

针对不同类型的误差产生的原因,应采取相应的措施减免。对于系统误差可采取下列方法减免误差。

1. 对照试验

选用公认的标准方法与所采用的测定方法对同一试样进行测定,找出校正数据,消除方法误差,或用已知含量的标准试样,用所选测定方法进行分析测定,求出校正数据。

2. 空白试验

在不加试样的情况下,按照试样的测定步骤和条件进行测定,所得结果称为空白值。从试样的测定结果中扣除空白值,就可消除由试剂、蒸馏水及所用器皿引入杂质所造成的系统误差。

3. 仪器校正

实验前对所用的砝码、度量仪器或其他仪器进行校正,求出校正值,提高测量准确度。

对于个人主观因素引起的误差,操作者只有通过养成良好的实验习惯,采取科学的实验态度,严格按正确的操作规范进行实验,才能得以减免或消除。

偶然误差虽然由偶然因素引起,但从偶然误差的规律可知,在消除系统误差的情况下,平行测定的次数越多,偶然误差的算术平均值愈接近于 0,测得的平均值越接近于真值。因此,可适当增加测定次数(对同一样品一般要求平行测定 2~4 次),取平均值作为分析结果,减免偶然误差。

(三)准确度与误差

准确度是指测定值与真实值接近的程度。误差小,准确度高;反之,误差大,准确度低。误差是指测定值(x)或测定值的平均值($\bar{x}$)与真实值(μ)之间的差。

误差的表示方法有绝对误差和相对误差,一般采用相对误差表示测定结果的准确度更为合理。

绝对误差 $\quad AE = x - \mu$ 或 $AE = \bar{x} - \mu$

相对误差 $\quad RE = \dfrac{AE}{\mu} \times 100\% = \dfrac{x - \mu}{\mu} \times 100\%$

在实际工作中,真实值往往不知道,无法说明准确度的高低,因此常常用精密度表示测定结果的好坏。

(四)精密度与偏差

精密度是指几次平行的测定值彼此之间接近的程度,采用偏差表示,偏差小,精密度好,分析结果的重现性高;反之,偏差大,精密度差,重现性差。偏差的表示方法有以下几种。

(1) 绝对偏差和相对偏差。

$$\text{绝对偏差 } d_i = x_i - \bar{x}$$

$$\text{相对偏差} = \frac{d_i}{\bar{x}} \times 100\%$$

式中：相对偏差表示单个测量值与平均值的偏差，即单个测量数据的离散程度。

(2) 平均偏差和相对平均偏差。

$$\text{平均偏差 } \bar{d} = \frac{\sum |x_i - \bar{x}|}{n}$$

$$\text{相对平均偏差} = \frac{\bar{d}}{\bar{x}} \times 100\%$$

它们通常用来表示一组数据的分散程度，即分析结果的精密度。

(3) 标准偏差和相对标准偏差。

$$\text{标准偏差 } s = \sqrt{\frac{\sum (x_i - \bar{x})^2}{n-1}}$$

$$\text{相对标准偏差（变异系数）} Cv(\%) = s_r = \frac{s}{\bar{x}} \times 100\%$$

一般用标准偏差表示精密度比用平均偏差更好，因为将单次测定结果的偏差平方后，较大的偏差能更显著地反映出来。

二、有效数字

在化学实验中不仅要准确地进行量的测定，还需正确地记录和计算，才能得到可信的结果。为了正确地运算保证实验结果的合理性，必须很好地理解和应用有效数字的概念。有效数字是在具体工作中实际能够测量到的有实际意义的数字，以数字来表示有效数量。

有效数字的位数取决于测量的方法和仪器的精度。例如，某物体在台秤上称量，所得质量为 12.5 g。因台秤的精度是 0.1 g，所以该物体的质量实际是 (12.5 ± 0.1) g，其有效数字的位数为三位；若将该物体放在分析天平上称量，测得质量为 12.492 0 g。由于分析天平的精度为 0.000 1 g，因此该物体的质量实际为 $(12.492\ 0 \pm 0.000\ 1)$ g，其有效数字是六位。又如，100 cm³ 量筒的最小刻度为 1 cm³，两刻度之间可估计出 0.1 cm³，用量筒测量溶液体积时，最多取到小数点后第一位。如 15.8 cm³，为三位有效数字。用滴定管移取液体，其刻度为 0.1 cm³，可估读到 0.01 cm³。若读数为 22.45 cm³，是四位有效数字。

以上这些测量值中，最后一位数字是估计读出的，为可疑数字，其余为准确数字。所有的准确数字和最后一位可疑数字都称为有效数字。任何一次直接测量，其数值都应记录到仪器刻度的最小估计数，即记录到第一位可疑数字。任何超过或低于仪器精确度的有效数的数字都是不正确的。

对于数字"0"，要具体情况具体分析。只有"0"在数字的中间或在小数点后的数字才是有效数字，应包括在有效数字的位数中。例如，用分析天平称量铁矿样 0.521 0 g，表明分析天平的精度为 0.000 1 g，有效数字为四位，该"0"为有效数字；若称量的结果是 0.052 0 g，则"5"

左边的 2 个"0"不是有效数字,仅起定位作用,表示小数点的位置;而"5"右边的"0"则是有效数字,即这个数的有效数字是三位。还需指出,为了准确表示出有效数字位数,应当将数值用科学计数法表示,如 1000,其有效数字的位数是不确定的,若写成 1.0×10^3,其有效数字的位数为 2;若写成 1.000×10^3,其有效数字的位数为 4。

在处理数据时,常常会遇到一些有效数字位数不同的情况,首先应按照一些规则进行处理,再按一定的法则进行运算。

(1)有效数字的最后一位数字,一般是不定值。记录数据时,只能保留一位不定值。

(2)运算时,以"四舍六入五成双"为原则舍去多余的数字。

(3)尾数为 5 时,若"5"后面的数字为"0",则按"5"前面为偶数者舍弃,为奇数者进 1 位;若"5"后面的数字是不为"0"的任何数,则不论"5"前面的一个数为偶数或奇数均进 1 位。

(4)数据的首位为 8 或 9 时,则有效数字可多计一位;如 90.0%,则有效数字的位数为 4。

(5)数值的加减。几个数值相加或相减,和或差的有效数字位数的保留与这些数值中小数点后位数最少的数字相同。

(6)数值的乘除。几个数值相乘或相除,积或商的有效数字位数的保留是以数值的相对误差最大的那个数为依据,即与各数值中有效数字位数最小的那个数相同,而与小数点的位置无关。

(7)对数的运算。对数值的有效数字位数仅由尾数的位数决定,首数只起定位作用,不是有效数字。对数运算时,对数尾数的位数应该与相应真数的有效数字的位数相同。例如,$c(H^+)=1.8\times10^{-5}$,它有两位有效数字,所以,其 pH=4.74,其中首数"4"不代表有效数字位数,尾数"74"才代表有效数字的位数,为两位有效数字。反过来,由 pH 值计算 $c(H^+)$ 时,若 pH=2.72,则 $c(H^+)=1.9\times10^{-3}$,而不能写成 1.91×10^{-3}。

(8)为提高计算的准确性,在计算过程中可以多保留一位有效数字,完成全部计算后再修约。

第八节 实验数据处理及实验报告

一、实验数据处理

本实验教材中所涉及的化学实验数据的表示方法主要有列表法和图解法。

1. 列表法

列表法是表达实验数据最常用的方法。将实验数据记录到简明合理的表格中,使得全部实验数据一目了然,便于得出变量之间的关系以及变化的规律,以便进一步进行数据处理。一张完整的表格应包括表头名称、实验序号、项目、数据等几项内容。因此,做表格时应明确上述几点要求,根据不同的实验内容及要求分别列出自变量与因变量,做好记录,做出完整规范的表格。

2. 图解法

图解法通常是在平面直角坐标系中，用图表示实验数据。以一种直线图或曲线图描述所测试的变量之间的关系，使实验测得的各个数据间的关系更为直观，并可由图确定出所测变量之间的定量关系。如温度校准曲线，将自变量作为横坐标，因变量作为纵坐标，所得曲线表示二者之间的定量关系。在曲线范围内，对应于任意自变量的因变量值均可由曲线读得。对于一些不能或不易直接测得的数据，在适当的条件下可通过作图外推的方法求得。如本书中燃烧焓的测定实验，以时间为横坐标、温度为纵坐标作图，得到温度随时间的变化曲线，将该曲线进行外推后可得到真正的温度改变值，具体方法见燃烧焓的测定实验。

将实验数据用图解法处理时，要选择恰当的比例。原则是使图上读出的各种量的准确度和测量得到的准确度一致，也就是使图上的最小分度与仪器的最小分度一致，表示出全部有效数字。用同一张坐标纸作几条曲线时，每条曲线上的坐标点要用不同的符号表示。在图上要注明远点所表示的量、单位数值大小、坐标轴所代表的量的名称、单位及图的名称。

二、实验报告

完整的实验课程需认真完成课前预习、实验过程和实验数据处理及实验报告撰写，每个环节均至关重要，并相辅相成。

(1)课前预习要求学生对本次实验的目的、实验原理、实验内容、实验步骤进行充分的了解，并根据所学知识对所采用的实验器材及药品进行预学习，包括实验器材的用法及实验药品的性状和毒性，并对实验可能存在的安全隐患进行评估并做好应对措施准备，进而通过查询相关资料及学习材料对实验现象及结果进行预判，最终根据以上预习内容完成预习报告。

(2)实验课程进行中，在任课教师的讲解指导下，学生需按照要求独立认真地完成实验内容。通过操作掌握正确的实验仪器使用方法，明确每一步实验环节的目的用意，在实验进行过程中如实完整地记录实验现象及数据。如果与理论现象数据偏差较大，应重复实验操作并分析误差原因，从而建立起实事求是的科学态度和思维方式。

(3)课后学生需对实验数据进行整理分析处理，对实验现象进行合理的解释，并对此次实验进行自我总结，完成最终的实验报告撰写。实验报告要求内容完整、书写工整，图表规范。

合格完整的实验报告应包括以下几部分：

(1)准确记录课程名称、课次、班级、实验日期及地点。

(2)准确完整地记录实验名称。

(3)简要描述实验的目的，包括最终得到的结论及需要掌握的技能。

(4)详细介绍实验所涉及的理论原理，包括实验设计思路、测试手段选择及数据分析方法等。

(5)具体记录实验步骤和操作，包括详细的操作过程及步骤顺序，可以采用文字描述，也可使用流程图。

(6)对于验证性质的现象类实验，如元素试验，真实客观地记录相应的实验现象并进行分析解释。对于涉及数据处理类的物理化学类实验，应按要求充分记录所需的原始数据，不可漏记、不可杜撰、不可篡改，进而对数据进行计算分析处理，最终得出结论。

(7) 对整个实验过程进行自我总结,包括注意事项总结及实验误差分析,进而对实验改进提出自己的见解与建议以及回答课后思考题。

以下示例为标准物质的称量、配制与酸碱滴定的实验报告。

中国地质大学(武汉)材料与化学学院实验报告

正常实验(√)补做实验( )其他( )

姓名	×××	班号	×××	学号	×××
日期	×××年×月×日	指导教师	×××	成绩	
课程名称	大学化学实验				
实验项目	标准物质的称量、配制与酸碱滴定				

一、实验目的

1. 了解分析天平的基本构造和性能,并学会正确使用天平。
2. 学习直接称量法和减量法称量样品。
3. 学会容量瓶、移液管、滴定管的基本操作,了解一种标准溶液的配制方法。
4. 学会酸碱滴定的基本操作。
5. 了解有效数字的应用与计算。
6. 培养准确、简明地记录实验原始数据的习惯,不得涂改数据,不得将测量数据记在实验记录本以外的任何地方。

二、实验主要仪器设备与药品

台称、电子分析天平,干燥器,称量瓶、锥形瓶 250 cm³(2 个)、洗瓶、100 cm³ 容量瓶,25 cm³ 酸式滴定管(1 支)、20 cm³ 刻度吸液管(1 支)、多用滴管(1 支),滴定台,10 cm³ 小烧杯(2 个),小玻璃棒(1 支)。

无水 Na_2CO_3(将无水 Na_2CO_3 置于烘箱内,在 106 ℃下,干燥 2~3 h,然后放到干燥器内冷却备用);HCl(0.1 mol·dm^{-3});甲基橙(0.1%水溶液)。

三、实验原理及内容(包括基本原理阐述、主要计算公式以及实验装置示意图等)

1. 实验原理

酸 A 和碱 B 发生以下中和反应
$$aA + bB = cC + dD$$

则发生反应的 A 和 B 的物质的量 n_A 和 n_B 之间有关系

$$n_A = \frac{a}{b} n_B$$

所以

$$C_A V_A = \frac{a}{b} C_B V_B$$

可得到

$$C_B = \frac{b}{a} \frac{C_A V_A}{V_B}$$

酸碱滴定法中常用的指示剂是甲基橙和酚酞。甲基橙的 pH 变色域是 3.1(红)～4.4(黄)，pH＝4.0 附近为橙色；酚酞的 pH 变色域是 8.0(无)～9.6(红)。

2. 实验内容

(1)标准物质的称量。

(2)Na_2CO_3 标准溶液的配制。

(3)HCl 溶液的标定。

四、主要实验步骤(包括实验的关键步骤及注意事项)

1. 标准物质的称量

用减量法(分析天平)精确称取无水 Na_2CO_3 0.5～0.55 g 于一个 25 cm³ 小烧杯中。

2. Na_2CO_3 标准溶液的配制

(1)在装有无水 Na_2CO_3 的小烧杯中，加入约 10 cm³ 纯水，使 Na_2CO_3 完全溶解。

(2)将此溶液定量转移到 100 cm³ 容量瓶中，用少量纯水洗涤小烧杯 3 次，洗涤液一并加入到容量瓶中，加入纯水至刻度，摇匀。

(3)计算 Na_2CO_3 标准溶液的浓度，保留 4 位有效数字。

3. HCl 溶液的标定

(1)用少量待装溶液洗涤酸式滴定管 2～3 次，加入 HCl 溶液至零刻度以上，排除滴定管下端的气泡，调节其液面为零刻度。

(2)移取 20.00 cm³ 标准 Na_2CO_3 溶液置于锥形瓶中，加入 2 滴甲基橙指示剂。

(3)逐滴滴入 HCl 溶液，当溶液的局部出现橙红色，并在摇动锥形瓶时，其橙红色消失较慢时，表示已接近终点，这时应控制滴加速度。直到溶液由黄色变为橙色，即到达了滴定终点，记下所消耗的 HCl 体积，读取到小数点后两位。

(4)另取一份 20.00 cm³ Na_2CO_3 溶液，重复以上工作，要求 2 次滴定所消耗 HCl 的体积之差小于 0.08 cm³，若超过 0.08 cm³，则应做第三份。

4. 实验注意事项

(1)玻璃仪器必须清洗干净，滴定管、移液管和容量瓶要求清洗至内壁不挂水珠。

(2)定容、滴定、移液均要求凹液面底部与刻度线相切。

(3)读数时,视线要与刻度线水平。

(4)滴定完毕后,滴定管下端尖嘴外不应挂有液滴,尖嘴内不应留有气泡。

(5)滴定过程中,可能有HCl溶液溅到锥形瓶内壁的上部;最后半滴酸液也是由锥形瓶内壁流下来。因此,为了减少误差,快到终点时,应该用洗瓶吹取少量纯水淋洗锥形瓶内壁。

五、实验数据

按照要求记录原始数据,注意标明单位和测量数据的有效位数。

(1)减量法(分析天平)精确称取无水 Na_2CO_3 0.50～0.55 g,记录称量前后称量瓶质量,计算所称量 Na_2CO_3 的准确质量。

(2)HCl 溶液的标定。

六、数据处理及实验结果

(按要求处理实验数据,要有主要的计算过程以及最后的实验结果)

按表格记录及整理实验数据。

具体计算过程如下。

第一次:略。第二次:略。

七、结果分析及问题讨论

1. 结果分析

实验数据是否符合要求,如不符合,分析误差产生原因并总结经验,下次实验需做何准备、注意哪些事项等。

2. 思考题

(1)为了保护天平,操作时应注意什么?以下操作是否允许?

A. 急速地打开或关闭天平的玻璃门。

B. 未关天平的玻璃门就取放称量物。

答:略。

(2)下列情况对称量读数有无影响?

A. 用手直接拿取称量物品。

B. 未关天平门。

答:略。

(3)使用称量瓶应注意什么?从称量瓶向外倒样品时应怎样操作?为什么?

答:略。

(4)为什么移液管和滴定管必须用待装溶液洗涤?锥形瓶是否也要用待装溶液洗涤?

答:略。

第三章 基础实验

实验 1 标准物质的称量、配制与酸碱滴定

一、实验目的

(1) 了解分析天平的基本构造和性能,并学会正确使用天平。
(2) 学习使用减量法称量样品。
(3) 学会容量瓶、移液管、滴定管的基本操作,了解一种标准溶液的配制方法。
(4) 学会酸碱滴定的基本操作。
(5) 了解有效数字的应用与计算,培养准确、简明地记录实验原始数据的习惯。

二、实验原理

滴定分析法是将已知准确浓度的标准溶液滴加到被测溶液中(或者将被测溶液滴加到标准溶液中),直到所加标准溶液与被测物质按化学计量关系定量反应为止,然后测量标准溶液消耗的体积,根据标准溶液的浓度和所消耗的体积,算出待测物质的含量的一种方法。

酸碱滴定是一种常见的滴定分析法,是以质子传递反应为基础的一种滴定分析方法。将待测溶液由滴定管滴加到一定体积的酸或碱的标准溶液中(也可以反过来加),直到所加的试剂与被测物质按化学计量关系定量反应为止,根据试剂溶液的浓度和消耗的体积,计算被测物质的含量。例如酸 A 和碱 B 发生以下中和反应

$$a\text{A} + b\text{B} = c\text{C} + d\text{D}$$

则发生反应的 A 和 B 的物质的量 n_A 和 n_B 之间有如下关系

$$n_A = \frac{a}{b} n_B \text{ 或 } n_B = \frac{b}{a} n_A$$

所以

$$c_A V_A = \frac{a}{b} c_B V_B$$

$$c_B = \frac{b}{a} \frac{c_A V_A}{V_B}$$

当加入滴定液中物质的量与被测物质的量按化学计量关系定量反应完成时,反应达到了计量点。在滴定过程中,由指示剂发生颜色变化的转变点来指示滴定终点。酸碱滴定法中常用的指示剂是甲基橙和酚酞。甲基橙的 pH 变色域是 3.1(红)~4.4(黄),pH=4.0 附近为橙

色;用 NaOH 滴定酸性溶液时,终点颜色变化是由橙变黄;用 HCl 溶液滴定碱性溶液时,终点颜色变化是由黄变橙。酚酞的 pH 变色域是 8.0(无)～9.6(红)。NaOH、HCl 不是基准物质,不能直接配制标准溶液,而是先配成近似浓度,然后用基准物质标定。酸碱滴定中常用的基准物质是无水 Na_2CO_3 和硼砂。本实验选择无水 Na_2CO_3 为基准物质,先用减量法在分析天平上准确称取无水 Na_2CO_3,将其用溶解配制成标准溶液,然后用配制的 Na_2CO_3 标准溶液来标定 HCl 溶液。

分析天平称量的方法有直接称量法和减量法。直接称量法:将待称的样品放在天平的托盘中间,关好天平的门,天平平衡时的读数即为待称样品的质量。减量法:将适量试样装入称量瓶,戴上手套或指套,或用纸条缠住称量瓶,将称量瓶放于天平托盘上,称得称量瓶及试样质量为 m_1,从天平盘上取出,打开瓶盖,将称量瓶移至事先准备好的 25 cm^3 小烧杯上方,倾斜瓶身且瓶口对着自己,用瓶盖轻敲瓶口上部,使试样慢慢落入容器中,当倾出的试样已接近所需要的质量时,慢慢地将称量瓶竖起,再用称量瓶盖轻敲瓶口下部,使瓶口的试样落到瓶底,盖好瓶盖,放回到天平盘上称量,得 m_2,两次称量之差就是试样的质量。减量法用于称取易吸湿、易氧化或易与二氧化碳反应的试样。

三、仪器与药品

1. 仪器

台称、电子分析天平、称量瓶、干燥器、两用滴定管 1 支（25.00 cm^3）、锥形瓶 250 cm^3（2 个）、洗瓶、滴定台、25 cm^3 小烧杯(2 个)、100 cm^3 容量瓶、20.00 cm^3 移液管(1 支)、多用滴管(1 支)、小玻璃棒(1 支)。

2. 药品

无水 Na_2CO_3(将无水 Na_2CO_3 置于烘箱内,在 106 ℃下,干燥 2～3 h,然后放到干燥器内冷却备用)、HCl(0.1 $mol \cdot dm^{-3}$)、甲基橙(0.1％水溶液)。

四、实验内容

1. 标准物质的称量

在分析天平上,用减量法精确称取无水 Na_2CO_3 0.50～0.55 g,装入干净的 25 cm^3 小烧杯。

2. Na_2CO_3 标准溶液的配制

在装有无水 Na_2CO_3 的小烧杯中,加入约 15 cm^3 纯水,注意加入的水不能超过容器的 2/3,使 Na_2CO_3 完全溶解,将此溶液定量转移到 100 cm^3 容量瓶中,用少量纯水洗涤小烧杯 3 次,洗涤液一并转移到容量瓶中,加入纯水至刻度,盖上瓶塞,摇匀。计算 Na_2CO_3 标准溶液的浓度,保留四位有效数字。

3. HCl 溶液的标定

将已经洗净的两用滴定管用少量待装溶液洗涤 2～3 次,然后加入 HCl 溶液至零刻度以上,排除滴定管下端的气泡,调节其液面为零刻度。

移取 20.00 cm³ 标准 Na_2CO_3 溶液置于锥形瓶中,加入 1～2 滴甲基橙指示剂,在不断摇动锥形瓶的情况下,用滴定管逐滴滴入 HCl 溶液,刚开始滴定时,可以适当快一些,但溶液必须成滴而不是成线流出,当溶液的局部出现橙红色,并在摇动锥形瓶时,橙红色消失较慢时,表示已接近终点,这时应控制滴加速度。每加一滴 HCl 溶液,都应摇动锥形瓶,观察颜色是否消退,再决定是否继续加入 HCl 溶液,直到溶液由黄色变为橙色,即到达滴定终点,记下所消耗的 HCl 体积。

另取一份 20.00 cm³ Na_2CO_3 溶液,重复以上工作,要求 2 次滴定所消耗 HCl 的体积之差小于 0.08 cm³,若超过 0.08 cm³,则应做第三份。

滴定过程中应注意:① 滴定完毕后,滴定管下端尖嘴外不应挂有液滴,尖嘴内不应留有气泡;② 滴定过程中,可能有 HCl 溶液溅到锥形瓶内壁的上部,最后半滴酸液也由锥形瓶内壁流下来。因此,为了减少误差,快到终点时,应该用洗瓶吹取少量纯水淋洗锥形瓶内壁。

4. 记录及整理实验数据

按表 3-1 的格式记录及整理实验数据。

表 3-1 酸碱滴定的数据处理表

项目	第一次	第二次	第三次
$m(Na_2CO_3)/g$			
Na_2CO_3 溶液的浓度/($mol \cdot dm^{-3}$)			
Na_2CO_3 溶液的用量/cm^3			
HCl 溶液的用量/cm^3			
HCl 溶液浓度/($mol \cdot dm^{-3}$)			
HCl 溶液平均浓度/($mol \cdot dm^{-3}$)			

五、思考题

(1) 为了保护天平,操作时应注意什么?以下操作是否允许?

① 急速地打开或关闭天平的玻璃门。

② 未关天平的玻璃门就取放称量物。

(2) 下列情况对称量读数有无影响?

① 用手直接拿取称量物品。

② 未关天平门。

(3) 使用称量瓶应注意什么?从称量瓶向外倒样品时应怎样操作?为什么?

(4) 为什么移液管和滴定管必须用待装溶液洗涤?锥形瓶是否也要用待装溶液洗涤?

实验 2　醋酸解离常数和解离度的测定

一、实验目的

(1)学习测定醋酸解离度和解离常数的基本原理和方法。
(2)学会正确使用酸度计。
(3)进一步掌握滴定管、移液管的使用等定量分析的基本操作技能。

二、实验原理

1. pH 值法

弱电解质 HAc 在水溶液中存在下列解离平衡

$$HAc(aq)+H_2O(l) \rightleftharpoons H_3O^+(aq)+Ac^-(aq)$$

$$K_a^\ominus(HAc)=\frac{\{c(H_3O^+)\}/c^\ominus \cdot \{c(Ac^-)\}/c^\ominus}{\{c(HAc)\}/c^\ominus} \tag{3-1}$$

设 HAc 的起始浓度为 $c(\text{mol} \cdot \text{dm}^{-3})$,平衡时溶液中 $c(H_3O^+)=c(H^+)=c(Ac^-)=x$(忽略水解离所提供的 H^+),且 $c^\ominus=1.0\text{mol/dm}^3$ 代入式(3-1)得

$$K_a^\ominus(HAc)=\frac{x^2}{c-x} \tag{3-2}$$

如温度一定时,HAc 的解离度为 α,则 $c(H^+)=c\alpha$,代入式(3-2)得

$$K_a^\ominus(HAc)=\frac{(c\alpha)^2}{c-c\alpha}=\frac{c\alpha^2}{1-\alpha} \tag{3-3}$$

在一定温度下,用酸度计测一系列已知浓度的 HAc 溶液的 pH 值,根据 $\text{pH}=-\lg[c(H^+)]$,可求得各浓度 HAc 溶液对应的 $c(H^+)$,将 $c(H^+)$ 和 c 值代入式(3-2)中,可求得一系列对应 HAc 溶液的 $K_a^\ominus$ 值。由 $c(H^+)$ 及 c 值,利用 $c(H^+)=c\alpha$,求得各对应的解离度 α 值,也可由式(3-3)求得 $K_a^\ominus$ 值。取 $K_a^\ominus$ 的平均值,即得该温度下醋酸的解离常数 $K_a^\ominus(HAc)$。

2. 半中和法

将式(3-1)两边取对数得

$$\lg K_a^\ominus(HAc)=\lg c(H^+)+\lg\frac{c(Ac^-)}{c(HAc)}$$

当 $c(Ac^-)=c(HAc)$ 时,则

$$\lg K_a^\ominus(HAc)=\lg c(H^+)$$
$$pK_a^\ominus(HAc)=\text{pH} \tag{3-4}$$

用 NaOH 溶液中和 HAc,当原有 HAc 的一半量被中和,则剩余的 HAc 浓度恰好与 Ac^-

的浓度相等,此时剩余 HAc 与中和反应产生的醋酸盐组成缓冲溶液。用酸度计测此混合溶液(为缓冲溶液)的 pH 值,由式(3-4)可得 HAc 的解离常数。实验中用等浓度、等体积的 HAc 和 NaAc 溶液混合来代替。

三、仪器与药品

1. 仪器

酸度计、两用滴定管 1 支(25 cm^3)、吸量管 2 支(5 cm^3)、烧杯 5 个(10 cm^3)、锥形瓶 2 个(250 cm^3)、比色管 3 支(10 cm^3)。

2. 药品

未知浓度醋酸溶液、标准 NaOH 溶液(0.100 0 mol·dm^{-3})、酚酞指示剂(1‰W/V)、标准 pH 值溶液(pH=4.00)、NaAc(0.10 mol·dm^{-3})。

四、实验内容

1. 醋酸溶液浓度的标定

用移液管吸取 25.00 cm^3 待测 HAc 溶液,放入 250 cm^3 锥形瓶中,加入酚酞指示剂 1~2 滴,用标准 NaOH 溶液滴定至溶液呈微红色并半分钟不退色为止(注意每次滴定都从 0.00 cm^3 开始),将所用 NaOH 溶液的体积和相应数据记入表 3-2。

另取一份 25.00 cm^3 待测 HAc 溶液,重复以上工作,要求两次滴定所消耗 NaOH 的体积之差小于 0.08 cm^3,若超过 0.08 cm^3,则应做第三份。

表 3-2 醋酸溶液浓度的测定表

滴定序号		1	2	3
标准 NaOH 溶液浓度/(mol·dm^{-3})				
HAc 溶液的体积/cm^3				
标准 NaOH 溶液的体积/cm^3				
HAc 溶液的浓度/(mol·dm^{-3})	测定值			
	平均值			

2. 配制不同浓度的醋酸溶液

用 5 cm^3 吸量管分别取 1.00 cm^3、2.50 cm^3 和 5.00 cm^3 待测 HAc 溶液,放入 3 支洗净的 10 cm^3 比色管中,用纯水稀释至 10 cm^3 刻度,摇匀,待用。

3. 测定醋酸溶液的 pH 值

将上面得到的 3 种醋酸溶液和未经稀释的待测醋酸溶液,分别装入 4 个干燥的 10 cm^3 烧杯中,按照 pH 计的使用方法,用 pH 计由稀到浓测定它们的 pH 值,将实验数据以及计算结果一并填入表 3-3,并记录室温。

室温/℃ _____

表 3-3 醋酸解离度的测定表

编号	$c(HAc)/(mol \cdot dm^{-3})$	pH	$c(H^+)/(mol \cdot dm^{-3})$	α	$K_a^\ominus$ 测定值	$K_a^\ominus$ 平均值
1						
2						
3						
4						

4. 测定缓冲溶液的 pH 值

用 5 cm³ 吸量管取 5.00 cm³ 待测 HAc 溶液和 5.00 cm³ 的 0.10 mol·dm⁻³ NaAc 溶液于 10 cm³ 干燥的烧杯中,混合均匀,测量其 pH 值,记录实验数据,并计算 HAc 的解离常数。

五、思考题

(1)根据实验结果讨论 HAc 解离度和解离常数与其浓度的关系,如果改变温度,对 HAc 的解离度和解离常数有何影响?

(2)烧杯是否必须烘干?还可以做怎样的处理?做好本试验的操作关键是什么?

(3)"电离度越大,酸度就越大"。这句话正确吗?为什么?

(4)配制不同浓度的醋酸溶液有哪些注意之处?为什么?

实验 3　燃烧焓的测定

一、实验目的

(1) 了解氧弹式量热计的原理、构造和使用方法。
(2) 测定萘的燃烧焓,了解热化学实验的有关知识。
(3) 明确燃烧热的定义,了解恒压燃烧热与恒容燃烧热的差别。
(4) 掌握雷诺图解法校正温度的方法。

二、实验原理

在一定温度和压力下,1 mol 物质完全燃烧时的反应焓称为该物质的摩尔燃烧焓。

氧弹式量热计(图 3-1)测定的是物质燃烧反应的恒容摩尔燃烧热(即 $\Delta_c U_m$),它与摩尔燃烧焓($\Delta_c H_m$)的关系为

$$\Delta_c H_m = \Delta_c U_m + \sum_B v_B(g) RT \tag{3-5}$$

式中:$v_B(g)$ 为燃烧反应方程式中气体物质的化学计量系数;T 为反应温度。

若点火丝燃烧掉的长度为 Δl,燃烧样品的质量为 m,样品的摩尔质量为 M,燃烧前后系统的温度变化为 ΔT,则样品燃烧反应的 $\Delta_c U_m$ 应满足如下关系

$$\frac{m}{M}\Delta_c U_m + q\Delta l = -C\Delta T \tag{3-6}$$

式中:q 为单位长度点火丝燃烧放出的热(-2.9 J/cm);C 为系统(氧弹、水和量热计)的热容。热容 C 可用已知 $\Delta_c U_m$ 的标准物质(一般用苯甲酸,$\Delta_c U_m = -3\,224.3$ kJ/mol)进行标定。

三、仪器与药品

1. 仪器

分析天平、氧弹、燃烧热控制器。

2. 药品

苯甲酸、萘。

四、实验内容

1. 仪器装置

熟悉仪器装置(图 3-1),整理并擦拭干净氧弹、量热计及附件。

2. 标定热容 C

(1)用台秤称取约 0.65 g 苯甲酸,在压片机上成型。压片机如图 3-2 所示,把压片机的垫筒放置在可调底座上(注意内槽浅的一面朝上),装上模子,将称好的苯甲酸粉末样品倒入模子里,将压棒放入模子,压下手柄至适当位置即可松开;取出模子和垫筒,把垫筒倒置在底座上,再放上模子,放入压棒,压下手柄至样品掉出,将压片在电子分析天平上准确称至 0.000 1 g,得苯甲酸的质量 m。

(2)将氧弹盖置于弹头架上。用直尺量取并记录点火丝的长度(约 10 cm),将其缠于氧弹盖的两电极上并以线卡卡住,两电极间点火丝长度不短于 8 cm,并且呈"U"形。

(3)将装有苯甲酸的小坩埚置于坩埚架上,"U"形点火丝的下端接触样品凹面(点火丝切勿接触坩埚),如图 3-3 所示。

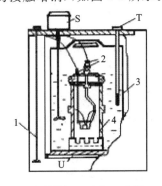

1.外筒搅拌杆;2.电极;3.内桶;
4.氧弹体;T.测温探头;
S.电动搅拌装置;U.隔热垫

图 3-1 氧弹式量热计装置图

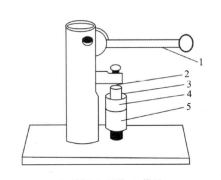

1.手柄;2.压棒;3.模子;
4.垫筒;5.可调底座

图 3-2 压片机示意图

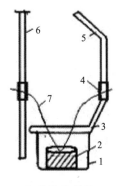

1.坩埚;2.样品;
3.坩埚支架;4.线卡;
5、6.电极;7.点火丝

图 3-3 样品安放示意图

(4)旋紧氧弹盖,持稳氧弹,对准充氧装置的充氧口,下压其手柄至压力表指示为 1.5～2.0 MPa,待压力不再上升,即可松开手柄,充氧完成。

(5)用容量瓶量取 3000 cm³ 水装入量热计的内桶中,并将已充氧的氧弹置于内桶的氧弹座上。如有气泡逸出,表明氧弹漏气,需检查氧弹。

(6)打开燃烧热控制器的开关,将电极插入氧弹盖的电极孔,且氧弹的充(放)气孔与量热计盖上的电极相接触(图 3-1),此时点火指示灯亮。盖上量热计盖,将测温探头插入内桶。

(7)开启燃烧热控制器的"搅拌"开关,待水温基本稳定后,记录温度读数(即反应温度 T)。按下温差"采零"键,数据显示 0.000,即刻按下"锁定"键。按"▲"键设置时间间隔为 30 s,即每 30 s 记录一个温差数据,记录 10～20 个数据(此为测量前期);按下"点火"键,继续读数,直至两次读数差值小于 0.005 ℃(此为测量主期);再继续记录 10～20 个数据(此为测量后期)。

(8)关闭"搅拌"和"电源"开关。将测温探头插入外筒,取出氧弹,用泄压阀顶住氧弹充气孔,泄压后旋下氧弹盖,测量并记录燃烧后剩余点火丝长度。倒掉内桶的水,将内桶、氧弹、坩埚擦净,备下一实验使用。

3. 测定萘的恒容摩尔燃烧热

用台秤称取约 0.45 g 萘,按照标定热容 C 步骤重复实验。

五、数据处理

(1)校正温度通常采用雷诺图法。

式(3-6)中的 ΔT 是系统(吸热介质)与外界完全无热交换下的温度变化,但实际上用的量热计在量热过程中系统与外界存在热交换,另外还有搅拌器不断工作,使得温度计的燃烧前后的温差并不与 ΔT 完全相等,而是有些偏差,因此在用式(3-5)、式(3-6)进行计算时对所记录的温度变化加以校正。

校正温度通常采用雷诺图法,如图 3-4、图 3-5 所示。以时间为横坐标,温度为纵坐标作图,得温度变化曲线 $abcd$。点 b 是开始燃烧时刻的温度,点 c 是样品燃烧完毕时的温度。曲线 ab 常发生倾斜,这表明整个过程均存在热交换。它交换的热量可通过校正记录的温度来消除,方法是在曲线 bc 上取点 O,O 点对应的温度为 $T_0=(T_1+T_2)/2$,T_1、T_2 分别为点 b、c 对应的温度。过 O 点作纵坐标的平行线 AB,作线 ab、cd 的延长线分别与直线 AB 交于点 E 和 F。E、F 两点所对应的温度之差即为所求的校正的 ΔT。

在图 3-4、图 3-5 中,$E'E$ 和 $F'F$ 对应的温差分别反映外界辐射热给系统和系统辐射热给外界引起的系统温度变化,前者是应扣除的,后者是应补偿的,这样校正的温差才接近完全没有热交换条件下的温差。

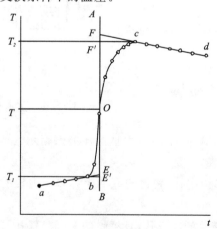

图 3-4 雷诺校正图(一)

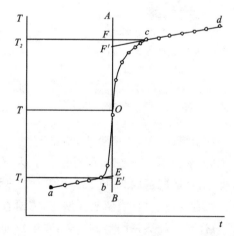

图 3-5 雷诺校正图(二)

(2)计算热容 C,萘的 $\Delta_c U_m$ 和 $\Delta_c H_m$。

校正燃烧苯甲酸所记录的温度变化,把得到的 ΔT 同其他数据一起代入式(3-6)确定出 C(一般 C 应取多次测量的平均值,这里只做一次测量)。

校正萘燃烧时所记录的温度变化,所得的 ΔT 同其他有关数据代入式(3-6)求出萘的

$\Delta_c U_m$,然后进一步通过式(3-5)求出萘的 $\Delta_c H_m$。

苯甲酸和萘的燃烧反应式如下：

$$C_6H_5COOH(s) + \frac{15}{2}O_2(g) = 7CO_2(g) + 3H_2O(l)$$

$$C_{10}H_8(s) + 12O_2(g) = 10CO_2(g) + 4H_2O(l)$$

六、注意事项

(1) 注意压片的紧实程度，太紧不易燃烧，太松容易破碎。
(2) 点火丝应接触样品，氧弹的两个电极不可短路。
(3) 燃烧热控制器"采零"后必须"锁定"。
(4) 当 $9.5\ ℃ <$ 水温 $< 10.5\ ℃$ 时，应手持测温探头，待温度高于 $10.5\ ℃$ 后，才能按"采零"并"锁定"。
(5) 点火后，若温度不变或变化微小，表明样品没有点燃，应停机检查，重新实验。

七、思考题

(1) 在本实验中哪些是系统？哪些是环境？系统和环境通过哪些途径进行热交换？这些热交换对结果影响怎样？如何进行校正？
(2) 你所测定的燃烧焓[变]是否就是 $\Delta_c H_m$？
(3) 本实验采用哪些绝热措施？为什么要对燃烧样品的质量有一定范围要求？
(4) 实验中，搅拌太快或太慢有何影响？使用氧气时要注意哪些问题？

实验 4　液体饱和蒸气压的测定（动态法）

一、实验目的

(1) 了解沸点的意义、沸点与压力的关系及饱和蒸气压与温度的关系。
(2) 学会用克拉修斯-克拉佩龙方程计算摩尔蒸发焓。
(3) 掌握动态法测定饱和蒸气压的方法。

二、实验原理

一定温度下，单组分液体与其蒸气达到平衡时液面上该组分气相的压力，称为此温度下纯液体的饱和蒸气压，简称蒸气压。两相平衡时蒸气压与温度的关系可用克劳修斯-克拉佩龙(Calculus-Clapeymn)方程表示

$$\frac{\mathrm{d}\ln(p/p^\ominus)}{\mathrm{d}T}=\frac{\Delta_{\mathrm{vap}}H_{\mathrm{m}}}{RT^2}$$

式中：$\Delta_{\mathrm{vap}}H_{\mathrm{m}}$ 为相变时的摩尔蒸发焓，它是温度的函数，温度变化不大时，可视为此温度范围内的平均摩尔蒸发焓，单位为 $J\cdot\mathrm{mol}^{-1}$；R 为摩尔气体常数；T 为热力学温度；$p^\ominus$ 为标准态压力。

将上式作不定积分可得到

$$\ln(p/p^\ominus)=-\frac{\Delta_{\mathrm{vap}}H_{\mathrm{m}}}{RT}+B$$

这里，$\ln(p/p^\ominus)$ 与 $1/T$ 成直线关系。若以 $\ln(p/p^\ominus)$ 对 $1/T$ 作图，由斜率可求出 $\Delta_{\mathrm{vap}}H_{\mathrm{m}}$。因此，可以通过测定纯物质在不同温度下的蒸气压来确定其摩尔蒸发焓。测定饱和蒸气压的方法有饱和气流法、静态法和动态法。本实验采用动态法。动态法是通过改变系统的压力来确定相应的温度。单组分气-液两相达到平衡时，若改变系统的压力，温度也随之改变，直至达到新的平衡点。每一个平衡点所对应的温度和压力，就是纯液体在此平衡点的沸点和蒸气压。实验装置如图 3-6 所示，待测样品置于沸点测定瓶中，整个系统经真空泵抽空形成负压后，加热瓶中的水。当瓶中有大量气泡逸出时，表示水在该压力下已达沸点，气-液两相达到平衡。

因为精密数字压力计有一端与大气相通，所以大气压等于蒸气压加压力计的汞压差，从而可算出该温度下水的蒸气压。改变体系的压力，沸点随之相应改变，多次重复操作，即可测出各温度下水的蒸气压。

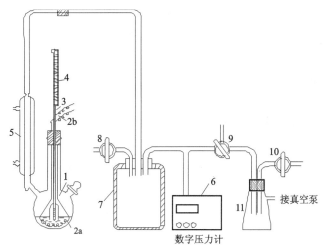

1.沸点测定瓶;2a.加热电阻丝;2b.导线;3.温度计;4.辅助温度计;5.冷凝管;
6.数字压力计;7.缓冲瓶;8.进气活塞;9.三通活塞;10放空活塞;11.安全瓶

图 3-6　测定液体蒸气压装置图

三、实验仪器

蒸气压测定装置1套、DP-AF精密数字压力计(真空)、调压变压器1台、真空泵1台。

四、实验内容

1. 预压及气密性检查

在实验前应先检查该系统是否漏气。容易发生漏气的地方是各橡皮管接头处及各个活塞。首先将真空泵插上电源,打开精密数字压力计的电源开关,关闭进气活塞和放空活塞,使三通抽气活塞与缓冲瓶及安全瓶接通。待数字压力计示数稳定后,按下压力计的"采零"开关。然后启动真空泵,待压力表读数为$-80\sim-70$ kPa,立即关闭三通活塞,停止减压,隔数分钟观察压力表读数有无变化,以检查仪器是否漏气,若压力表读数无变化即可认为无泄漏,可进入测定阶段。

2. 在不同压力下测定纯水的沸点

在压力表读数约为-80 kPa条件下,打开回流冷凝管的冷却水。接通15 V电源,将测定瓶中的水加热至沸点。当瓶中有大量气泡逸出时,观察温度读数,待温度基本保持不变时,记录温度计的温度与对应的压力表读数,此为首次测定。然后小心开启进气活塞,缓缓漏入空气,使压力表读数改变约8 kPa,立即关闭进气活塞,重复此前操作记录沸点的温度与压力计读数。按同法依次进行5~10次读数(每次压力改变可较前次稍大一点)。最后一次不再关闭进气活塞,所测温度即为当日大气环境下的水的沸点。

3. 整理实验装置

实验结束后,使压力表恢复零位;关闭冷却水,拔去所有电源插头。

五、数据处理

(1)将每次测得的温度及相应的压力差数据填入下表,算出不同温度的饱和蒸气压。

室温/℃ _____   大气压 p_e/kPa _____

项目	1	2	3	4	5	6	7	8	9	10
温度 t/℃										
温度 T/K										
$1/T$										
压力计读数 Δp										
饱和蒸气压 p										
$\ln(p/p^{\ominus})$										
$\Delta_{vap}H_m/(kJ \cdot mol^{-1})$										

注:* 饱和蒸气压 $p = p_e + \Delta p$。

(2)以 $\ln(p/p^{\ominus})$ 对 $1/T$ 作图,得一直线,由直线的斜率算出水的平均摩尔蒸发焓。

(3)根据 $\ln(p/p^{\ominus}) - 1/T$ 图,求出水的正常沸点 T_b。

六、思考题

(1)每次测定前是否需要重新抽气?
(2)能不能在加热的情况下检查装置的气密性?
(3)本实验的主要系统误差有哪些?
(4)正常沸点与沸腾温度有何区别?

实验 5　液体饱和蒸气压的测定(静态法)

一、实验目的

(1) 明确液体饱和蒸气压的概念,掌握静态法测定液体饱和蒸气压的实验方法。
(2) 掌握用克劳修斯-克拉佩龙(Clausius-Clapeyron)方程计算液体的平均摩尔蒸发焓。
(3) 了解真空系统的设计、安装、检漏以及实验操作时抽气和排空气的控制。

二、实验原理

在一定温度下,在真空密闭容器中纯液体与其蒸气达到气液平衡时,液面上气相的压力称为该液体在此温度下的饱和蒸气压,简称为蒸气压。若假设蒸气为理想气体,略去液体的体积,则纯液体的蒸气压与温度之间的定量关系可用克劳修斯-克拉贝龙方程来表示

$$\frac{\mathrm{d}\ln(p/p^{\ominus})}{\mathrm{d}T} = \frac{\Delta_{\mathrm{vap}}H_{\mathrm{m}}}{RT^2} \tag{3-7}$$

式中:T 为热力学温度;p 为纯液体在实验温度 T 时的饱和蒸气压;R 为摩尔气体常数;$\Delta_{\mathrm{vap}}H_{\mathrm{m}}$ 为液体的摩尔蒸发焓,其是温度的函数,在温度变化范围不大时,将其视为定值,称为平均摩尔蒸发焓。

对式(3-7)积分,得

$$\ln(p/p^{\ominus}) = -\frac{\Delta_{\mathrm{vap}}H_{\mathrm{m}}}{RT} + B \tag{3-8}$$

在一定温度范围内,测定不同温度下液体的饱和蒸气压,以 $\ln(p/p^{\ominus})$-$1/T$ 作图可得一直线,由直线斜率可求出纯液体的平均摩尔蒸发焓 $\Delta_{\mathrm{vap}}H_{\mathrm{m}}$。在一定的大气压力下,当液体的饱和蒸气压等于外压时,液体开始沸腾,此时的温度称为液体的沸点。当外压为标准压力时的沸点称为正常沸点。由式(3-8)可以用作图或者计算的方法求算乙醇的正常沸点。

测定液体饱和蒸气压常用的方法有静态法、动态法和饱和气流法等。静态法是在某一温度下直接测量液体饱和蒸气压,此法一般适用于饱和蒸气压比较大的液体。动态法是在不同外界压力下测定液体的沸点。饱和气流法是在一定的温度和压力下,以干燥的惰性气体为载气,让它以一定的流速缓慢地通过被测液体,使其为该物质饱和。然后测定所通过的气体中被测物质蒸气的含量,根据分压定律就可算出被测物质的蒸气压。本实验用静态法测定不同温度下乙醇的饱和蒸气压。

三、仪器与药品

1. 仪器

蒸气压测定装置1套、精密数字压力计1台、真空泵1台、玻璃恒温水浴1套。

2. 药品

无水乙醇(分析纯)。

四、实验内容

1. 装试样

实验装置如图3-7所示。取下平衡管,从其顶端加入乙醇,使乙醇充满储液管a体积的2/3,调节并估计"U"形等位计b、c等位后约处于一半的位置,然后装好平衡管。

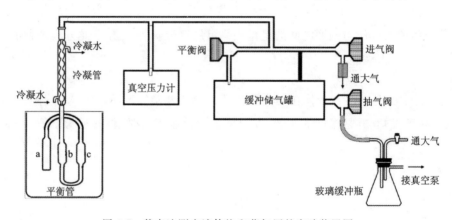

图3-7 静态法测定液体饱和蒸气压的实验装置图

2. 压力计采零

打开平衡阀、抽气阀、进气阀,稍稍拧松进气阀下面的铜帽,使系统与大气相通。开启真空精密数字压力计的电源,选择单位为kPa,待精密数字压力计读数稳定后,按下"采零"键使其数显值为零,同时记录实验室的大气压。

3. 检查系统气密性

缓慢打开冷凝水,控制水流速。关闭平衡阀、抽气阀、进气阀。关闭玻璃缓冲瓶的阀门,开启真空泵,然后打开抽气阀、平衡阀,对整个测量系统减压。待压力计读数为-70 kPa左右时,关闭抽气阀。若压力计显示值在3 min内基本不变(开始时可能有微小变化),则表明系统不漏气。若系统漏气,则应分段检查直至系统不漏气才可进行下一步实验。

4. 排平衡管内的空气

若系统不漏气,则在开启真空泵的状态下,依序打开抽气阀、平衡阀,继续对整个测量系统减压,使储液管 a 与"U"形等位计之间的空气通过"U"形等位计的液体呈气泡状逐个逸出。如发现气泡成串逸出,表明液体已沸腾(此时压力计读数应在 $-93\sim-90$ kPa 之间),马上关闭平衡阀以免液体暴沸。继续对缓冲储气罐减压约 1 min,再依序关闭抽气阀、真空泵(先令玻璃缓冲瓶通大气)。小心控制平衡阀使液体缓慢沸腾 $4\sim5$ min(约每秒一个气泡),以排尽空气。排空气时如液体有暴沸现象,则可小心打开进气阀以抑制暴沸。在进气过程中如空气倒灌进两段液体之间的气体区域,则需重新排空气。

5. 测定乙醇的饱和蒸气压(每个温度测 2 次)

开启玻璃恒温水浴的开关,按"工作/置数"钮至"置数"灯亮,依次调"×10、×1、×0.1、×0.01"键,设置需要恒定温度的精确数值 25 ℃(或 30 ℃)。将加热器、搅拌器开关置于"强"位置,按"工作/置数"钮至"工作"灯亮,此时加热器、搅拌器处于工作状态,实时温度显示水温的变化。待恒温槽温度接近设定温度时,将加热方式切换为"弱",恒温 10 min。极为缓慢地打开进气阀使"U"形等位计两边的液面等高(严防空气倒灌),若进气量过多,则可以打开平衡阀对系统减压调节液面等高。保持液面等高 $1\sim2$ min,记录压力计的读数(绝对值 Δp)。缓慢打开平衡阀使液体再次缓慢沸腾 $1\sim2$ min,然后按上述操作步骤进行第二次测量。两次测量的压力值相差应不大于 0.27 kPa,否则需再重复测量。

分别调节恒温槽温度为 30 ℃、35 ℃、40 ℃、45 ℃、50 ℃(至少 5 个温度数据。温度升高液体的饱和蒸气压增大,因此在升温过程中因液体饱和蒸气压增大易发生暴沸,可及时通过小心调整进气阀以漏入少量空气,以抑制液体沸腾或暴沸,防止"U"形等位计内液体大量挥发而影响实验)。重复上述步骤测量不同温度下乙醇的饱和蒸气压,每个温度下测量 2 次。

测量结束后关闭冷凝水及恒温槽。缓慢打开进气阀、抽气阀、平衡阀,使测量系统与大气相通。整理好实验桌面。

五、注意事项

(1)实验测定前,必须将平衡管 a、b 中的空气排净。如空气未排净,则测试得到的蒸气压数值偏高。在第一个温度时空气未排净可能性最大,因此需仔细核查两次测试的蒸气压数据是否接近。

(2)使系统通大气或使系统减压应以缓慢速度进行。整个实验过程中,要防止液体暴沸,严防空气倒灌,如空气倒灌需要重新排空气再进行实验。

(3)关闭真空泵之前,要先令玻璃缓冲瓶通大气,以防止泵中的油倒灌。

(4)液体蒸气压与温度有关,故测定过程中恒温槽的温度波动应控制在 ±0.1 K 以内。

六、数据记录与处理

(1)将实验数据填入表 3-4 中。

表 3-4 实验数据记录表

室温：_____   大气压 p_e：_____

温度 $t/℃$	温度 T/K	$(1/T)/K^{-1}$	压力计读数 $\Delta p/kPa$	p/kPa	$\ln(p/p^{\ominus})$

注：p 为乙醇的饱和蒸气压，它与大气压以及精密数值压力计读数的关系为 $p = p_e - \Delta p^{\ominus}$。

(2)以 $\ln(p/p^{\ominus})$ 1/T 作图可得一直线，由直线斜率求算乙醇的平均摩尔蒸发焓，并与手册值进行比较，算出相对误差。

(3)由图 $\ln(p/p^{\ominus})-1/T$ 用外推法得到乙醇的正常沸点，或者由直线上的点确定式(3-8)积分常数 B，结合步骤(2)确定的平均摩尔蒸发焓，求算乙醇的正常沸点，并与理论值相比较。

七、思考题

(1)为何不能在加热的情况下检查系统的气密性？
(2)在实验过程中，为什么要防止空气倒灌？怎样防止实验过程中的空气倒灌？
(3)为什么要将平衡管 a、b 上方的空气排尽？如果没有排尽，对实验结果有何影响？
(4)"U"形等位计中的液体起什么作用？

实验 6 电解质溶液

一、实验目的

(1) 试验弱电解质的解离平衡及其移动。
(2) 配制缓冲溶液并试验其性质。
(3) 观察电解质与水的酸碱反应及其平衡的移动。
(4) 试验沉淀的生成、溶解和相互转化条件,进一步掌握难溶电解质的多相离子平衡的溶度积规则。

二、实验原理

在弱电解质的溶液中加入含有共同离子的另一强电解质,可使弱电解质的解离度减小;在难溶电解质的饱和溶液中加入含有共同离子的其他强电解质时,其溶解度减小,这种效应叫同离子效应。

互为共轭酸碱对的物质 HA 和 A^- 所组成的混合溶液,具有缓冲作用,当外加少量强酸或少量强碱或稍稀释时,溶液的 pH 值变化不大,具有上述性质的溶液叫缓冲溶液。缓冲溶液的 pH 值计算公式为

$$\mathrm{pH} = \mathrm{p}K_a + \lg \frac{c(\mathrm{A}^-)}{c(\mathrm{HA})} \tag{3-9}$$

可见缓冲溶液的 pH 值主要取决于 $\mathrm{p}K_a$,且与 $\dfrac{c(\mathrm{A}^-)}{c(\mathrm{HA})}$ 的大小有关。

根据式(3-9),可以配制出所需要的缓冲溶液。

电解质溶液与水的酸碱反应。电解质溶液在水中完全解离,产生的弱酸或弱碱可与水发生酸碱反应,生成弱碱或弱酸。电解质溶液的酸碱性取决于该电解质在水中完全解离后产生的是质子酸还是质子碱。若是质子酸,则溶液显弱酸性,若是质子碱,则溶液显弱碱性;该类反应是吸热反应并有平衡存在,因此温度升高,有利于反应的进行。如向固体 NaAc 或 $\mathrm{NH_4Cl}$ 中加入水,存在如下反应:

$$\mathrm{NaAc} \longrightarrow \mathrm{Na}^+ + \mathrm{Ac}^- \qquad \mathrm{Ac}^- + \mathrm{H_2O} \rightleftharpoons \mathrm{HAc} + \mathrm{OH}^-$$
$$\mathrm{NH_4Cl} \longrightarrow \mathrm{NH_4^+} + \mathrm{Cl}^- \qquad \mathrm{NH_4^+} + \mathrm{H_2O} \rightleftharpoons \mathrm{NH_3} + \mathrm{H_3O}^+$$

有些电解质水溶液解离后的产物溶解度很小,生成沉淀,如 $\mathrm{SbCl_3}$ 在水中的反应为

$$\mathrm{SbCl_3} + \mathrm{H_2O} \rightleftharpoons \mathrm{SbOCl(s)} + 2\mathrm{HCl}$$

产生的 SbOCl 白色沉淀是 $\mathrm{Sb(OH)_2Cl}$ 脱 $\mathrm{H_2O}$ 后的产物,加入 HCl 则上述平衡向左移动。故实验室配制 $\mathrm{SbCl_3}$ 溶液时,要先加入一定浓度的盐酸防止其水解。

两种电解质在水中解离后,分别生成质子酸和质子碱,使得一种溶液呈酸性,另一种溶液呈碱性,当这两种溶液相混合时,彼此可以加剧各自与水的酸碱反应,如将 $Al_2(SO_4)_3$ 溶液和 Na_2CO_3 溶液混合,水解反应较剧烈。

$$2Al^{3+}+3CO_3^{2-}+3H_2O \rightleftharpoons 2Al(OH)_3(s)+3CO_2(g)$$

难溶电解质溶液的多相离子平衡遵循溶度积规则。例如,在 Ag_2CrO_4 的饱和溶液中,存在如下的平衡:

$$Ag_2CrO_4(s) \rightleftharpoons 2Ag^+ + CrO_4^{2-}$$

温度一定时,有

$$K_{sp}^{\ominus}(Ag_2CrO_4) = c^2(Ag^+) \cdot c(CrO_4^{2-})$$

即在难溶电解质的饱和溶液中,当温度一定时,难溶电解质离子浓度幂的乘积是一个常数,叫溶度积。根据溶度积可判断沉淀的生成和溶解,溶度积规则为

$$\begin{cases} Q > K_{sp}^{\ominus} & \text{有沉淀析出或溶液过饱和} \\ Q = K_{sp}^{\ominus} & \text{饱和溶液} \\ Q < K_{sp}^{\ominus} & \text{溶液未饱和,无沉淀析出或沉淀溶解} \end{cases}$$

如果溶液中同时含有数种离子,当逐步加入某种试剂,由于生成的几种难溶电解质的溶度积大小不同,而分先后次序沉淀的现象称为分步沉淀。其中若某种难溶电解质的离子积先达到其溶度积,这时该难溶电解质先沉淀;反之,后沉淀。

使一种难溶电解质转化为另一种难溶电解质的过程称为沉淀的转化。例如硫酸铜溶液和闪锌矿(ZnS)的反应,可使闪锌矿转化为蓝铜矿(CuS):

$$CuSO_4 + ZnS(s) \rightleftharpoons CuS(s) + ZnSO_4$$

一般溶解度大的难溶电解质容易转化为溶解度小的难溶电解质。不同类型的难溶电解质不能直接用溶度积比较,而应换算为溶解度,溶解度越小则电解质越难溶。

三、仪器与药品

1. 仪器

9孔井穴板、酒精灯、玻棒、牛角匙、10 cm^3 量筒(1个)、洗瓶、10 cm^3 小烧杯、试管(1支)、试管夹。

2. 药品

HCl(浓、0.1 mol·dm^{-3}、0.2 mol·dm^{-3})、HAc(0.1 mol·dm^{-3}、0.2 mol·dm^{-3})、NaOH(0.1 mol·dm^{-3}、0.2 mol·dm^{-3})、$NH_3·H_2O$(0.1 mol·dm^{-3}、2 mol·dm^{-3})、$AgNO_3$(0.1 mol·dm^{-3})、$Al_2(SO_4)_3$(饱和溶液)、$CuSO_4$(0.1 mol·dm^{-3})、K_2CrO_4(0.1 mol·dm^{-3})、$MgCl_2$(0.1 mol·dm^{-3})、NaAc(s,0.2 mol·dm^{-3})、NaCl(0.1 mol·dm^{-3})、Na_2S(0.1 mol·dm^{-3})、Na_2CO_3(饱和溶液)、$PbCl_2$(饱和溶液)、NH_4Cl(s,1 mol·dm^{-3})、$Pb(NO_3)_2$(0.1 mol·dm^{-3})、$SbCl_3$(0.1 mol·dm^{-3})、$Zn(NO_3)_2$(0.1 mol·dm^{-3})、精密pH试

纸、酚酞0.1%、甲基橙0.1%。

四、实验内容

1. 同离子效应

（1）取几滴 $0.1\ mol\cdot dm^{-3}$ HAc，加1滴甲基橙，观察颜色，然后加少量NaAc固体，比较颜色变化，说明原因。

（2）取几滴 $0.1\ mol\cdot dm^{-3}$ $NH_3\cdot H_2O$，加1滴酚酞，观察溶液颜色，然后加少量 NH_4Cl 固体，比较颜色变化，说明原因。

（3）加几滴饱和 $PbCl_2$ 溶液于井穴板的一干燥孔中，然后再加入1~2滴浓HCl，有何现象？说明原因。

2. 缓冲溶液的配制和性质

（1）欲配制 pH=4.1 的缓冲溶液 $10\ cm^3$，用 $0.2\ mol\cdot dm^{-3}$ HAc 和 $0.2\ mol\cdot dm^{-3}$ NaAc 溶液如何配制？配制好缓冲溶液后用pH试纸检验其pH值（保留该缓冲溶液以供下面使用）。

（2）将上面配制好的缓冲溶液分3份装入井穴板的3个孔中，分别加 $0.1\ mol\cdot dm^{-3}$ HCl、$0.1\ mol\cdot dm^{-3}$ NaOH、10滴去离子水搅拌，分别用精密pH试纸检验其pH值。然后将上述的缓冲液换成同样体积的去离子水，再各加1滴 $0.1\ mol\cdot dm^{-3}$ HCl、$0.1\ mol\cdot dm^{-3}$ NaOH、10滴去离子水，分别用精密pH试纸检验，比较pH值的变化并解释原因。

3. 电解质溶液与水的酸碱反应

（1）温度对电解质溶液与水的酸碱反应的影响：在试管中加20滴 $0.2\ mol\cdot dm^{-3}$ NaAc 和1滴酚酞指示剂，记录溶液的颜色，再将试管加热近沸，观察其溶液颜色的变化。冷却后，再观察溶液颜色的变化并解释原因，写出NaAc水解方程式。

（2）浓度对电解质溶液与水的酸碱反应的影响：取5滴去离子水，向其中加1滴 $SbCl_3$ ($0.1\ mol\cdot dm^{-3}$)，摇匀，观察有何现象？再向其中加浓HCl至溶液变澄清为止，再加水稀释，又有何变化？写出 $SbCl_3$ 水解反应方程式，并解释上述实验现象，说明在配 $SbCl_3$ 溶液时应注意什么？

（3）两种电解质水溶液间的相互反应：用pH试纸测定饱和 $Al_2(SO_4)_3$、饱和 Na_2CO_3 溶液的酸碱性，然后分别取3滴饱和 $Al_2(SO_4)_3$ 和6滴饱和 Na_2CO_3 饱和液于井穴板的一孔中，观察现象。写出水解反应方程式，并解释原因。

4. 溶度积规则的应用

1）沉淀的生成和溶解

（1）分别取3滴 $0.1\ mol\cdot dm^{-3}$ $AgNO_3$ 溶液和2滴 K_2CrO_4 ($0.1\ mol\cdot dm^{-3}$) 溶液于井穴板的一孔中，观察现象，写出反应方程式。同上操作，用 $Pb(NO_3)_2$ ($0.1\ mol\cdot dm^{-3}$) 代替 $AgNO_3$ 溶液，又有何现象？用溶度积规则解释。

（2）在井穴板一孔中，加 $0.10\ mol\cdot dm^{-3}$ $MgCl_2$ 2滴，逐滴加 $NH_3\cdot H_2O$ ($2\ mol\cdot dm^{-3}$)，至

生成沉淀为止,记录沉淀颜色,再向其中加 NH_4Cl(1 mol·dm^{-3})数滴,观察沉淀是否溶解?解释上述现象。

(3)同上取 0.1 mol·dm^{-3} $Zn(NO_3)_2$ 5 滴,加 1 滴 0.1 mol·dm^{-3} Na_2S,观察沉淀的生成和颜色,再向其中加 2 mol·dm^{-3} HCl 数滴,观察沉淀是否溶解,试解释原因。

2)分步沉淀

取 1 滴 $AgNO_3$(0.1 mol·dm^{-3})和 3 滴 $Pb(NO_3)_2$ 0.1 mol·dm^{-3} 于试管中,加 3cm^3 去离子水稀释,摇匀,然后逐滴加 0.1 mol·dm^{-3} K_2CrO_4,并不断搅拌,观察沉淀的颜色。继续滴加 K_2CrO_4 溶液,看沉淀颜色有何变化?根据沉淀颜色变化和溶度积计算,判断沉淀生成的先后次序。

3)沉淀转化

(1)取 2 滴 0.1 mol·dm^{-3} $AgNO_3$,加 5 滴 0.1 mol·dm^{-3} K_2CrO_4,搅拌,观察沉淀的颜色。再加 0.1 mol·dm^{-3} NaCl 5 滴,搅拌,观察沉淀的颜色变化,解释现象并写出反应方程式。

(2)取 0.1 mol·dm^{-3} $Zn(NO_3)_2$ 溶液 3 滴,加 0.1 mol·dm^{-3} Na_2S,观察沉淀的生成,然后逐滴加 0.1 mol·dm^{-3} $CuSO_4$ 溶液,并搅拌,观察沉淀颜色的变化?运用溶度积规则解释 ZnS 转化成 CuS 的原因,并写出反应方程式。

五、思考题

(1)什么叫同离子效应?其对弱电解质解离度和难溶电解质溶解度各有什么影响?

(2)什么叫缓冲溶液?如何配制及计算缓冲溶液的 pH 值?缓冲溶液有何性质?

(3)实验室如何用固体 $SbCl_3$ 配制成所需浓度的溶液?

(4)何谓溶度积?怎样用溶度积规则判断难溶电解质的生成和溶解?分步沉淀和沉淀转化有何区别?本实验是如何来验证的?

实验 7　凝固点降低法测摩尔质量

一、实验目的

(1) 熟悉纯溶剂和溶液凝固点的测定技术。
(2) 掌握凝固点降低法测定溶质摩尔质量的基本原理。
(3) 用凝固点降低法测定萘的摩尔质量。

二、实验原理

在一定的大气压力下,当溶剂与溶质不形成固溶体时,固态纯溶剂与液态溶液平衡共存时的温度称为该溶液的凝固点。凝固点降低是稀溶液依数性的一种表现。对于稀溶液,当溶剂的种类和数量确定后,溶液的凝固点降低值 ΔT_f 与溶质的质量摩尔浓度 m_B 成正比,即

$$\Delta T_f = T_f^* - T_f = k_f m_B \tag{3-10}$$

式中,T_f^* 为纯溶剂的凝固点;T_f 为溶液的凝固点;k_f 为凝固点降低常数,其数值只与溶剂的性质有关,单位为 $K \cdot kg \cdot mol^{-1}$,常用溶剂的 k_f 值有表可查。

由式(3-10)可知,若称取一定质量的溶剂 A 和溶质 B,配成稀溶液,测定其凝固点降低值 ΔT_f,则可由凝固点降低常数 k_f 计算溶质的质量摩尔浓度 m_B,并可由下式计算其摩尔质量 M_B,即

$$M_B = \frac{k_f}{\Delta T_f} \cdot \frac{m(B)}{m(A)} \tag{3-11}$$

式中:M_B 为溶质的摩尔质量,单位为 $kg \cdot mol^{-1}$;$m(B)$ 和 $m(A)$ 分别为溶质和溶剂的质量,单位为 kg。

在一定的大气压力下,纯溶剂的凝固点是其液相和固相平衡共存时的温度。将纯溶剂逐步冷却,研究系统温度随时间变化的规律曲线,称为步冷曲线。在凝固前,根据相律可知,自由度 $f=1-1+1=1$,温度随时间会均匀下降;开始凝固时,纯溶剂固-液两相平衡共存,自由度 $f=1-2+1=0$,即开始凝固后因析出固体放出的凝固热基本上补偿了系统对环境的热散失,系统温度保持不变,步冷曲线出现水平线段;液相全部凝固后,自由度 $f=1-1+1=1$,温度又继续下降。理论上,纯溶剂的步冷曲线应如图 3-8 中 1 所示。但在实际冷却过程中,因为析出固体是一个从无到有的新相生成的过程,往往容易发生过冷现象,即当系统温度降到一定外压下该纯液体的凝固点时,系统并无固体析出,继续冷却到系统温度降低到其凝固点以下的某一温度时,固体才会析出,称之为过冷液体。过冷液体若加以搅拌或加入晶种,促使晶核产生,则会马上析出大量固体,放出的凝固热使系统温度迅速回升,当析出固体放出的凝固热与系统的热散失达到平衡时,系统温度保持不变,待液体全部凝固后,系统温度再逐渐下降,因此其实际步冷曲线通常如图 3-8 中 2 所示。

由相律可知,溶液的冷却曲线与纯溶剂形状不同,而且溶液的凝固点很难进行精确测量。在一定的大气压力下,当溶液固-液两相平衡共存时,自由度 $f=2-2+1=1$,温度仍可继续下降,步冷曲线不会出现水平线段。但此时因有凝固热放出,系统温度的下降速度变慢,步冷曲线的斜率会发生变化,步冷曲线的转折点所对应温度可视为溶液的凝固点,如图3-8中3所示。但在实际过程中,稀溶液也往往会出现过冷现象,如稍有过冷现象(图3-8中4),则可将温度回升的最高值近似视为溶液的凝固点,对溶质摩尔质量的测量无显著影响;若过冷现象严重(图3-8中5),则测得的溶液凝固点偏低,影响溶质摩尔质量的测定结果。因此在测定过程中,必须设法控制适当的过冷程度,一般可通过控制致冷剂的温度和搅拌速度等方法来达到。

严格地说,当出现过冷现象时,均应根据所绘制的纯溶剂或溶液的步冷曲线,再按照图3-9所示的外推法确定凝固点。纯溶剂应以水平线段所对应的温度为准,而溶液则需要将凝固后固相的步冷曲线反向延长外推至与液相的步冷曲线相交,并以两线交点的温度作为溶液的凝固点。

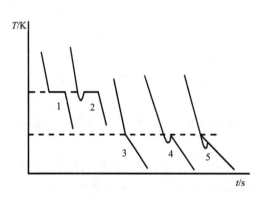

图3-8 纯溶剂和溶液的冷却曲线　　　　图3-9 外推法求纯溶剂和溶液的凝固点

本实验根据纯溶剂或溶液的温度和冷却时间的测定数据,绘制温度-时间曲线即步冷曲线,并按照图3-9所示的外推法分别确定纯溶剂凝固点 T_f^* 和溶液的凝固点 T_f,由此计算凝固点降低值 ΔT_f,从而计算溶质的摩尔质量。

三、仪器与药品

1. 仪器

SWC-Lge自冷式凝固点测定仪1套(包括测定系统和制冷系统)、烧杯($1000\ cm^3$)1个、普通温度计1支、移液管($25\ cm^3$)1支、吸耳球1个、万分之一的电子天平1台。

2. 药品

环己烷(A.R.)、萘(A.R.)等。

四、实验内容

1. 调节寒剂的温度

本实验要求致冷剂温度控制在 $3.0\sim4.0\ ℃$ 范围内。将自冷式凝固点测定仪制冷系统的温度设定为 3.5 ℃ 左右。

2. 组装仪器

按图 3-10 所示安装好凝固点测定仪,温度传感器与搅拌杆需要有一定空隙,防止搅拌时发生摩擦。凝固点测定管、搅拌杆都必须洗净、干燥。打开自冷式凝固点测定仪测定系统的电源开关,温度显示为实时温度,温差显示 ΔT 为以 20 ℃ 为基准的差值(但在 9.5 ℃ 以下显示的是实际温度),本实验读温差 ΔT 显示的温度。

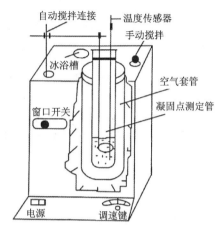

图 3-10 凝固点测定实验装置图

3. 测定环己烷的步冷曲线

(1) 用移液管移取 25.00 cm³ 环己烷于洁净干燥的凝固点测定管中,用橡胶塞塞紧,防止环己烷挥发。将温度传感器洗净擦干,插入凝固点测定管中,调节温度传感器的位置,使其底端距凝固点测定管底部约 1.0 cm,检查搅拌杆,使之能顺利上下搅动,且其不能与温度传感器和管壁接触摩擦。

(2) 环己烷初测凝固点的测定。将凝固点测定管直接插入自冷式凝固点测定仪的制冷剂中,制冷剂液面高度要超过凝固点测定管中环己烷的液面,观察温差 ΔT,直至其显示温度变化非常缓慢,记录此温度作为环己烷的初测凝固点。

(3) 从制冷剂中取出装有环己烷的凝固点测定管,用毛巾擦干测定管外壁的水,用手温热凝固点测定管至环己烷的结晶完全熔化后,将其插入凝固点测定仪测定系统的空气套管中,连接搅拌器和搅拌杆。调节搅拌速率旋钮,设置为"慢"搅拌,当温度降低到接近 7.5 ℃ 时,按凝固点测定仪"▲"键进行定时,使时间显示为 15 s,每 15 s 读取记录 1 次"温差"值。当温度接近 6.5 ℃ 时,调节搅拌速率旋钮,设置为"快"搅拌,待温度上升时,又恢复为"慢"搅拌。当温度几乎稳定后,继续读数 20 次,即可结束实验。实验完毕,取出凝固点测定管,用手温热凝固点测定管使环己烷的结晶完全熔化,重复测量 1 次。

4. 测定溶液的冷却曲线

将自冷式凝固点测定仪制冷系统的温度设定为 3.0 ℃ 左右。用万分之一的电子天平精确称取萘 0.100 0~0.120 0 g,并记录其准确质量 $m(B)$。将萘小心加入到装有环己烷的凝固点测定管中,注意不要让萘附着在管壁,并使其在室温下完全溶解。萘在溶解过程中,不得取出温度传感器,溶液的温度不得过高,不得超过 9.5 ℃,以免超出温差测定仪的温差量程。待萘完全溶解形成溶液后,将凝固点测定管插入凝固点测定仪的空气套管中,连接搅拌器和搅拌杆。调节搅拌速率旋钮,设置为"慢"搅拌。当温度降低到接近 7.5 ℃ 时,按凝固点测定仪"▲"键进行定时,使时间显示为 15 s,每 15 s 读取记录 1 次"温差"值。当温度接近 6.5 ℃ 时,调节搅拌速率旋钮,设置为"快"搅拌,待温度上升后,又恢复为"慢"搅拌。当温度回升至最高值后,再继续读数约 20 次,即可结束实验。实验完毕,取出凝固点测定管,用手温热凝固点测定管使结晶完全熔化,重复测量 1 次。

实验完毕,将凝固点测定管中的溶液倒入回收瓶回收,将温度传感器用蒸馏水冲洗干净并用吹风机吹干,洗净并烘干凝固点测定管。

五、注意事项

(1)实验所用的凝固点测定管必须洁净、干燥。温度传感器用蒸馏水冲洗干净并吹干后再插入凝固点测定管,不使用时注意妥善保护温度传感器。

(2)制冷剂温度对实验结果有很大影响,其温度过高会导致冷却太慢,而温度过低则易出现过冷现象而测不出正确的凝固点。

(3)结晶必须完全熔化后才能进行下一次的测量。

(4)实验过程中注意随时擦干显示窗玻璃上的水珠,以防仪器电子元件受潮。

(5)搅拌速度的控制是做好本实验的关键,每次测定应按所要求的速度搅拌,并且测量纯溶剂与溶液的凝固点时搅拌条件须完全一致。

六、数据记录与处理

(1)根据公式 $\rho = 0.797\ 1 - 0.887\ 9 \times 10^{-3}\ t$,计算实验温度 t ℃ 时环己烷的密度,并结合所取环己烷的体积计算环己烷的质量 $m(A)$。

(2)根据记录的时间与温度数据,绘制纯溶剂的步冷曲线和溶液的步冷曲线,用外推法求出纯溶剂的凝固点和溶液的凝固点。

(3)计算萘的摩尔质量,并根据其理论值,计算实验相对误差。已知萘的理论摩尔质量 M_B 为 128.17 g·mol^{-1},环己烷的凝固点降低常数 $k_f = 20.2$ K·kg·mol^{-1}。

七、思考题

(1)为什么实验中要严格控制制冷剂的温度?温度太高或太低对实验结果有何影响?

(2)如溶质在溶液中会离解、缔合或生成配合物,对溶质的摩尔质量测定值有何影响?

(3)根据什么原则考虑加入溶质的量?加入溶质太多或太少影响如何?

(4)为什么会有过冷现象产生?如何防止过冷现象?

实验 8　氧化还原反应及电化学（Ⅰ）
——电极电位、原电池、电解池与金属腐蚀防护

一、实验目的

(1) 了解测定电极电势的原理与方法。
(2) 掌握用酸度计测定原电池电动势的方法。
(3) 掌握溶液的浓度对电极电势和原电池的电动势的影响。
(4) 了解原电池、电解池的装置及其作用原理。
(5) 观察金属腐蚀现象，了解金属电化学腐蚀的基本原理。
(6) 了解几种防护金属腐蚀的原理和方法。

二、实验原理

1. 电极电势和原电池电动势的测定

电极电势是由某电对以标准氢电极为基准而得出的相对平衡电势，若欲测量某一电对的电极电势，是将该电对组成的电极与标准氢电极构成原电池，测量该原电池的电动势。由于原电池的电动势与电极电势有如下关系 $E=E_+ - E_-$。标准氢电极的电极电势规定为零，因此根据测量得到的电动势，可以求出该电对在相应条件下的电极电势。

原电池电动势不能用伏特计直接测量。因为用伏特计测量时，有电流通过测量电池，这样会给测量带来较大的误差，因此只有当被测电池的电路中几乎没有电流通过时，才能准确测量原电池的电动势。要做到这一点，通常是采用补偿法进行测量，也可以用电子管伏特计测量。本实验用酸度计的毫伏档（相当于电子管伏特计）测量原电池的电动势。

在实际测量电极电势的工作中，由于标准氢电极控制的条件很严，使用不太方便，因此常用电势稳定的甘汞电极（当 KCl 为饱和溶液，温度为 298 K 时，其电势值为 0.241 5 V）为参比电极，以代替标准氢电极。

测定锌电极的电极电势时，可以将锌电极与甘汞电极组成原电池，测出该原电池的电动势 E，即能求出锌电极的电极电势

$$E = E_+ - E_- = E(甘汞) - E(Zn^{2+}/Zn)$$
$$E(Zn^{2+}/Zn) = E(甘汞) - E = 0.241\,5 - E$$

2. 浓度对电极电势的影响

对于任意一个电极反应：
氧化型物质 $+ ze^- \rightleftharpoons$ 还原性物质
在 298.15 K 时，其能斯特方程式为

$$E(O/R) = E^{\ominus}(O/R) + \frac{0.05916 \text{ V}}{z} \lg \frac{c(氧化态)}{c(还原态)}$$

由上式可见,改变氧化型物质或还原型物质的浓度,可以使电对的电极电势发生变化。增加氧化型物质的浓度或减少还原型物质的浓度,电对的电极电势增加;减少氧化型物质的浓度或增加还原型物质的浓度,电对的电极电势减小。若电对中氧化型物质(或还原型物质)形成配合物或生成沉淀,将使氧化型(或还原型)物质的浓度减小,则会使电对的电极电势下降(或上升)。例如,向 $CuSO_4$ 溶液中加入 $NH_3 \cdot H_2O$,由于形成了 $[Cu(NH_3)_4]^{2+}$ 配离子,溶液中 Cu^{2+} 浓度大大地减小,而使铜电对的电极电势下降许多。

3. 溶液的酸度对氧化还原反应的影响

介质的酸碱性对有 H^+ 或 OH^- 参加的电极反应有较大的影响,尤其是对含氧酸盐的氧化还原能力有很大的影响。一般地,含氧酸盐的氧化性随着介质的 pH 值减小而增大。例如,$Cr_2O_7^{2-}$、MnO_4^- 等含氧酸盐,它们的电对($Cr_2O_7^{2-}/Cr^{3+}$、MnO_4^-/Mn^{2+})的电极电势,随溶液的 H^+ 浓度的增加而增大,相应的含氧酸盐的氧化能力也随之增强,它们的电极反应和能斯特方程式如下:

$$Cr_2O_7^{2-} + 14H^+ + 6e^- \rightleftharpoons 2Cr^{3+} + 7H_2O$$

$$E(Cr_2O_7^{2-}/Cr^{3+}) = E^{\ominus}(Cr_2O_7^{2-}/Cr^{3+}) + \frac{0.05916}{6} \lg \frac{c(Cr_2O_7^{2-}) \cdot c^{14}(H^+)}{c^2(Cr^{3+})}$$

$$MnO_4^- + 8H^+ + 5e^- \rightleftharpoons 2Mn^{2+} + 4H_2O$$

$$E(MnO_4^-/Mn^{2+}) = E^{\ominus}(MnO_4^-/Mn^{2+}) + \frac{0.05916}{5} \lg \frac{c(MnO_4^-) \cdot c^8(H^+)}{c^2(Mn^{2+})}$$

4. 电解池和腐蚀防护

把两种不同金属分别浸入其盐溶液中,再用导线和盐桥依次将它们连接起来,就组成原电池(如丹尼尔电池)。将原电池两极上的导线插入盛有电解质溶液(如 NaCl)的容器中,就组成了电解池。与原电池负极相连的极是电解池的阴极,与原电池正极相连的极是电解池的阳极。当电流通过电解池时,除电解质的离子可能放电外,水中的 H^+ 和 OH^- 也可能放电,如电极为一般金属,阳极金属会溶解。

电化学腐蚀是金属在电解质溶液中发生电池的作用而引起的一种腐蚀。这种原电池称为腐蚀电池。电极电势较低的金属为腐蚀电池的阳极,发生氧化过程并溶解于电解质溶液中而腐蚀,腐蚀电池的阴极被保护,同时在阴极上发生析氢或吸氧的还原过程。

利用指示剂所发生的颜色变化,即可判断腐蚀电池中阳极区和阴极区的位置。

阳极区: $Fe \longrightarrow Fe^{2+} + 2e^-$

$Fe^{2+} + K^+ + [Fe(CN)_6]^{3-} \longrightarrow KFe[Fe(CN)_6](s,蓝色)$

阴极区: $O_2 + 2H_2O + 4e^- \longrightarrow 4OH^-$

$OH^- + 酚酞 \longrightarrow 变红$

防护金属腐蚀的方法有很多。本实验采用缓蚀剂法和阴极保护法。在腐蚀介质中加入很少量能使金属腐蚀速度大大减慢的物质叫缓蚀剂。缓蚀剂的作用实质上在于使电化学的阳极过程或阴极过程减慢,从而减慢金属的腐蚀。

实现阴极保护有两种方法:将被保护金属与直流电源的负极相连,利用外加阴极电流进行阴极极化,这种方法称为外加电流阴极保护法;若在被保护金属设备上连接一个电位更负的金属作阳极,它与被保护金属在电解质溶液中形成电池,而使设备进行阴极极化,这种方法称为牺牲阳极的阴极保护法。

三、仪器与药品

1. 仪器

井穴板、试管、试管架、坩埚、表面皿、盐桥、砂纸、酸度计、饱和甘汞电极、小铁钉、铁丝、粗铜丝、纯锌粒、锌片、铜棒。

2. 药品

HCl(1 mol·dm^{-3}、2 mol·dm^{-3})、H_2SO_4(0.1 mol·dm^{-3})、$CuSO_4$(0.1 mol·dm^{-3})、$ZnSO_4$(0.1 mol·dm^{-3})、$NH_3·H_2O$(6 mol·dm^{-3})、KI(0.1 mol·dm^{-3})、$K_2Cr_2O_7$(0.1 mol·dm^{-3})、CCl_4、$NaCl$(0.5 mol·dm^{-3})、$Pb(NO_3)_2$(1 mol·dm^{-3})、Na_2S(0.1 mol·dm^{-3})、H_2O_2(3%、12.3%)、$FeSO_4$(0.1 mol·dm^{-3})、$K_3[Fe(CN)_6]$(0.1 mol·dm^{-3})、饱和 KCl 溶液、酸性 KIO_3(0.2 mol·dm^{-3})、六次甲基四胺(20%)、铜试剂(0.1 mol·dm^{-3})、酚酞(1%)、丙二酸-$MnSO_4$-淀粉混合液、琼胶溶液(300 cm^3 水中加入 1 g 琼胶加热溶解)。

四、实验内容

1. Zn^{2+}/Zn 电极电势测定

在井穴板的两个孔中加入 2/3 孔体积的 0.1 mol·dm^{-3} $ZnSO_4$ 溶液和饱和 KCl 溶液,将锌电极、饱和甘汞电极分别插入 $ZnSO_4$ 溶液与饱和 KCl 溶液,用盐桥将两个孔中的溶液连通起来,组成原电池,装置见图 3-11。

(−)Zn | $ZnSO_4$(0.10 mol·dm^{-3}) ‖ 饱和 KCl | Hg_2Cl_2 | Hg | Pt(+)

将准备好的待测电池的两极分别与调试好的酸度计的两极连接,然后按酸度计电极电势测定法测量待测电池的电动势。根据测得的电动势,计算锌电极在 0.10 mol·dm^{-3} $ZnSO_4$ 溶液中的电极电势,并利用能斯特方程推导出锌电极的标准电极电势。

2. 原电池和电解池

向井穴板的两个孔中分别注入 0.1 mol·dm^{-3} $CuSO_4$ 溶液和 0.1 mol·dm^{-3} $ZnSO_4$ 溶液,用量不超过孔穴容量的 2/3,在电解池中加入适量 0.1 mol·dm^{-3} NaCl,按图 3-12 连接装置。静置数分钟后,在 Cu 极相连的导线附近滴加 1 滴铜试剂,在 Zn 电极相连的导线附近滴加 1 滴酚酞指示剂,观察电解池电极附近有何现象。根据实验结果,分析原电池的正负极和电解池的阴阳极发生的反应,并写出相应的反应方程式。

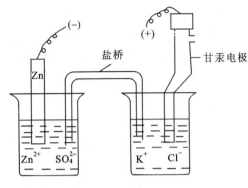
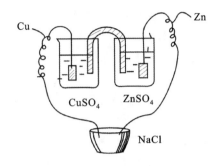

图 3-11　铜锌原电池　　　　　图 3-12　原电池与电解池

3. 浓度对电极电势的影响

(1) 在井穴板的两个孔中分别加入 0.1 mol·dm^{-3} ZnSO$_4$ 溶液和 0.1 mol·dm^{-3} CuSO$_4$ 溶液,将锌电极和铜电极分别插入 ZnSO$_4$ 溶液和 CuSO$_4$ 溶液,放入盐桥组成原电池,用酸度计测量其电动势 E。

(2) 取出盐桥和铜电极,在 CuSO$_4$ 溶液中滴加 6 mol·dm^{-3} NH$_3$·H$_2$O,并不断搅拌,直到生成的浅蓝色沉淀全部消失,生成深蓝色溶液,放入盐桥和铜电极,用酸度计测量其电动势 E。

(3) 取出盐桥和锌电极,在 ZnSO$_4$ 溶液中滴加 6 mol·dm^{-3} NH$_3$·H$_2$O,并不断搅拌,直到沉淀全部消失,形成透明溶液,放入盐桥和锌电极,用酸度计测量其电动势 E。从电动势的变化说明浓度对电极电势的影响。

4. 酸度对氧化还原反应的影响

在试管中加入 5 滴 0.1 mol·dm^{-3} KI 和 2 滴 0.1 mol·dm^{-3} K$_2$Cr$_2$O$_7$ 溶液,混合均匀后,加入 10 滴 CCl$_4$,振荡,观察 CCl$_4$ 层有何变化?再加入数滴 1 mol·dm^{-3} H$_2$SO$_4$ 溶液,观察 CCl$_4$ 层又有何变化?写出反应方程式并用能斯特方程解释上述实验现象。

5. 判断氧化还原反应的方向

用电极电势判断下列反应能否进行,并用实验加以证实。

在试管内加入 1 滴 1.0 mol·dm^{-3} Pb(NO$_3$)$_2$ 和 1 滴 0.1 mol·dm^{-3} Na$_2$S 制取 PbS 沉淀,注意观察沉淀的颜色,随后加入 3% 的 H$_2$O$_2$,观察沉淀的颜色变化,写出反应方程式,说明 H$_2$O$_2$ 在此反应中所起的作用。

在试管中加入 0.1 mol·dm^{-3} KI 溶液 2~3 滴,再加入数滴 1.0 mol·dm^{-3} H$_2$SO$_4$ 溶液,摇匀后,滴加 3% 的 H$_2$O$_2$,观察溶液颜色的变化,写出反应方程式,说明 H$_2$O$_2$ 在此反应中所起的作用。

6. 判断氧化剂、还原剂的相对强弱

(1) 根据下列药品设计实验方案,证明 I$^-$ 的还原能力大于 Br$^-$。

0.1 mol·dm^{-3} KI;0.1 mol·dm^{-3} KBr;0.1 mol·dm^{-3} FeCl$_3$;0.1 mol·dm^{-3} SnCl$_4$;0.1 mol·dm^{-3} H$_2$SO$_4$;CCl$_4$。

(2) 利用下列药品设计实验方案,证明 Br$_2$ 的氧化能力大于 I$_2$。

Br_2水；I_2水；0.1 mol·dm^{-3} $SnCl_2$；0.1 mol·dm^{-3} $FeSO_4$；CCl_4；0.1 mol·dm^{-3} H_2SO_4。

7. 摇摆反应

在试管中先加入 5 滴 12.3% H_2O_2 溶液,然后再依次加入 5 滴 0.2 mol·dm^{-3} 的酸性 KIO_3 溶液和 5 滴丙二酸-$MnSO_4$-淀粉混合液(调至 22~23 ℃);观察溶液颜色的变化,说明 H_2O_2 在反应中的作用。

8. 金属的腐蚀

(1)在六孔井穴板的两个井穴中,各加入 0.5 cm^3 1 mol·dm^{-3} HCl,然后分别放入 1 粒大小相近的纯锌和粗锌,观察气泡产生情况,比较它们腐蚀速度快慢。再向放纯锌的井穴中滴加 2 滴 0.5 mol·dm^{-3} $CuSO_4$,观察实验现象(或取一根细铜丝,与纯锌接触,观察接触前后有何不同),解释实验现象。

(2)取一根小铁丝,用砂纸擦去锈层,然后用 2 mol·dm^{-3} HCl 酸洗,并缠在锌片上,再取一小铁钉,也按以上步骤除去锈,并缠上铜丝,将它们放在同一个表面皿上,切勿接触。

另取琼胶热溶液,并加几滴酚酞和 0.1 mol·dm^{-3} $K_3[Fe(CN)_6]$ 溶液。搅匀后倒在表面皿上,使 Fe-Zn 和 Fe-Cu 全部盖满,约 30 min,观察现象。

根据实验结果,判断哪种金属被腐蚀。

9. 金属腐蚀的防护

(1)缓蚀剂法:在井穴板的两个孔中,各放入两枚已去锈的小铁钉,并向其中的一个井穴中加 5 滴 20% 的六次甲基四胺,然后各加入 2 cm^3 1 mol·dm^{-3} HCl。2 min 后各加 1 滴 0.1 mol·dm^{-3} $K_3[Fe(CN)_6]$ 溶液,观察、比较两个井穴中所呈现颜色的深浅。为什么?

(2)阴极保护法:将一条滤纸片放在表面皿上,并用酚酞、$K_3[Fe(CN)_6]$、NaCl 腐蚀液润湿之;取两枚铁钉隔开一段距离放置在润湿的滤纸上,并分别与铜锌电池(自己组装)的正、负极相连。静置一段时间后,观察有何现象,写出相应反应式,并解释原因。

五、思考题

(1)如何用酸度计测量原电池的电动势?
(2)如果没有电表,你将如何用简便的方法辨认原电池的正负极?
(3)酸度和浓度如何影响电极电势?
(4)电化学腐蚀的基本原理是什么?何谓析氢腐蚀和吸氧腐蚀?
(5)电化学腐蚀与化学腐蚀哪种危害性更大?为什么?
(6)金属腐蚀的防护方法(除实验中方法外)还有哪些?

实验 9　电动势的测定及应用——电化学(Ⅱ)

一、实验目的

(1) 测定 Cu-Zn 电池的电动势。
(2) 了解可逆电池、可逆电极、盐桥等概念。
(3) 掌握电位差计的测量原理和使用方法。

二、实验原理

电池除了可作电源外,还可用来研究构成此电池的化学反应的热力学性质。如果某原电池内进行的化学反应是可逆的,且此电池在可逆的条件下工作,则此原电池的电池反应在定温定压下的摩尔 Gibbs 自由能[变]、摩尔熵[变],摩尔反应焓[变]及反应热分别为

$$\Delta_r G_m = -zFE \tag{3-12}$$

$$\Delta_r S_m = zF(\partial E/\partial T)_p \tag{3-13}$$

$$\Delta_r H_m = -zFE + zFT(\partial E/\partial T)_p \tag{3-14}$$

$$Q_{r,m} = zFT(\partial E/\partial T)_p \tag{3-15}$$

在定压下,测定不同温度下的电池电动势 E,求得任一温度下的温度系数 $(\partial E/\partial T)_p$,由上述公式就可算出热力学函数的改变量。

可逆电池的电动势数据可用于热力学计算。可逆电池电动势的测量条件除了电池反应可逆和传质可逆外,还要求在测量回路中电流趋近于零。测定电动势不能用伏特计。因为电池与伏特计相接后会有电流通过,电池中电极被极化,电解液组成也会发生变化。所以伏特计只能测得电池电极间的电势降,而不是平衡时的电动势。利用对消法可在测量回路中电流趋近于零的条件下进行测量,所测得的结果即为可逆电池的电动势。对消法测定电路如图 3-13 所示。$acBa$ 回路由

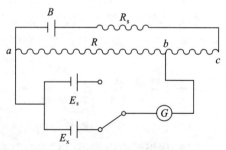

图 3-13　对消法原理线路图

工作电源、可变电阻和电位差计组成。工作电源的输出电压必须大于待测电池的电动势。调节可变电阻使流过回路的电流为某一定值,在电位差计的滑线电阻上产生确定的电势降,其数值由已知电动势的标准电池 E_s 校准。另一回路 $abGE_x a$ 由待测电池 E_x、检流计 G 和电位差计组成。移动滑动接触点 b,当回路中无电流通过时,电池的电动势等于 a、b 两点的电势差。对消法测电动势是一个接近热力学可逆过程的例子。为了尽可能减小电池中溶液接界处因扩散产生的非平衡液接电势,两电极间用盐桥连通。电池由正、负两极组成,电池在放电过程中,正极起还原反应,负极起氧化反应,电池内部还可能发生其他反应(如发生离子迁移),电池反应是电池中所有反应的总和。

本实验化学反应方程式：
$$Zn + CuSO_4 \rightleftharpoons Cu + ZnSO_4$$

三、仪器与药品

1. 仪器

SDC-Ⅲ数字电位差综合测试仪1台，铜、锌电极，超级恒温水浴1台，小烧杯，金相砂纸，原电池装置1个。

2. 药品

饱和KCl溶液、0.100 mol·dm^{-3} ZnSO$_4$、0.100 mol·dm^{-3} CuSO$_4$。

四、实验步骤

1. 电极处理

用细砂纸轻轻地把电极擦亮，用蒸馏水洗净后，用滤纸擦干（若作精确测定，则对锌电极要进行汞齐化处理，铜电极要进行电镀处理）。

2. 铜锌原电池的组装

按图3-14所示组装好铜、锌原电池并置于超级恒温水浴中。组装电池时要特别注意电池导液管中不能有气泡。

3. 电池电动势的测量

调节超级恒温水浴温度为18 ℃，恒温10 min后，用SDC-Ⅲ数字电位差综合测试仪测定18 ℃时原电池的电动势E，在恒压条件下每间隔5 ℃测定电池电动势，共测定6个温度，每次测定都要准确记录其实验温度以及相应的电动势值。

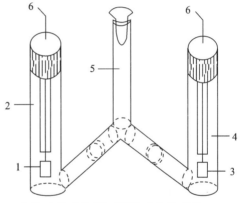

1. Zn电极；2. ZnSO$_4$溶液(c_1)；3. Cu电极；
4. CuSO$_4$溶液(c_2)；5. 饱和KCl溶液；6. 导线
图3-14 Zn-Cu原电池装置示意图

五、数据记录与处理

（1）数据记录如下表。

室温：_____   大气压：_____

编号	1	2	3	4	5	6
实验温度 T/K						
电动势 E/V						

（2）以电动势E为纵坐标，绝对温度T为横坐标，作出E-T关系图。

(3)由 E-T 图上的曲线斜率求 298 K 时电动势的温度系数 $\left(\dfrac{\partial E}{\partial T}\right)_p$,求 298 K 时该反应的热力学函数的改变值 $\Delta_r G_m$、$\Delta_r H_m$、$\Delta_r S_m$。

(4)将实验值与理论值进行比较。

六、思考题

(1)用本实验方法测定电池反应的热力学函数改变值时,为什么原电池内进行的化学反应必须是可逆的?

(2)实验中盐桥的作用是什么?

实验 10 蔗糖水解反应速率常数的测定

一、实验目的

(1) 根据物质的光学性质研究蔗糖水解反应,测定其反应速率常数。
(2) 掌握旋光仪的使用方法。

二、实验原理

蔗糖在水中水解成葡萄糖与果糖的反应为

$$\underset{\text{蔗糖}}{C_{12}H_{22}O_{11}} + H_2O \xrightarrow{H_3O^+} \underset{\text{葡萄糖}}{C_6H_{12}O_6} + \underset{\text{果糖}}{C_6H_{12}O_6}$$

为使水解反应加速,反应常常以 H_3O^+ 为催化剂,故在酸性介质中进行。水解反应中,水是大量的,反应达终点时,虽有部分水分子参加反应,但与溶质浓度相比可认定它的浓度没有改变,故此反应可视为一级反应,动力学方程式为

$$-\frac{dc}{dt} = kc \tag{3-16}$$

积分得

$$k = \frac{1}{t} \ln \frac{c_0}{c} \tag{3-17}$$

式中:c_0 为反应开始时蔗糖的浓度;c 为时间 t 时的蔗糖浓度。

蔗糖及其水解产物均为旋光物质,当反应进行,如以一束偏振光通过溶液,则可观察到偏振面的转移。蔗糖是右旋的,水解混合物是左旋的,所以偏振面将由右边旋向左边。偏振面的转移角度称为旋光度,以 α 表示。因此可利用系统在反应过程中旋光度的改变来量度反应的过程。溶液的旋光度与溶液中所含旋光物质的种类、浓度、液层厚度、光源波长及反应时的温度等因素有关。

为了比较各种物质的旋光能力,引入比旋光度 $[\alpha]$ 概念并以式(3-18)表示

$$[\alpha]_D^t = \frac{\alpha}{l \cdot c} \tag{3-18}$$

式中:t 为实验温度;D 为所用光源波长;α 为旋光度;l 为液层厚度(常以 10 cm 为单位);c 为浓度(常用 100 cm³ 溶液中溶有 m 克物质来表示。

式(3-18)可写成

$$[\alpha]_D^t = \frac{\alpha}{l \cdot m/100} \tag{3-19}$$

或

$$\alpha = [\alpha]_D^t \cdot l \cdot c \tag{3-20}$$

由式(3-19)可看出,当其他条件不变时,旋光度与反应物浓度呈正比,即

$$\alpha = Kc \tag{3-21}$$

式中:K 为与物质的旋光能力、溶液厚度、溶剂性质、光源的波长、反应时的温度等有关的常数。

蔗糖是右旋性物质,葡萄糖也是右旋性质,果糖是左旋性物质,它们的比旋光度为

$$[\alpha_{蔗}]_D^{20℃}=66.65°;[\alpha_{葡}]_D^{20℃}=52.5°;[\alpha_{果}]_D^{20℃}=-91.9°$$

正值表示右旋,负值表示左旋。

可见当水解反应进行时,右旋角不断减小,当反应终了时体系将经过零变成左旋。

因为上述蔗糖水解反应时,反应物与生成物都具有旋光性。旋光度与浓度成正比,且溶液的旋光度为各组成旋光度之和(加和性)。若 α_0、α_t、α_∞ 分别为反应时间 0、t、∞ 时溶液的旋光度,由式(3-21)即可导出

$$c_0 = K(\alpha_0 - \alpha_\infty) \tag{3-22}$$

$$c_t = K(\alpha_t - \alpha_\infty) \tag{3-23}$$

将式(3-22)、式(3-23)代入式(3-17)可得

$$\ln\frac{\alpha_t - \alpha_\infty}{\alpha_0 - \alpha_\infty} = -kt \tag{3-24}$$

移项得

$$\ln(\alpha_t - \alpha_\infty) = -kt + \ln(\alpha_0 - \alpha_\infty)$$

上式中 $\ln(\alpha_t - \alpha_\infty)$ 对 t 作图,从所得直线的斜率即可求得反应速率常数 k。

三、仪器与药品

1. 仪器

WZZ-2B 自动旋光计(带旋光管)1 台、超级恒温水浴 1 套、锥形瓶(100 cm³)2 个、移液管(25 cm³)2 支、烧杯(50 cm³)1 个、容量瓶(50 cm³)1 个。

2. 药品

2 mol·dm⁻³ HCl 溶液、蔗糖(A.R.)。

四、实验内容

1. 样品的准备

称取 10 g 蔗糖于 50 cm³ 烧杯中,加约 30 cm³ 纯水溶解,转移至 50 cm³ 容量瓶中,用纯水吹洗烧杯 3 次,一并转入容量瓶中,并用纯水稀释至刻度摇匀备用。用移液管取 25.00 cm³ 蔗糖溶液和 25.00 cm³ 2 mol·dm⁻³ HCl 溶液,分别注入两个干燥的 100 cm³ 锥形瓶中备用。

2. 旋光仪零点的校正

旋光仪的使用见第二章实验测量仪器部分。

用纯水洗净旋光管,向管内注满纯水(注意不要溢出),盖好玻璃片,旋紧套盖(检查是否漏液),用镜头纸擦净旋光管两端玻璃片,将旋光管置于旋光仪中,确保旋光管中小气泡处于旋光管凸出部位,旋光管管体充满溶液,盖上箱盖,待示数稳定后,按"清零"按钮。

3. 蔗糖水解过程中 α_t 的测定

调好仪器零点,将 HCl 溶液倒入蔗糖溶液的锥形瓶中混合,并在 HCl 溶液加入一半时开始计时,继续加入剩余的 HCl 溶液,摇匀。

取少量混合液清洗旋光管 1~2 次,然后将混合液注满旋光管(注意不要溢出),盖好玻璃片,旋紧套盖(检查是否漏液),用镜头纸擦净旋光管两端玻璃片,立刻置于旋光仪中,确保旋光管中小气泡处于旋光管凸出部位,旋光管管体充满溶液,盖上箱盖,仪器数显窗将显示出该样品的旋光度。测定第一个旋光度数值后,每隔 5 min 测 1 次,继续测定 12 个数据后停止实验。

4. α_∞ 的测定

将剩余的混合液置于 65 ℃ 的水浴中加热,以加速水解反应,1 h 后取出,用自来水冲淋锥形瓶外部,冷却至室温,测其旋光度,此值即可认为是 α_∞。

五、数据记录和处理

(1)数据记录如下表。

次数	t/min	α_t	$\alpha_t - \alpha_\infty$	$\ln(\alpha_t - \alpha_\infty)$	k
1					
2					
…					
…					
11					
12					
α_∞					

(2)以 $\ln(\alpha_t - \alpha_\infty)$ 对 t 作图,所得直线斜率算出反应速率常数 k。
(3)计算蔗糖水解反应的半衰期。

实验 11 二级反应——乙酸乙酯皂化

一、实验目的

（1）测定乙酸乙酯的皂化反应速率常数，了解反应活化能的测定方法。
（2）了解二级反应的特点，学会用图解计算法求出二级反应的反应速率常数。
（3）熟悉电导仪的使用。

二、实验原理

乙酸乙酯皂化反应是典型的二级反应：

$$CH_3COOC_2H_5 + NaOH \longrightarrow CH_3COONa + C_2H_5OH$$

$t=0$ 时	c	c	0	0
$t=t$ 时	$c-x$	$c-x$	x	x
$t \to \infty$ 时	0	0	$x \to c$	$x \to c$

时间为 t 的反应速度和反应物浓度的关系为

$$\frac{\mathrm{d}x}{\mathrm{d}t} = k(c-x)(c-x) \tag{3-25}$$

式中，k 为反应速率常数。

将式（3-25）积分可得

$$kt = \frac{x}{c(c-x)} \tag{3-26}$$

从式（3-26）中可以看出，原始浓度 c 是已知的，只要测出 t 时的 x 值，就可算出反应速率常数 k 值。

用电导法测定 x 的依据如下：

（1）此溶液的电导主要是强电解质 NaOH、CH_3COONa 所贡献，即 OH^-、Na^+、CH_3COO^-（水电离的 H^+ 可以忽略），在反应前后，Na^+ 浓度不变，OH^- 浓度不断减少，CH_3COO^- 浓度相应增加，而 OH^- 比 CH_3COO^- 的摩尔电导率大得多，所以溶液的电导总趋势为下降。

（2）在稀溶液中，每种离子的电导与其浓度成正比，而且溶液的总电导等于组成溶液的各离子的电导之和。需要说明的是，因为溶液的电导与其电导率是成正比关系，所以本实验直接用溶液的电导率的测定来代替溶液电导的测定。

对于乙酸乙酯的皂化反应来说，当反应开始时，只有 Na^+ 和 OH^-，假定开始时电导 G_0，即：

$$t=0 \text{ 时}, G_0 = A_1 c \tag{3-27}$$

当反应进行完全时(此为一种假想状态),溶液中只有 Na^+ 和 CH_3COO^-,此时电导为 G_∞,即:

$$t=\infty \text{ 时}, \quad G_\infty = A_2 c \tag{3-28}$$

式中,A_1、A_2 为与温度、溶剂、电解质有关的常数。

当反应进行到 t 时刻时,CH_3COONa 浓度为 x,$NaOH$ 的浓度为 $c-x$,则总电导为 G_t,即:

$$t=t \text{ 时}, \quad G_t = A_2 x + A_1(c-x) \tag{3-29}$$

将式(3-27)和式(3-28)代入式(3-29)得:

$$x = \frac{G_0 - G_t}{G_0 - G_\infty} \cdot c \tag{3-30}$$

将式(3-30)代入式(3-26)得:

$$kt = \frac{1}{c}\left(\frac{G_0 - G_t}{G_t - G_\infty}\right) \tag{3-31}$$

整理式(3-31)得:

$$G_t = \frac{1}{kc}\left(\frac{G_0 - G_t}{t}\right) + G_\infty \tag{3-32}$$

以 G_t 对 $\frac{G_0 - G_t}{t}$ 作图,可得一直线,其斜率等于 $\frac{1}{kc}$,由此可求得反应速率常数 k。

一般地,反应速率常数 k 与反应温度 T 之间服从阿仑尼乌斯方程。即:

$$\frac{d\ln k}{dT} = \frac{E_a}{RT^2} \tag{3-33}$$

或

$$\ln k = -\frac{E_a}{RT} + C \tag{3-34}$$

式中:E_a 为此反应的表观活化能;C 为积分常数。

在不同的反应温度下测定其反应速率常数 k,作 $\ln k - 1/T$ 图,应得一条直线,其斜率为 $-E_a/R$,可以算出反应的表现活化能 E_a。

三、仪器与药品

1. 仪器

恒温槽(或超级恒温器)(1套)、双管皂化池(1个)、电导池(1个)、秒表(1只)、电导率仪(1套)、电导水(或重蒸馏水)、20.00 cm^3 移液管(3支)。

2. 药品

乙酸乙酯(AR)、NaOH(无 Na_2CO_3、NaCl 等杂质)。

四、操作步骤

1. 了解和熟悉电导仪

电导仪的构造和使用见第二章实验仪器使用简介。

2. 配制 0.020 0 mol·dm^{-3} CH$_3$COOC$_2$H$_5$ 和 0.020 0 mol·dm^{-3} 的 NaOH 溶液

(1)乙酸乙酯溶液配制方法：先算出 100 cm^3 0.020 0 mol·dm^{-3} CH$_3$COOC$_2$H$_5$ 中溶质的质量，在 100 cm^3 的容量瓶中加入少量的电导水，准确称其质量，然后用小滴瓶滴入 10 滴乙酸乙酯，摇匀后称其质量，计算出每一滴乙酸乙酯的质量，然后算出 0.020 0 mol·dm^{-3} 乙酸乙酯所需加入乙酸乙酯的滴数，用控制滴数方法加入接近所需加入乙酸乙酯的量，摇匀后称其质量，加入最后几滴时应特别小心，为避免因最后一滴的滴入而使加入的量超过其所需质量，可采用滴管口刚刚接触滴瓶中的液面而吸入液体的方法，此时吸入液体一般少于 1 滴，然后滴入容量瓶中，称量乙酸乙酯的量与理论计算的量不得超过 1 mg。

(2)氢氧化钠的配制：先称 NaOH 配制 0.1 mol·dm^{-3} 的 NaOH 溶液，用基准试剂标定其浓度，计算 0.020 0 mol·dm^{-3} NaOH 溶液 100 cm^3 所需预先配制的 NaOH 的体积，用移液管吸入其量加入 100 cm^3 的容量瓶中，用电导水定容。

3. G_0 的测定

吸取 20.00 cm^3 0.020 0 mol·dm^{-3} 的 NaOH 和 20.00 cm^3 蒸馏水置于干燥的电导池中，制成 0.010 0 mol·dm^{-3} 的 NaOH；插入铂黑电导电极，液面应至少高出铂黑片 1 cm，调节超级恒温器使水温为 20 ℃，使 0.010 0 mol·dm^{-3} 的 NaOH 恒温 10 min；接通电导率仪，测定电导率，记录电导率数值。取出铂黑电极，将 0.010 0 mol·dm^{-3} NaOH 盖上塞子，备下一次使用。

4. G_t 的测定

将干燥、洁净的双管皂化池(图 3-15)放在恒温槽中并夹好，用移液管量取 20.00 cm^3 0.02 mol·dm^{-3} 的 NaOH 溶液于 A 管，用另一支移液管量取 20.00 cm^3 0.02 mol·dm^{-3} 的乙酸乙酯溶液于 B 管，塞好塞子，以防挥发。将铂黑电极经重蒸馏水洗后，用滤纸小心吸干电极上的水(千万不要碰到电极上的铂黑)，然后将电极插入 A 管，20 ℃恒温 10 min，打开 B 管塞子，用洗耳球通过 B 管上口将乙酸乙酯溶液迅速压入 A 管(此时 A 管不要塞紧，不要用力过猛以免溶液溅出)与 NaOH 溶液混合，当乙酸乙酯压入一半时开始记时，反复压几次即可混合均匀。开始每分钟读一次数据，10 min 后每 2 min 读取一次数。

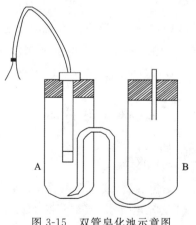

图 3-15 双管皂化池示意图

5. 测量不同温度下的 G_0、G_t 值

将皂化池洗净并烘干，按 3、4 步骤分别测定 25 ℃、30 ℃、35 ℃、40 ℃的 G_0、G_t 之值。实验完毕，将铂黑电极用蒸馏水洗净，并装入盛有蒸馏水的 150 cm^3 广口瓶中。

五、数据记录和处理

(1) 数据记录于下表中。

室温 $t/℃$：＿＿＿＿　　　大气压 p/kPa：＿＿＿＿　　　起始浓度 $c/(mol \cdot dm^{-3})$：＿＿＿＿

实验温度=				$G_0=$				
时间 t/min								
$G_t(S)$								
$(G_0-G_t)/t(S \cdot min^{-1})$								

(2) 作 G_t-t 图，由 G_t-t 图外推至 $t=0$ 处，可求得 G_0，与测得的 G_0 比较并做简单讨论。

(3) 作 G_t-$(G_0-G_t)/t$ 图，由直线的斜率求出相应温度下的 k 值。

(4) 作 $\ln k$-$1/T$ 图，由直线斜率求出反应活化能。

六、思考题

(1) 配制乙酸乙酯溶液时，为什么在容量瓶中要事先加入适量的蒸馏水？

(2) 为什么 $0.0200\ mol \cdot dm^{-3}$ 的 NaOH 稀释 1 倍后的电导率就可认为是 G_0？同理，如何确定 G_∞？

(3) 为什么要使两种反应物浓度相等？若起始浓度不同时，应如何计算 k 值？

实验 12　双液系气-液平衡相图

一、实验目的

(1) 采用回流冷凝法测定环己烷-乙醇系统的沸点和气、液两相平衡组成。
(2) 绘制 $T\text{-}x$ 图。掌握阿贝折射仪的使用方法。

二、实验原理

一个完全互溶双液系统的沸点与组成的关系有以下几种情况。溶液沸点介于两纯组分沸点之间，如苯-甲苯系统；溶液有最低恒沸点，如苯-乙醇、水-乙醇、环己烷-乙醇系统；溶液有最高恒沸点，如水-卤化氢系统。图 3-16 表示具有最低恒沸点的双液系相图。图中下方区域表示液相区，上方区域表示气相区。曲线所围的区域表示气-液两相平衡区。下面的凹形曲线表示液相线，上面的凸形曲线表示气相线。等温的水平线段与气、液相线的交点表示该温度下互为平衡的两相的组成。绘制 $T\text{-}x$ 图的方法如下：当总组成为 X 的溶液开始加热时，系统的温度沿虚线上升直至到达沸点。这

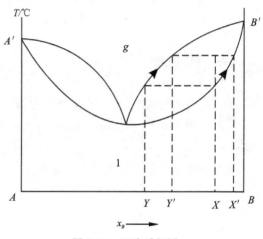

图 3-16　双液系相图

时组成为 Y 的气相开始形成。X、Y 两点即代表互为平衡的气、液两相的组成。继续加热蒸馏，气相量逐渐增加，沸点沿虚线继续上升，气、液两相组成分别在气、液相线上沿箭头指示方向变化。当两相组成分别达到 X' 和 Y' 时，若维持系统的总量不变，系统的气、液两相又重新达到平衡。平衡时两相内的物质量按杠杆原理分配。从相律来看，当压力恒定时，两组分系统在气-液两相共存区域中，自由度等于 1。若温度一定，两相的相对量也一定。所以，待两相平衡后取出两相的样品，用物理或化学方法分析两相的组成，可得到在该温度下两相的组成坐标位置。然后改变系统的总组成，再如上述方法找出另一对坐标点。依次测得若干对坐标点后，分别按气相点、液相点连成气相线和液相线，即得 $T\text{-}x$ 平衡相图。本实验是在沸点仪中蒸馏待测溶液，用阿贝折射仪分别测定馏出液中气相组成和母液中液相组成。所用系统为环己烷-乙醇系统，也可以用苯-乙醇系统和水-乙醇系统。

三、仪器与药品

1. 仪器

FDY 型双液系沸点仪(包括 WLS 数字恒流电源和 SWJ 精密数字温度计),阿贝折射仪,超级恒温器,2 cm³、5 cm³、20 cm³ 移液管各 1 支,长短滴管若干支,洗耳球 1 个、镜头纸若干。

2. 药品

环己烷(A.R.)、无水乙醇(A.R.)。

四、实验内容

1. 标准工作曲线的绘制

洗净烘干 8 个小滴瓶,冷却后准确称量其中 6 个。分别加入 1 cm³、2 cm³、3 cm³、4 cm³、5 cm³、6 cm³ 的乙醇并分别称重。再依次加入 6 cm³、5 cm³、4 cm³、3 cm³、2 cm³、1 cm³ 的环己烷并分别称重。旋紧瓶盖后摇匀。另外两个空的滴瓶分别加入无水乙醇和环己烷。即刻用阿贝折射仪(使用方法见第二章实验测量仪器部分)测定这些样品的折射率。可作出折射率-重量百分组成工作曲线(或由实验室提供)。

2. 折射率的测定

按图 3-17 装好沸点仪。温度传感器切勿与电热丝接触。接通冷凝水,量取 40 cm³ 环己烷从侧管加入蒸馏瓶中,传感器应浸入液体 3 cm 左右。将加热丝接通恒流电源,打开电源及温度控制器的开关,将液体加热至沸腾,将气相收集槽中的液体倾倒回蒸馏瓶中,如此反复 3 次后,待温度基本恒定后记下沸点。切断电源(关闭电源开关即可),用洁净干燥的吸管从小槽中吸取全部的气相冷凝液,立即用阿贝折射仪测定其折射率;用短吸管从侧管处吸取少量液体,再用阿贝折射仪测定其折射率。然后由蒸馏瓶的侧管加入 0.6 cm³ 乙醇,按上述步骤测定其沸点及气、液两相的折射率。再依次加入 0.6 cm³、1 cm³、4 cm³、9 cm³ 乙醇,做同样实验。

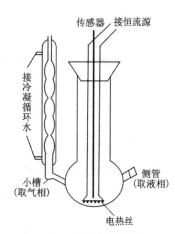

图 3-17 沸点仪示意图

上述实验结束后,将溶液倒入回收瓶内。用少量乙醇洗涤蒸馏瓶。注入 40 cm³ 乙醇测定其沸点。然后依次加入 1 cm³、2 cm³、4 cm³、8 cm³、24 cm³ 环己烷,分别测定其沸点及气液相样品的折射率。再将所测折射率用内插法在标准工作曲线上找出被测试样的组成,作沸点-组成图。

五、数据处理

按下表记录数据，作沸点-组成图，确定最低恒沸点的组成。

混合物之体积组成		沸点	气相冷凝液分析		液相分析	
环己烷 V/cm^3	每次加乙醇 V/cm^3	$t/℃$	折射率	$w_{环己烷}$	折射率	$w_{环己烷}$
40	0					
—	0.6					
—	0.6					
—	1					
—	4					
—	9					
每次加环己烷 V/cm^3	乙醇 V/cm^3	$t/℃$	折射率	$w_{环己烷}$	折射率	$w_{环己烷}$
0	40					
1	—					
2	—					
4	—					
8	—					
24	—					

六、思考题

(1) 实验中气、液两相是如何达到平衡？平衡时，气、液两相温度是否相同？实际是否相同？怎样防止有温度差异？

(2) 蒸馏器中收集气相冷凝液的容器的大小，对测量有何影响？

(3) 用不同温度的折射率数据估算其温度系数，如不恒温，对折射率的数据影响如何？

(4) 在沸点仪内，为什么说总组成就是原始溶液组成？在达到气液平衡时，哪部分液体为平衡的气相量？哪部分液体为平衡的液相量？本实验所用的蒸馏器尚有哪些缺点？如何改进？

(5) 为什么沸点仪的塞子必须塞紧？

(6) 根据所得相图，讨论此溶液蒸馏时的分离情况。

实验 13 二组分金属相图

一、实验目的

用热分析法(步冷曲线法)测绘 Bi-Sn 二组分金属相图。

二、实验原理

较为简单的二组分金属相图主要有 3 种:第一种是液相完全互溶,凝固后,固相也能完全互溶成单相固体混合物的系统,最典型的为 Cu-Ni 系统;第二种是液相完全互溶而固相完全不互溶的系统,最典型的是 Bi-Cd 系统;第三种是液相完全互溶,而固相部分互溶的系统,如 Pb-Sn系统。本实验研究的 Bi-Sn 系统就是第三种。在低共熔温度下,Bi 在固相 Sn 中最大溶解度为 21%(质量百分数)。

热分析法(步冷曲线法)是绘制相图的基本方法之一。它是利用金属及合金在加热和冷却过程中发生相变时,潜热的释出或吸收及热容的突变,来得到金属或合金中相转变温度的方法。

通常的做法是先将金属或合金全部熔化,然后让它在一定的环境中自行冷却,并画出温度随时间变化的步冷曲线(图 3-18)。

当熔融的系统均匀冷却时,如果系统不发生相变,则系统的温度随时间的变化是均匀的,冷却速率较快(图 3-18 中 ab 线段);若在冷却过程中发生了相变,由于在相变过程中伴随着放热效应,所以系统的温度随时间变化的速率发生改变,系统的冷却速率减慢,步冷曲线上出现转折(图 3-18 中 b 点)。当溶液继续冷却到某一点时(图 3-18 中 c 点),此时溶液系统以低共熔混合物的固体析出。在低共熔混合物全部凝固以前,系统温度保持不变,因此步冷曲线上出现水平线段(图 3-18 中 cd 线段)。当溶液完全凝固后,温度才迅速下降(图 3-18 中 de 线段)。

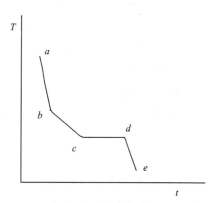

图 3-18 步冷曲线

由此可知,对组成一定的二组分低共熔混合物系统,可以根据它的步冷曲线得出有固体析出的温度和低共熔点温度。根据一系列组成不同系统的步冷曲线的各转折点,即可画出二组分系统的相图(温度-组成图)。不同组成溶液的步冷曲线对应的相图(图 3-19)。

用热分析法(步冷曲线法)绘制相图时,被测系统必须时时处于或接近相平衡状态,因此冷却速率要足够慢才能得到较好的结果。

本实验测量 w_{Bi} 为 30%~80% 的二组分系统,其相图与液相完全互溶而固相完全不互溶系统的相图相似。

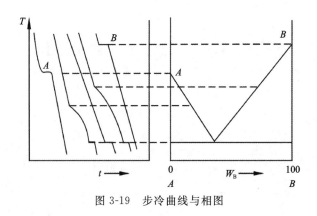

图 3-19 步冷曲线与相图

三、仪器与药品

1. 仪器

KWL-09 型可控升降温电炉 1 台、SWKY-Ⅰ数字控温仪 1 台、传感器 2 个、不锈钢样品管 1 支。

2. 药品

纯锡、纯铋、石墨粉等。

四、实验内容

1. 配制样品

用感量为 0.1 g 的台秤,分别配制含 Bi 量为 30%、40%、50%、58%(低共熔混合物)、70%、80%(均为质量分数)的 Bi-Sn 混合物各 100 g,另外称纯 Bi、纯 Sn 各 100 g 分别放入 8 个样品管中,覆盖一层石蜡或石墨粉,防止金属被氧化(实验室准备)。

2. 测定样品

将装有试样的样品管放入相图炉控温区内,温度传感器Ⅰ插入控温传感器插孔,温度传感器Ⅱ插入样品管中(图 3-20)(两只传感器不得插反)。

接通电源,控温仪开关置于"开",显示初始状态,"温度显示Ⅰ"为 320 ℃(默认设定温度),"温度显示Ⅱ"为温度传感器Ⅱ实时温度,"置数"指示灯亮(置数状态时仪器不加热,温度显示Ⅱ只显示被测物的温度,无控温功能)。

按下"工作/置数"键,工作指示灯亮,"温度显示Ⅰ"从设置温度转换为控制温度当前值。控温区开始升温,"温度显示Ⅰ"与"温度显示Ⅱ"温度逐渐升高,当"温度显示Ⅱ"与"温度显示Ⅰ"的温度相近时(均接近 320 ℃),恒温 10 min,打开样品管将样品小心搅拌均匀后,按"工作/置数"键,置数灯亮,使之自然降温至计时起始温度开始读数。

设置记时间隔为 60 s。在指示音的提示下,即可每分钟读取温度 1 次(可据表 3-5 所示温度开始记录),待最低共熔点平台温度结束后,温度开始均匀下降,继续读数 5 min 即可停止。

换其他试样,重复以上操作,依次测出所配试样的步冷曲线数据。关闭电源。

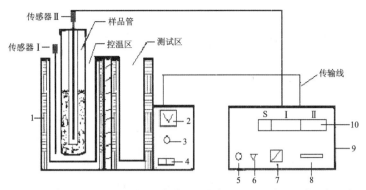

1. 可控升降温电炉；2. 电压表；3. 加热量调节旋钮；4. 开关；5. 控温仪开关；
6. 计时设置；7. 工作/置数键；8. 温度设置；9. 数字控温仪；10. 温度显示屏

图 3-20 实验装置示意图

表 3-5 实验温度设置表

w_{Bi}	0	0.30	0.40	0.50	0.58	0.70	0.80	1
温度设置/℃	320	320	320	320	320	320	320	320
计时起始温度/℃	260	240	220	220	180	280	300	300

五、数据记录和处理

(1) 以温度为纵坐标，时间为横坐标，用坐标纸绘出各组分的冷却曲线。

(2) 在冷却曲线上找出各组分的熔点温度，以其为纵坐标，组成为横坐标，作出 Sn-Bi 二组分金属相图。

六、注意事项

(1) 实验中"设定温度"和"实验最高温度"不同，"实验最高温度"是在仪器达到设定温度停止工作后，仪器中的加热电炉继续上升到的温度。

(2) 熔融试样时要搅拌均匀，为确保试样熔融，温度稍高一些为好，但不可过高，以防样品氧化，搅拌时注意样品管不能离开加热炉。

(3) 由于炉温较高，因此搅拌时要戴上防护手套。

七、思考题

(1) 冷却曲线上为什么会出现转折点？纯金属、低共熔金属及合金的转折点各有几个？曲线形状为何不同？

(2) 若已知二组分系统的许多不同组成的冷却曲线，但不知道低共熔物的组成，有何办法确定？

实验 14　磺基水杨酸合铁(Ⅲ)配离子的组成和稳定常数的测定

一、实验目的

(1) 了解比色法测定配合物的组成和稳定常数测定的原理和方法。
(2) 学习分光光度计的使用及有关实验数据的处理方法。

二、实验原理

磺基水杨酸与 Fe^{3+} 离子可形成稳定的配合物。形成配合物时，其组成因 pH 不同而不同，当 pH 值为 2～3 时，生成紫红色螯合物(有 1 个配位体)；当 pH 值为 4～9 时，生成红色螯合物(有 2 个配位体)；当 pH 值为 9～11.5 时，生成黄色螯合物(有 3 个配位体)；当 pH＞12 时，有色螯合物被破坏而生成 $Fe(OH)_3$ 沉淀。

中心离子和配位体分别以 M 和 L 表示，且在给定条件下反应，只生成一种有色配离子 ML_n(略去电荷符号)，反应式为

$$M + nL = ML_n$$

若 M 和 L 都是无色的，而只有 ML_n 有色，则此溶液的吸光度 A 与有色配合物的浓度 c 成正比。在此前提条件下，本实验用等物质的量的连续变更法(也叫浓比递变法)，即保持金属离子与配位体总物质的量数不变的前提下，改变金属离子和配位体的相对量，配制一系列溶液。显然在此系列溶液中，有些溶液中的金属离子是过量的，而另一些溶液中的配位体也是过量的。在这两部分溶液中，配合物的浓度都不可能达到最大值，只有当溶液中金属离子与配位体的物质的量数之比与配合物的组成一致时，配合物的浓度才能最大，因而吸光度最大。

故可借测定系列溶液的吸光度，求该配合物的组成和稳定常数，测定方法如下：配制一系列含有中心离子 M 和配位体 L 的溶液，M 和 L 的总物质的量相等，但各自的物质的量分数连续变更。例如，使溶液中 L 的物质的量分数依次为 0、0.1、0.2、0.3、…、0.9、1.0，而 M 的物质的量依次作相应递减。然后在一定波长的单色光中，分别测定此系列溶液的吸光度。显然，有色配合物的浓度越大，溶液颜色越深，其吸光度越大。当 M 和 L 恰好全部形成配合物时(不考虑配合物的离解)，ML_n 的浓度最大，吸光度也最大。

再以吸光度 A 为纵坐标，以配位体的物质的量分数为横坐标作图，得一曲线(图3-21)，所得曲线出现一个高峰 B 点。

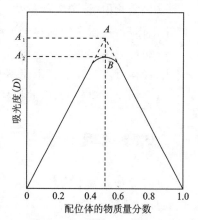

图 3-21　配位体物质的量
分数-吸光度图

将曲线两边的直线部分延长,相交于 A 点,A 点即为最大吸收处。由 A 点的横坐标算出配合物中心离子与配位体物质的量数之比,确定对应配位体的物质的量分数 T_L。

$$T_L = \frac{配位体物质的量}{总物质的量}$$

若 $T_L = 0.5$,则中心离子物质的量分数为 $1.0 - 0.5 = 0.5$,所以

$$n = \frac{配位体物质的量}{中心离子物质的量} = \frac{配位体物质的量分数}{中心离子物质的量分数} = \frac{0.5}{0.5} = 1$$

由此可知,该配合物组成为 ML 型。

配合物的稳定常数也可根据图 3-21 求得。从图 3-21 可以看出,对于 ML 型配合物,若它全部以 ML 形式存在,则其最大吸光度应在 A 处,即吸光度为 A_1,但由于配合物有一部分离解,其浓度要稍小些,所以,实测得的最大吸光度在 B 处,即吸光度 A_2。显然配合物离解越大,则 $A_1 - A_2$ 差值越大,因此配合物的离解度 α 为

$$\alpha = \frac{A_1 - A_2}{A_1}$$

配离子(或配合物)的表观稳定常数 K 与离解度 α 的关系如下:

$$\text{ML} \rightleftharpoons \text{M} + \text{L}$$

起始浓度($\text{mol} \cdot \text{dm}^{-3}$)　　　　c　　　0　0

平衡浓度($\text{mol} \cdot \text{dm}^{-3}$)　　$c - c\alpha$　　$c\alpha$　$c\alpha$

$$K_稳(表观) = \frac{[\text{ML}]}{[\text{M}][\text{L}]} = \frac{1-\alpha}{c\alpha^2}$$

式中:c 为 B 点所对应配离子的浓度,也可看成溶液中金属离子的原始浓度。

本实验是在 pH 值为 2～3 的条件下,测定磺基水杨酸铁(Ⅲ)组成和稳定常数,并用高氯酸来控制溶液的 pH 值,其优点主要是 ClO_4^- 不易与金属离子配合。

表观稳定常数 $K_稳(表观)$ 是一个没有考虑溶液中 Fe^{3+} 离子的水解和磺基水杨酸的解离平衡的常数,如果考虑磺基水杨酸的解离平衡,需要对表观稳定常数加以校正,pH=2 时的校正公式为

$$K_稳 = K_稳(表观) \times 10^{10.297}$$

三、仪器与药品

1. 仪器

比色管(10 cm^3 11 支)、移液枪 5 cm^3 1 支(含枪头)、容量瓶(50 cm^3 2 个)、UV-1800 紫外-可见分光光度计。

1. 药品

高氯酸 HClO_4 $0.01 \text{ mol} \cdot \text{dm}^{-3}$,将 4.4 cm^3 70% 的 HClO_4 溶于 50 cm^3 水中,稀释到 5000 cm^3。硫酸高铁铵 $(\text{NH}_4)\text{Fe}(\text{SO}_4)_2$ $0.010\ 0 \text{ mol} \cdot \text{dm}^{-3}$,将准确称量的分析纯硫酸高铁铵 $(\text{NH}_4)\text{Fe}(\text{SO}_4)_2 \cdot 12\text{H}_2\text{O}$ 结晶溶于 $0.01 \text{ mol} \cdot \text{dm}^{-3}$ HClO_4 中配制而成。磺基水杨酸 $0.010\ 0$

mol·dm^{-3},将准确称量的分析纯磺基水杨酸溶于 0.01 mol·dm^{-3} HClO$_4$ 中配制而成。

四、实验内容

1. 溶液的配制

(1)配制 0.001 00 mol·dm^{-3} Fe^{3+} 溶液:用移液管或移液枪吸取 5.00 cm^3 0.010 0 mol·dm^{-3} (NH$_4$)Fe(SO$_4$)$_2$ 溶液,注入 50 cm^3 容量瓶中,用 0.01 mol·dm^{-3} HClO$_4$ 溶液稀释至刻度,摇匀备用。

(2)配制 0.001 00 mol·dm^{-3} 磺基水杨酸溶液:用移液管或移液枪准确吸取 5.00 cm^3 0.010 0 mol·dm^{-3} 磺基水杨酸溶液注入 50 cm^3 容量瓶中,用 0.01 mol·dm^{-3} HClO$_4$ 溶液稀释至刻度,摇匀备用。

2. 连续变更法测定有色配离子(或配合物)的吸光度

(1)用 2 支 5 cm^3 移液管或移液枪按下表的数量取溶液,分别放入已编号的洗净的 11 支 10 cm^3 比色管中,用 0.01 mol·dm^{-3} 的 HClO$_4$ 稀释至刻度,使总体积为 10 cm^3,摇匀各溶液。

溶液编号	0.001 00 mol·dm^{-3} Fe^{3+} 的体积 V_M/cm^3	0.001 00 mol·dm^{-3} 磺基水杨酸的体积 V_L/cm^3	磺基水杨酸物质的量分数 $T_i = \dfrac{V_L}{V_M + V_L}$	吸光度 A
1	5.00	0.00		
2	4.50	0.50		
3	4.00	1.00		
4	3.50	1.50		
5	3.00	2.00		
6	2.50	2.50		
7	2.00	3.00		
8	1.50	3.50		
9	1.00	4.00		
10	0.50	4.50		
11	0.00	5.00		

(2)接通分光光度计电源,并调整好仪器,选定波长为 500 nm 的光源。

(3)取 4 只厚度为 1 cm 的比色皿,往其中一只比色皿中加入约 3/4 体积的参比溶液(用 0.01 mol·dm^{-3} HClO$_4$ 溶液或上表中的 11 号溶液),放在比色架中的第一格内,其余 3 只依次分别加入各编号的待测溶液。分别测定各待测溶液的吸光度,并做记录。

五、数据处理

1. 作图

以配合物吸光度 A 为纵坐标,磺基水杨酸的物质的量分数或体积分数为横坐标作图(图 3-21)。从图中找出最大吸光度。

2. 计算

由配位体物质的量分数－吸光度图,找出最大吸收处,并算出磺基水杨酸合铁(Ⅲ)配离子的组成和表观稳定常数。

六、思考题

(1)本实验测定配合物的组成及稳定常数的原理是什么?

(2)连续变更法的原理是什么?如何用作图法来计算配合物的组成和稳定常数?

(3)连续变更法测定配离子组成时,为什么说溶液中金属离子与配位体物质的量之比恰好与配离子组成相同时,配离子的浓度最大?

(4)使用比色皿时,操作上应注意哪些事项?

(5)本实验为何选用 500 nm 波长的光源来测定溶液的吸光度,在使用分光光度计时应注意哪些事项?

实验 15　锡、铅、锑、铋

一、实验目的

(1) 掌握锡、铅、锑、铋的氢氧化物和硫化物的生成、酸碱性及其变化规律。
(2) 掌握锡、铅、锑、铋盐类的水解性。
(3) 掌握锡(Ⅱ)的还原性和铅(Ⅳ)、铋(Ⅴ)的氧化性。
(4) 学习锡、铅、锑、铋的分离和鉴定方法。
(5) 学习铅(Ⅱ)盐的生成与性质。

二、实验原理

锡、铅、锑、铋是元素周期表中 p 区金属元素,锡、铅是第ⅣA 族元素,其价电子层结构分别为 $5s^25p^2$ 和 $6s^26p^2$,都能形成 +2 和 +4 氧化数的化合物。锑、铋是 ⅤA 族元素,其价电子层分别为 $5s^25p^3$ 和 $6s^26p^3$,都能形成 +3 和 +5 氧化数的化合物。从锡到铅和从锑到铋,由于"$6s^2$ 惰性电子对效应"的影响,其高氧化态化合物的稳定性减小(即铅和铋的高氧化态化合物具有较强的氧化性,易与弱的还原剂发生反应),低氧化态化合物的稳定性增加。

1. Sn(Ⅱ)、Pb(Ⅱ)、Sb(Ⅲ)、Bi(Ⅲ)氢氧化物的酸碱性

Sn、Pb、Sb、Bi 的低氧化态氢氧化物均是难溶于水的白色化合物。除 $Bi(OH)_3(s)$ 为碱性氢氧化物以外,其他氢氧化物都是两性氢氧化物,它们既可以溶解在相应的酸中,也可以溶解在过量的 NaOH 溶液中。在过量的 NaOH 溶液中,发生如下的反应

$$Sn(OH)_2 + 2NaOH = Na_2[Sn(OH)_4]$$

$$Pb(OH)_2 + NaOH = Na[Pb(OH)_3]$$

$$Sb(OH)_3 + NaOH = Na[Sb(OH)_4]$$

2. Sn(Ⅱ)、Sb(Ⅲ)、Bi(Ⅲ)氯化物的水解性

Sn(Ⅱ)、Sb(Ⅲ)、Bi(Ⅲ)氯化物和它们与强酸生成的可溶性盐在水溶液中都易发生水解,生成相应的白色碱式盐沉淀

$$SnCl_2 + H_2O = Sn(OH)Cl(s,白色) + HCl$$

$$SbCl_3 + H_2O = SbOCl(s,白色) + 2HCl$$

水解使溶液呈酸性,根据平衡移动原理,加酸可以抑制水解,因此在配制这些化合物的水溶液时,为了得到澄清的溶液,必须加入相应的酸,抑制它们的水解。而 $SnCl_2$ 的水解反应是不可逆的,即生成的碱式盐沉淀不能完全溶解于相应的酸中,所以配制 $SnCl_2$ 溶液时应先将 $SnCl_2$ 溶解于少量的浓 HCl 中,然后再加水稀释。

3. Sn(Ⅱ)、Sn(Ⅳ)、Pb(Ⅱ)、Sb(Ⅲ)、Bi(Ⅲ)硫化物的生成和性质

Sn(Ⅱ)、Sn(Ⅳ)、Pb(Ⅱ)、Sb(Ⅲ)、Bi(Ⅲ)都能与适量的 Na_2S 作用,生成不溶于水和稀盐酸,但可溶于浓盐酸的有色硫化物。

SnS	SnS_2	PbS	Sb_2S_3	Bi_2S_2
暗棕	黄色	黑色	橙色	棕黑

这些硫化物的酸碱性变化规律与其氧化物的酸碱性变化规律相同。同族元素的硫化物(氧化数相同)从上到下酸性减弱,碱性增强。同种元素的硫化物,高氧化数的硫化物(如 SnS_2)的酸性比低氧化数硫化物(如 SnS)的强。

SnS_2、Sb_2S_3 能溶于 Na_2S 溶液中,生成相应的硫代酸盐。

$$SnS_2 + Na_2S \Longrightarrow Na_2SnS_3$$
$$Sb_2S_3 + 3Na_2S \Longrightarrow 2Na_3SbS_3$$

所有硫代酸盐只能存在于中性或碱性介质中,遇酸生成不稳定的硫代酸,继而分解放出 H_2S 气体和析出相应的硫化物沉淀。

$$Na_2SnS_3 + 2HCl = SnS_2(s) + H_2S(g) + 2NaCl$$
$$2Na_3SbS_3 + 6HCl = Sb_2S_3(s) + 3H_2S(g) + 6NaCl$$

硫代酸盐的形成与分解,可以使 Sb_2S_3(辉锑矿)在自然界中进行迁移和富集。

4. 氧化还原性

Sn(Ⅱ)是常用的还原剂,即使是较弱的氧化剂如 Fe^{3+}、$HgCl_2$ 等也能被它还原,相应的反应式为

$$Sn^{2+} + 2Fe^{3+} = Sn^{4+} + 2Fe^{2+}$$
$$Sn^{2+} + 2HgCl_2 = Sn^{4+} + Hg_2Cl_2(s)(白色) + 2Cl^-$$
$$Sn^{2+} + Hg_2Cl_2 = Sn^{4+} + 2Hg(s)(黑) + 2Cl^-$$

后两个反应是 Sn^{2+} 对 $HgCl_2$ 的分步还原反应,常用于鉴定溶液中的 Hg^{2+}(或 Sn^{2+})。由于 Sn^{2+} 的水解性和强还原性,在配制 Sn^{2+} 溶液时,不仅要防止 Sn^{2+} 的水解,而且还应加入少量的 Sn 粒,以防止溶液中的 Sn^{2+} 被空气氧化。

在碱性介质中,Sn^{2+} 的还原性更强,可以将 Bi^{3+} 还原为 Bi,这个反应可以用来鉴定溶液中的 Bi^{3+}。

$$3SnO_2^{2-} + 2Bi(OH)_3 = 3SnO_3^{2-} + 2Bi(s,黑) + 3H_2O$$
$$3SnCl_2 + 2Bi(NO_3)_3 + 18NaOH = 2Bi(s,黑) + 3Na_2[Sn(OH)_6] + 6NaCl + 6NaNO_3$$

Pb(Ⅳ)具有很强的氧化性,在酸性介质中,PbO_2 可以将 Mn^{2+} 氧化为 MnO_4^-,这个反应可以用来鉴定溶液中的 Mn^{2+}。

$$5PbO_2(s) + 2Mn^{2+} + 4H^+ = 5Pb^{2+} + 2MnO_4^- + 2H_2O$$

5. Pb(Ⅱ)盐的溶解性

除了 $Pb(NO_3)_2$、$Pb(Ac)_2$ 溶于水外,其他 Pb(Ⅱ)盐均难溶于水,例如:

$PbCl_2$	$PbSO_4$	$PbCO_3$	PbS	PbI_2	$PbCrO_4$
白色	白色	白色	黑色	亮黄色	黄色

$PbCl_2$ 虽然难溶于冷水,却可溶于热水,其溶解度随温度变化较大。这一点是 $PbCl_2$ 与其

他难溶氯化物(如 AgCl)的不同之处。在 Pb(Ⅱ)的难溶盐中,PbCrO$_4$ 的溶解度较小,又有鲜明的颜色,故常用来鉴定 Pb^{2+}。

三、仪器与药品

1. 仪器

试管、水浴锅、离心机。

2. 药品

NaOH (2 mol·dm^{-3}、6 mol·dm^{-3})、H$_2$SO$_4$ (2.0 mol·dm^{-3})、HNO$_3$ (2 mol·dm^{-3}、6 mol·dm^{-3})、HCl(浓、2 mol·dm^{-3})、SnCl$_2$ (s、0.1 mol·dm^{-3})、Pb(NO$_3$)$_2$ (0.1 mol·dm^{-3})、SbCl$_3$ (s、0.1 mol·dm^{-3})、BiCl$_3$ (s、0.1 mol·dm^{-3})、SnCl$_4$ (0.1 mol·dm^{-3})、Bi(NO$_3$)$_3$ (0.1 mol·dm^{-3})、K$_2$CrO$_4$ (0.1 mol·dm^{-3})、KI (0.1 mol·dm^{-3})、Na$_2$S (0.5 mol·dm^{-3})、MnSO$_4$ (0.1 mol·dm^{-3})、NH$_4$Ac (0.1 mol·dm^{-3})、PbO$_2$ (s)、pH 试纸。

四、实验内容

1. 氢氧化物的生成及其酸碱性

现有浓度为 0.1 mol·dm^{-3} 的 SnCl$_2$、Pb(NO$_3$)$_2$、SbCl$_3$、BiCl$_3$ 及浓度为 2.0 mol·dm^{-3} 的 NaOH、HCl 和 HNO$_3$,用试管制备少量氢氧化物沉淀,分别试验它们的酸碱性,写出实验步骤,试剂用量及实验现象,将实验结果填入下表。

氢氧化物		溶解情况		氢氧化物酸碱性
化学式	颜色	NaOH	HCl (HNO$_3$)	
Sn(OH)$_2$				
Pb(OH)$_2$				
Bi(OH)$_3$				
Sb(OH)$_3$				

2. 氯化物的水解

(1)取极少量 SbCl$_3$ 固体于试管中,加 10 滴纯水溶解,观察实验现象,并用 pH 试纸测溶液的 pH 值,然后逐滴加浓 HCl 到溶液澄清(注意:浓 HCl 不要过量),再加入纯水稀释,观察实验现象,写出相关化学反应方程式。

(2)用 BiCl$_3$、SnCl$_2$ 代替 SbCl$_3$ 重复上述实验。

3. Sn(Ⅱ)、Sn(Ⅳ)、Pb(Ⅱ)、Sb(Ⅲ)、Bi(Ⅲ)硫化物的生成与性质

在 3 支试管中加入 5 滴 0.1 mol·dm^{-3} SnCl$_2$ 溶液,然后滴加 0.5 mol·dm^{-3} Na$_2$S 溶液到有沉淀析出,观察沉淀的颜色,离心分离;弃去上层清液,分别加入 2 mol·dm^{-3} HCl、浓 HCl和 0.2 mol·dm^{-3} Na$_2$S 溶液,记录有关现象,再在加入 0.2 mol·dm^{-3} Na$_2$S 溶液的

试管中加入数滴 2 mol·dm^{-3} HCl,观察有何现象,写出有关的化学反应方程式。

分别用 0.1 mol·dm^{-3} SnCl$_4$ 溶液、0.1 mol·dm^{-3} Pb(NO$_3$)$_2$ 溶液、0.1 mol·dm^{-3} SbCl$_3$ 溶液和 0.1 mol·dm^{-3} Bi(NO$_3$)$_3$ 溶液代替 SnCl$_2$ 溶液,重复上述操作,记录有关现象,写出有关化学反应方程式。

4. 氧化还原性

(1) Sn(Ⅱ)的还原性。在试管中加入 2 滴 0.1 mol·dm^{-3} SnCl$_2$ 溶液和 2 滴 0.1 mol·dm^{-3} Bi(NO$_3$)$_3$ 溶液,观察实验现象,再加入过量的 2 mol·dm^{-3} NaOH 溶液,观察实验现象,写出相应的化学反应方程式。

(2) Pb(Ⅳ)的氧化性。在试管中加入约 5 滴 6 mol·dm^{-3} HNO$_3$ 和 3 滴 0.1 mol·dm^{-3} MnSO$_4$ 溶液,再加少量的 PbO$_2$(固体),微热,静置片刻,待溶液澄清后,观察溶液的颜色,写出化学反应方程式。

5. 难溶铅盐的性质

在 4 支试管中各加入 2 滴 0.1 mol·dm^{-3} Pb(NO$_3$)$_2$ 溶液,分别加入适量的 2 mol·dm^{-3} HCl、2 mol·dm^{-3} H$_2$SO$_4$、0.1 mol·dm^{-3} KI、0.1 mol·dm^{-3} K$_2$CrO$_4$ 溶液,观察沉淀的生成和颜色,写出相应的化学反应方程式。

试验 PbCl$_2$ 在冷、热水中的溶解情况,记录实验现象。

五、思考题

(1) 沉淀氢氧化物是否一定要在碱性条件下进行?是否是加入碱的量越多,氢氧化物的沉淀就越完全?

(2) 试验 Pb(OH)$_2$ 的酸碱性时,用哪一种酸较合适?为什么?

(3) 怎样配制能保存时间较长的 SnCl$_2$ 溶液?

(4) 如何鉴别 SnCl$_2$ 和 SnCl$_4$?

(5) 如何分离并鉴定 Sn^{2+}、Pb^{2+}?

(6) 拟定分离 Pb^{2+}、Bi^{3+}、Sb^{3+} 的实验方案。

(7) 在 SnS、SnS$_2$、PbS、Sb$_2$S$_3$ 中,哪些能溶于 Na$_2$S 中,溶解后生成什么化合物?加酸以后会发生什么变化?

实验 16　铬和锰

一、实验目的

(1) 掌握和了解铬和锰的主要价态化合物的生成与性质。
(2) 掌握和了解铬和锰化合物的氧化还原性以及介质对其氧化性质的影响。

二、实验原理

铬和锰分别为周期系ⅥB族、ⅦB族元素,它们都具有副族元素的特征,即有不同氧化数的化合物,并显示不同的颜色,又容易形成配位化合物。铬的价电子层结构为 $3d^5 4s^1$,铬的氧化数有+2、+3、+6,主要氧化数为+3、+6。锰的价电子层结构为 $3d^5 4s^2$,锰的氧化数有+2、+3、+4、+5、+6、+7,主要氧化数为+2、+4、+7。

1. 铬主要化合物的生成和性质

铬的主要化合物的颜色及存在条件见表 3-6。

表 3-6　铬的主要化合物的颜色及存在条件

氧化数	+3			+6	
水溶液中离子存在形式	$[Cr(H_2O)_6]^{3+}$	$[Cr(H_2O)_5Cl]^{2+}$ — $[CrCl_6]^{3-}$	$[Cr(OH)_4]^-$（或 CrO_2^-）	CrO_4^{2-}	$Cr_2O_7^{2-}$
颜色	灰紫	浅绿-暗绿	亮绿	黄	橙
存在于溶液中条件	酸性		强碱性	pH>6	pH<2

注:Cr^{3+}、Fe^{2+}、Co^{2+}、Ni^{2+}、Cu^{2+} 等的水合离子呈现颜色都是由于发生 $d-d$ 跃迁的结果。当水合离子中的水分子被其他配位体所取代(如水分子被 Cl^- 离子取代),由于配位场强发生变化,d 轨道的分裂能会发生改变,从而引起吸收光波长的变化,导致离子颜色的改变。

在铬(Ⅲ)盐的水溶液中加入适量的氢氧化钠,生成灰绿色的氢氧化铬,氢氧化铬呈两性,它既能溶于酸又能溶于碱。

$$Cr(OH)_3(s) + 3HCl \rlap{=}{=} CrCl_3 + 3H_2O$$
$$Cr(OH)_3(s) + NaOH \rlap{=}{=} NaCrO_2 + 2H_2O$$

+3 价铬盐容易水解,在水溶液中 Cr_2S_3 因水解生成难溶的 $Cr(OH)_3$ 沉淀和 H_2S 气体,使 Cr_2S_3 不能在水溶液中存在。

$$2CrCl_3 + 3Na_2S + 6H_2O \rlap{=}{=} 2Cr(OH)_3(s) + 3H_2S(g) + 6NaCl$$

或

$$Cr_2S_3(s) + 6H_2O \rlap{=}{=} 2Cr(OH)_3(s) + 3H_2S(g)$$

铬酸盐和重铬酸盐在水溶液中存在着下列平衡

$$2CrO_4^{2-} + 2H^+ \rightleftharpoons Cr_2O_7^{2-} + H_2O$$

根据平衡移动原理,向上述平衡系统加酸,平衡向生成 $Cr_2O_7^{2-}$ 方向移动,加碱平衡向生成 CrO_4^{2-} 方向移动。

铬酸盐的溶解度通常小于重铬酸盐的溶解度,在 $K_2Cr_2O_7$ 溶液中,由于存在 $Cr_2O_7^{2-}$ 与 CrO_4^{2-} 离子的平衡,当加入 Ba^{2+}、Pb^{2+}、Ag^+ 等离子时,得到是铬酸盐沉淀,而不是重铬酸盐沉淀。

$$Cr_2O_7^{2-}+H_2O+2Ba^{2+}=2BaCrO_4(s,黄色)+2H^+$$

$$Cr_2O_7^{2-}+H_2O+2Pb^{2+}=2PbCrO_4(s,黄色)+2H^+$$

$$Cr_2O_7^{2-}+H_2O+4Ag^+=2Ag_2CrO_4(s,砖红色)+2H^+$$

铬酸盐和重铬酸盐在酸性条件下,都是强氧化剂,易被还原为+3 价铬离子。在酸性溶液中 $Cr_2O_7^{2-}$ 可与 H_2S、I^-、SO_3^{2-} 等还原剂发生反应。

$$Cr_2O_7^{2-}+3H_2S+8H^+=2Cr^{3+}+3S(s)+7H_2O$$

$$Cr_2O_7^{2-}+6I^-+14H^+=2Cr^{3+}+3I_2+7H_2O$$

在酸性溶液中,$Cr_2O_7^{2-}$ 是很强的氧化剂,甚至可氧化浓 HCl 中的 Cl^- 离子。

在标准条件下

$$Cr_2O_7^{2-}+14H^+ +6e = 2Cr^{3+}+7H_2O \qquad E^{\ominus}(Cr_2O_7^{2-}/Cr^{3+})=1.33V$$

$$Cl_2(g)+2e=2Cl^- \qquad E^{\ominus}(Cl_2/Cl^-)=1.36V$$

$E^{\ominus}(Cl_2/Cl^-) > E^{\ominus}(Cr_2O_7^{2-}/Cr^{3+})$,在标准状态下,下述反应是不能正向进行的。

$$Cr_2O_7^{2-}+6Cl^-+14H^+ = 2Cr^{3+}+3Cl_2(g)+7H_2O$$

但加入浓 HCl(12 mol·dm^{-3}),使 $c(H^+)=c(Cl^-) \approx 12$ mol·dm^{-3},将 $c(H^+)$、$c(Cl^-)$ 分别代入能斯特方程,可估算出上述两电对的电极电势 E [假设 $c(Cr_2O_7^{2-})=c(Cr^{3+})=1$ mol·dm^{-3},$p(Cl_2)=100$ kPa],则 $E(Cr_2O_7^{2-}/Cr^{3+})=1.48$ V,$E(Cl_2/Cl^-)=1.296$ V,使 $E(Cr_2O_7^{2-}/Cr^{3+}) > E(Cl_2/Cl^-)$,这样 $K_2Cr_2O_7$ 可作为氧化剂将浓 HCl 氧化放出 Cl_2,而自身被还原为绿色的 Cr^{3+} 离子。

碱性条件下,Cr^{3+} 离子具有较强的还原性,可以被 H_2O_2、Na_2O_2 等氧化剂氧化为黄色的铬酸盐。

$$Cr^{3+}+4OH^-=CrO_2^-+2H_2O$$

$$2CrO_2^-+3H_2O_2+2OH^- \rightleftharpoons 2CrO_4^{2-}+4H_2O$$

在重铬酸盐的酸性溶液中,加入少量乙醚和过氧化氢溶液,并摇荡,乙醚层呈蓝色。

$$Cr_2O_7^{2-}+4H_2O_2+2H^+=2CrO_5+5H_2O$$

CrO_5 称为过氧化铬,常用这个反应检验溶液中是否存在铬(Ⅵ)。

2. 锰的主要化合物的生成和性质

锰的主要化合物的颜色及存在条件见表 3-7。

表 3-7 锰的主要化合物的颜色及存在条件

氧化数	+2	+4	+6	+7
水溶液中离子存在形式	$[Mn(H_2O)_6]^{2+}$	无	MnO_4^{2-}	MnO_4^-
颜色	浅桃红(稀释时无色)	/	绿	紫红
存在于溶液中的条件	酸性稳定		pH>11.5 时稳定	中性稳定

＋2价锰的氢氧化物 $Mn(OH)_2$ 为白色,易溶于稀酸而不溶于碱。在空气中易被氧化,逐渐变为 MnO_2 的水合物 $MnO(OH)_2$(即亚锰酸 H_2MnO_3),亚锰酸不溶于稀酸。

$$2Mn(OH)_2(s) + O_2 = 2MnO(OH)_2(s)(棕色)$$

＋2价锰离子只能在碱性条件下与 S^{2-} 离子结合,生成肉色的 MnS。MnS 的溶解度较大,能溶于稀 HCl,甚至可溶于醋酸。空气可以将 MnS 沉淀氧化成单质 S,MnS 不宜放置。

＋2价锰离子是很弱的还原剂,在稀 HNO_3 或稀 H_2SO_4 存在下(不能用稀 HCl 作介质,为什么?)与强氧化剂 $NaBiO_3$(土黄色固体)反应,生成紫色 MnO_4^- 。

$$2Mn^{2+} + 5NaBiO_3(s) + 14H^+ \rlap{=}{=} 2MnO_4^- + 5Bi^{3+} + 5Na^+ + 7H_2O$$

这个反应常用来鉴定 Mn^{2+} 离子。

＋6价锰酸盐仅在强碱性介质中稳定。从下列电势图(E_A:酸性介质;E_B:碱性介质)

$$E_A: MnO_4^- \xrightarrow{0.56\ V} MnO_4^{2-} \xrightarrow{2.26\ V} MnO_2$$

$$E_B: MnO_4^- \xrightarrow{0.56\ V} MnO_4^{2-} \xrightarrow{0.60\ V} MnO_2$$

可以看出,MnO_4^{2-} 在 $1\ mol \cdot dm^{-3}$ 的 OH^- 溶液中,可以自发地发生歧化反应。随溶液的酸度增加,歧化反应进行得越彻底,生成紫色的 MnO_4^- 和棕色 MnO_2 沉淀的趋势越大,反应方程式如下:

$$3MnO_4^{2-} + 4H^+ \rightleftharpoons 2MnO_4^- + MnO_2(s) + 2H_2O$$

或

$$3MnO_4^{2-} + 2H_2O \rightleftharpoons 2MnO_4^- + MnO_2(s) + 4OH^-$$

上述反应是可逆反应,但逆向反应较困难,MnO_4^- 和 MnO_2 只有在强碱性(pH>11.5)和加热的条件下,才能生成稳定的绿色 MnO_4^{2-} 。

$KMnO_4$ 是强氧化剂,它的还原产物随介质的酸碱性不同而不同。

在酸性介质中:$2MnO_4^- + 6H^+ + 5SO_3^{2-} \rlap{=}{=} 2Mn^{2+} + 5SO_4^{2-} + 3H_2O$

在中性或弱碱性介质中:$2MnO_4^- + H_2O + 3SO_3^{2-} \rlap{=}{=} 2MnO_2(s) + 3SO_4^{2-} + 2OH^-$

在强碱性介质中(pH>11.5):$2MnO_4^- + 2OH^- + SO_3^{2-} \rlap{=}{=} 2MnO_4^{2-} + SO_4^{2-} + H_2O$

三、实验药品

HNO_3($2\ mol \cdot dm^{-3}$)、HCl($2\ mol \cdot dm^{-3}$、$12\ mol \cdot dm^{-3}$)、HAc($6\ mol \cdot dm^{-3}$)、H_2SO_4($1\ mol \cdot dm^{-3}$)、NaOH($2\ mol \cdot dm^{-3}$)、氨水($2\ mol \cdot dm^{-3}$)、$Cr(NO_3)_3$($0.1\ mol \cdot dm^{-3}$)、$Pb(NO_3)_2$($0.1\ mol \cdot dm^{-3}$)、Na_2S($0.1\ mol \cdot dm^{-3}$)、$AgNO_3$($0.1\ mol \cdot dm^{-3}$)、$BaCl_2$($0.1\ mol \cdot dm^{-3}$)、Na_2SO_3($1\ mol \cdot dm^{-3}$)、$MnSO_4$($0.1\ mol \cdot dm^{-3}$)、$KMnO_4$($0.01\ mol \cdot dm^{-3}$)、$K_2Cr_2O_7$($0.1\ mol \cdot dm^{-3}$)、K_2CrO_4($0.1\ mol \cdot dm^{-3}$)、H_2O_2(3%)、$NaBiO_3$(s)、MnO_2(s)、乙醚、淀粉-碘化钾试纸。

四、实验内容

1. 铬的化合物

(1)Cr^{3+} 的氢氧化物的制备和性质:用 $0.1\ mol \cdot dm^{-3}\ Cr(NO_3)_3$ 溶液制备 $Cr(OH)_3$,观

察沉淀的颜色。试验 $Cr(OH)_3$ 的酸碱性。

(2)Cr^{3+} 的硫化物的生成和性质：取 2 滴 $0.1\ mol\cdot dm^{-3}\ Cr(NO_3)_3$ 溶液，加入数滴 $0.1\ mol\cdot dm^{-3}\ Na_2S$，观察生成沉淀的颜色以及生成气体的气味。

(3)Cr^{3+} 的还原性：取 2 滴 $0.1\ mol\cdot dm^{-3}\ Cr(NO_3)_3$ 溶液，加入 2 滴 $2\ mol\cdot dm^{-3}$ NaOH、2 滴 3% H_2O_2 溶液，观察溶液颜色有何变化？写出反应式。

(4)CrO_4^{2-} 和 $Cr_2O_7^{2-}$ 在水溶液中的相互转化：

① 取 2 滴 $0.1\ mol\cdot dm^{-3}\ K_2Cr_2O_7$ 溶液，加入 2 滴 $2\ mol\cdot dm^{-3}$ NaOH，观察溶液颜色的变化，写出反应式。

② 在 2 支试管中分别加入 2 滴 $0.1\ mol\cdot dm^{-3}\ K_2CrO_4$ 溶液和 2 滴 $0.1\ mol\cdot dm^{-3}\ K_2Cr_2O_7$ 溶液，再各加入 2 滴 $0.1\ mol\cdot dm^{-3}\ BaCl_2$ 溶液，观察生成沉淀的颜色，并写出反应式。

(5)难溶性铬酸盐的生成（CrO_4^{2-} 的鉴定反应）：在 3 支试管中分别加入 2 滴 $0.1\ mol\cdot dm^{-3}$ K_2CrO_4 溶液，然后在各试管中分别加入 2 滴 $0.1\ mol\cdot dm^{-3}\ Pb(NO_3)_2$ 溶液、2 滴 $0.1\ mol\cdot dm^{-3}$ $AgNO_3$ 溶液、2 滴 $0.1\ mol\cdot dm^{-3}\ BaCl_2$ 溶液，观察生成的沉淀的颜色，写出反应式。

(6)Cr(Ⅵ)的氧化性：

① 取 2 滴 $0.1\ mol\cdot dm^{-3}\ K_2Cr_2O_7$ 溶液，加入 2 滴 $1\ mol\cdot dm^{-3}\ H_2SO_4$，4 滴 $0.1\ mol\cdot dm^{-3}$ Na_2S 溶液，观察溶液颜色的变化，写出反应式。

② 取 2 滴 $0.1\ mol\cdot dm^{-3}\ K_2Cr_2O_7$ 溶液，加入 2 滴浓 HCl 溶液，摇匀，加热，用淀粉-碘化钾试纸检验产生的气体，观察溶液颜色的变化和淀粉-碘化钾试纸的颜色变化，写出反应式。

③ 取 2 滴 $0.1\ mol\cdot dm^{-3}\ K_2Cr_2O_7$ 溶液，加入 2 滴 $1\ mol\cdot dm^{-3}\ H_2SO_4$、10 滴乙醚，再加入 1 滴 3% H_2O_2 溶液，摇匀，观察乙醚层溶液颜色的变化，写出反应式。

2. 锰的化合物

(1)Mn^{2+} 的氢氧化物的制备和性质：用 $0.1\ mol\cdot dm^{-3}\ MnSO_4$ 溶液制备 $Mn(OH)_2$，迅速观察沉淀的颜色。试验 $Mn(OH)_2$ 的酸碱性。

取少量 $Mn(OH)_2$ 置于另一试管中，在空气中摇荡，注意沉淀颜色的变化。解释现象并写出有关反应式。

(2)Mn^{2+} 的硫化物的生成和性质：取 2 滴 $0.1\ mol\cdot dm^{-3}\ MnSO_4$ 溶液，加入数滴 $0.1\ mol\cdot dm^{-3}\ Na_2S$，观察生成沉淀的颜色。再于沉淀上加数滴 $6\ mol\cdot dm^{-3}$ HAc，观察沉淀是否溶解并写出反应式。

(3)Mn^{2+} 的还原性（Mn^{2+} 鉴定反应）：取 2 滴 $0.1\ mol\cdot dm^{-3}\ MnSO_4$ 溶液，加入 2 滴 $2\ mol\cdot dm^{-3}\ HNO_3$，加入极少量 $NaBiO_3$ 固体，充分摇荡后，观察溶液颜色有何变化？写出反应式。

(4)Mn(Ⅵ)的化合物的生成和性质：

① 在 5 滴 $0.01\ mol\cdot dm^{-3}\ KMnO_4$ 溶液中加入 2 滴 $2\ mol\cdot dm^{-3}$ NaOH，再加入少量 MnO_2 固体，加热后，观察上层清液呈现 MnO_4^{2-} 的特征绿色，写出反应式。制得的 MnO_4^{2-} 溶液供下面实验用。

② 吸取已制得的 MnO_4^{2-} 溶液 $1\ cm^3$，加入 $1\ mol\cdot dm^{-3}\ H_2SO_4$ 酸化，观察溶液颜色的变

化以及是否有沉淀析出？并写出反应式。

(5)Mn(Ⅶ)化合物的氧化性(KMnO$_4$在不同介质中还原产物不同)：在3支试管中分别加入2滴 1 mol·dm^{-3} H$_2$SO$_4$、纯水和 2 mol·dm^{-3} NaOH，然后在各试管中加入2滴 1 mol·dm^{-3} Na$_2$SO$_3$摇匀后，各加入2滴 0.01 mol·dm^{-3} KMnO$_4$溶液，观察 KMnO$_4$在酸性、中性和强碱性介质中与Na$_2$SO$_3$溶液反应的现象，产物各是什么？写出反应式。

五、思考题

(1)怎样从实验确定 Cr(OH)$_3$ 是两性氢氧化物？

(2)在本实验中如何实现从 Cr(Ⅲ)→Cr(Ⅵ)→Cr(Ⅲ)的转变？

(3) CrO$_4^{2-}$ 与 Cr$_2$O$_7^{2-}$ 在水溶液中颜色有何不同？介质的酸碱性对 CrO$_4^{2-}$ 和 Cr$_2$O$_7^{2-}$ 在溶液中存在形式有何影响？

(4)Mn(OH)$_2$是否为两性？将 Mn(OH)$_2$放在空气中，将产生什么变化？为什么 Mn^{2+}在空气中比 Mn(OH)$_2$稳定？

(5)KMnO$_4$还原产物和介质有何关系？

(6)如何分离 Cr^{3+} 和 Al^{3+}；Mn^{2+} 和 Mg^{2+}？

实验 17 铁、钴、镍

一、实验目的

(1) 掌握 Fe^{3+}、Fe^{2+}、Co^{2+}、Co^{3+}、Ni^{2+}、Ni^{3+} 的氢氧化物及硫化物的生成与性质。

(2) 掌握 Fe^{2+}、Co^{2+}、Ni^{2+} 化合物的还原性和 Fe^{3+}、Co^{3+}、Ni^{3+} 化合物的氧化性及变化规律。

(3) 掌握 Fe^{3+}、Fe^{2+}、Co^{2+}、Co^{3+}、Ni^{2+}、Ni^{3+} 配合物的生成与性质。

(4) 学习铁、钴、镍离子的鉴定方法及其在定性分析上的应用。

二、实验原理

铁、钴、镍为第四周期，第Ⅷ族元素，属于第一过渡系，也称铁系元素。由于它们是同一周期的相邻元素，其原子结构相似（$[Ar]3d^{6-8}4s^2$），原子半径相近（117～115 pm），故它们的性质相似，常共生于自然界。铁、钴、镍氧化数为 +2 和 +3 的化合物氧化还原性大小可由下列标准电极电势看出。在酸性介质中

$$Fe^{3+} + e \rightleftharpoons Fe^{2+} \qquad E^{\ominus}(Fe^{3+}/Fe^{2+}) = 0.771 \text{ V}$$

$$Co^{3+} + e \rightleftharpoons Co^{2+} \qquad E^{\ominus}(Co^{3+}/Co^{2+}) = 1.80 \text{ V}$$

$$Ni(OH)_3 + 4H^+ + e \rightleftharpoons Ni^{2+} + 3H_2O \qquad E^{\ominus}[Ni(OH)_3/Ni^{2+}] = 2.08 \text{ V}$$

由此可见，$E^{\ominus}(Fe^{3+}/Fe^{2+})$ 值最小，因此 Fe^{2+} 具有还原性，Co^{3+}、Ni^{3+} 是强的氧化剂。

在碱性介质中，铁系元素有关反应的电极电势如下：

$$Fe(OH)_3 + e \rightleftharpoons Fe(OH)_2 + OH^- \qquad E^{\ominus}[Fe(OH)_3/Fe(OH)_2] = -0.56 \text{ V}$$

$$Co(OH)_3 + e \rightleftharpoons Co(OH)_2 + OH^- \qquad E^{\ominus}[Co(OH)_3/Co(OH)_2] = 0.17 \text{ V}$$

$$Ni(OH)_3 + e \rightleftharpoons Ni(OH)_2 + OH^- \qquad E^{\ominus}[Ni(OH)_3/Ni(OH)_2] = 0.48 \text{ V}$$

$$O_2 + 2H_2O + 4e \rightleftharpoons 4OH^- \qquad E^{\ominus}(O_2/OH^-) = 0.401 \text{ V}$$

由此可知，高氧化数氢氧化物的氧化性按 Fe—Co—Ni 顺序依次增加，而低氧化数氢氧化物的还原性按 Fe—Co—Ni 顺序减弱。$Ni(OH)_3$ 是其中最强的氧化剂，而 $Fe(OH)_2$ 是其中最强的还原剂。

向 Fe^{2+}、Fe^{3+}、Co^{2+}、Ni^{2+} 盐溶液中加入 NaOH 溶液，析出相应的氢氧化物沉淀。析出的白色 $Fe(OH)_2$ 沉淀很快就被空气氧化为红棕色的 $Fe(OH)_3$（氧化过程中可观察到各种中间颜色的中间产物），$Co(OH)_2$ 则缓慢被氧化成棕色的 $Co(OH)_3$；而 $Ni(OH)_2$ 不与氧作用，在空气中稳定存在，要用较强的氧化剂（如溴）才能使之氧化。

$$4Fe(OH)_2(s) + 2H_2O + O_2(g) \rightleftharpoons 4Fe(OH)_3(s)$$

$$4Co(OH)_2(s) + 2H_2O + O_2(g) = 4Co(OH)_3(s)$$

在酸性介质中，Fe^{2+} 能使 Br_2 水褪色，而 Co^{2+}、Ni^{2+} 都不能，显示出 Fe^{2+} 具有较强的还原性。

$$2Fe^{2+} + Br_2 = 2Fe^{3+} + 2Br^-$$

碱性介质中 Fe^{2+}、Co^{2+}、Ni^{2+} 均能被 Br_2 水氧化，相应生成 $Fe(OH)_3$、$Co(OH)_3$、$Ni(OH)_3$ 沉淀。

$$2Fe(OH)_2(s) + 2OH^- + Br_2 = 2Fe(OH)_3(s) + 2Br^-$$
$$2Co(OH)_2(s) + 2OH^- + Br_2 = 2Co(OH)_3(s) + 2Br^-$$
$$2Ni(OH)_2(s) + 2OH^- + Br_2 = 2Ni(OH)_3(s) + 2Br^-$$

$Co(OH)_3$、$Ni(OH)_3$ 的氧化性以及在酸性介质中 Co^{3+}、Ni^{3+} 的氧化性比 $Fe(OH)_3$ 或 Fe^{3+} 更强，它们能将浓 HCl 中 Cl^- 氧化，用淀粉-碘化钾试纸检验有 Cl_2 产生，而它们自身变成 +2 价的盐。

$$2Ni(OH)_3(s) + 6HCl(浓) = 2NiCl_2 + Cl_2(g) + 6H_2O$$
$$2Co(OH)_3(s) + 10HCl(浓) = 2CoCl_4^{2-} + Cl_2(g) + 6H_2O + 4H^+$$

$Fe(OH)_3$ 只能与浓盐酸发生酸碱反应

$$Fe(OH)_3(s) + 3HCl = FeCl_3 + 3H_2O$$

Fe^{3+} 能与较强还原剂 KI 作用，将 I^- 氧化为 I_2

$$2Fe^{3+} + 2I^- = 2Fe^{2+} + I_2$$

试验过程中生成的 I_2 可用 CCl_4 萃取，I_2 在 CCl_4 层中呈紫色。

Fe^{2+}、Co^{2+}、Ni^{2+} 都能生成不溶于水而溶于稀酸的硫化物，但 NiS、CoS 一旦自溶液中析出放置后，结构会迅速发生变化。如 NiS 可由初生成 α-NiS 变成 γ-NiS，溶度积由 3.2×10^{-19} 降为 2.0×10^{-26}，这样使 NiS、CoS 成为更难溶硫化物，不再溶于稀酸。

铁、钴、镍离子易形成配离子，分析上常利用铁、钴、镍的离子生成特殊颜色的配合物的反应作为这些离子的鉴定反应。它们的重要配位化合物有氰合物、氨合物、硫氰合物等。

在 Fe^{3+} 溶液中加入亚铁氰化钾 $K_4[Fe(CN)_6]$ 溶液(俗称黄血盐)，生成蓝色沉淀(常称普鲁士蓝)；在 Fe^{2+} 溶液中加入铁氰化钾也生成蓝色沉淀(常称腾氏蓝)。普鲁士蓝和腾氏蓝实际上是同一物质，它们的反应可表示为

$$K^+ + Fe^{3+} + [Fe(CN)_6]^{4-} = KFe[Fe(CN)_6](s)$$
$$K^+ + Fe^{2+} + [Fe(CN)_6]^{3-} = KFe[Fe(CN)_6](s)$$

Co^{2+} 与 KSCN 固体生成 $[Co(SCN)_4]^{2-}$ 配离子，但离解度较大，加入丙酮，可形成较稳定的有特征颜色的 $[Co(SCN)_4]^{2-}$ 配离子。

$$Co^{2+} + 4SCN^- \xrightarrow{丙酮} [Co(SCN)_4]^{2-} (蓝色)$$

Ni^{2+} 与丁二酮肟(又叫二乙酰二肟，或简称丁二肟)反应得到玫瑰红色的螯合物。此反应在弱碱条件下进行，酸度过大不利于内配盐的生成；碱度过大则生成 $Ni(OH)_2(s)$，适宜条件是 $pH = 5 \sim 10$。

$$CH_3-C=NOH \atop CH_3-C=NOH} + Ni^{2+} \rightleftharpoons \begin{array}{c} \text{[Ni(DMG)}_2\text{ complex structure]} \end{array} (s) + 2H^+$$

鲜红色

也可简写成:

$$Ni^{2+} + 2DMG \underset{弱减}{\rightleftharpoons} Ni(DMG)_2(s) + 2H^+$$

三、仪器与药品

1. 仪器

点滴板以及其他普化实验仪器。

2. 药品

H_2SO_4(1 mol·dm^{-3})、HCl(2 mol·dm^{-3}、12 mol·dm^{-3})、氨水(2 mol·dm^{-3})、NaOH(2 mol·dm^{-3}、6 mol·dm^{-3})、$CoCl_2$(0.1 mol·dm^{-3})、KI(0.1 mol·dm^{-3})、$NiSO_4$(0.1 mol·dm^{-3})、$K_3[Fe(CN)_6]$(0.1 mol·dm^{-3})、$FeCl_3$(0.1 mol·dm^{-3})、$K_4[Fe(CN)_6]$(0.1 mol·dm^{-3})、KSCN(0.5 mol·dm^{-3})、丙酮、溴水、H_2S(饱和溶液)、CCl_4、丁二肟(1%)、淀粉-碘化钾试纸、$FeSO_4·7H_2O$(s)、KSCN(s)。

四、实验内容

1. Fe^{2+}、Co^{2+}、Ni^{2+} 氢氧化物的制备与性质

(1)$Fe(OH)_2$的制备与还原性:取两支试管,一支试管中加入 2 dm^3 蒸馏水和 2~3 滴 1 mol·dm^{-3} H_2SO_4 酸化,煮沸,以驱除溶解的氧,然后加入几粒 $FeSO_4·7H_2O$(s)使之溶解;在另一支试管中加入 1 cm^3 2 mol·dm^{-3} NaOH 溶液,煮沸驱氧,冷却后用一长滴管吸取该溶液,迅速将滴管插入前一支试管的底部,挤出 NaOH 溶液,观察产物的颜色和状态。摇荡后分装于 3 支试管中,其一放在空气中静置,另两支试管分别加 HCl 溶液(2 mol·dm^{-3})和 NaOH 溶液(2 mol·dm^{-3}),观察现象,写出有关反应方程式。

(2)$Co(OH)_2$的制备与还原性:在 1 支试管中加入 10 滴 0.1 mol·dm^{-3} $CoCl_2$ 溶液,先将溶液加热,再滴加 6 mol·dm^{-3} NaOH,观察最初生成蓝色的碱式氯化钴沉淀 Co(OH)Cl,接着转变为粉红色 $Co(OH)_2$ 沉淀。将 $Co(OH)_2$ 沉淀分成 3 份,取两份分别加入 2 mol·dm^{-3} 的 HCl 和 NaOH,试验它的酸碱性,另一份静置片刻,观察现象,写出反应方程式。

(3)$Ni(OH)_2$ 的制备与还原性:用 $NiSO_4$ 溶液(0.1 mol·dm^{-3})代替 $CoCl_2$ 溶液重复以上实验并观察。

2. Fe^{3+}、Co^{3+}、Ni^{3+} 氢氧化物的制备与氧化性

(1)$Fe(OH)_3$ 的制备与氧化性:取 0.1 mol·dm^{-3} $FeCl_3$ 溶液 0.5dm^3,滴加 2 mol·dm^{-3} NaOH,观察沉淀的颜色和状态,然后加入几滴浓 HCl 微热,用润湿的淀粉-碘化钾试纸检验是否有氯气逸出。写出反应方程式。

(2)$Co(OH)_3$ 的制备与氧化性:取 0.1 mol·dm^{-3} $CoCl_2$ 溶液 0.5dm^3,加入几滴溴水,再滴加 2 mol·dm^{-3} NaOH 溶液,观察沉淀的颜色和状态。然后加入浓 HCl 0.5 dm^3,加热并用润湿的淀粉-碘化钾试纸检验逸出的气体,观察现象并写出反应方程式。

(3)$Ni(OH)_3$ 的制备和氧化性:用 $NiSO_4$ 溶液代替上面的 $CoCl_2$ 溶液重复以上实验并观察。

3. Fe、Co、Ni 硫化物制备和性质

(1)在 3 支试管中,分别加入 $FeSO_4$(自己配制),0.1 mol·dm^{-3} $CoCl_2$ 和 0.1 mol·dm^{-3} $NiSO_4$ 溶液数滴,并用稀 HCl 酸化,然后分别加入饱和 H_2S 水溶液,观察有无沉淀产生。然后各加入 2 mol·dm^{-3} 氨水,使溶液呈碱性;观察有无沉淀产生,如产生沉淀,放置片刻,再加入稀 HCl,沉淀是否溶解?CoS 和 NiS 沉淀性质有何变化?解释实验现象。

(2)在一试管中,加入数滴 0.1 mol·dm^{-3} $FeCl_3$ 溶液,用稀 HCl 酸化后,加入饱和 H_2S 水溶液,观察并解释现象。然后再加入 2 mol·dm^{-3} 氨水,观察有无沉淀产生。

4. 铁、钴、镍的配位化合物及其在定性分析上的应用

(1)Fe^{3+} 的鉴定:在点滴板一凹穴中,加入 0.1 mol·dm^{-3} $FeCl_3$ 和 0.5 mol·dm^{-3} KSCN 溶液各 1 滴,观察现象,写出反应方程式。或在点滴板的一凹穴中,加入 0.1 mol·dm^{-3} $FeCl_3$ 与 0.1 mol·dm^{-3} $K_4[Fe(CN)_6]$ 溶液各 1 滴,观察现象,写出反应方程式。

(2)Fe^{2+} 鉴定:在点滴板一凹穴中,加入 1 粒 $FeSO_4·7H_2O(s)$ 和 2 滴 2 mol·dm^{-3} HCl 及 1 滴 0.1 mol·dm^{-3} $K_3[Fe(CN)_6]$ 溶液,观察现象,写出反应方程式。

(3)Co^{2+} 鉴定:在点滴板一凹穴中,加入 1 滴 0.1 mol·dm^{-3} $CoCl_2$ 溶液,再加入少量 KSCN(s)及数滴丙酮,反应生成的蓝色$[Co(SCN)_4]^{2-}$配离子能在丙酮中稳定存在。

(4)Ni^{2+} 鉴定:在点滴板一凹穴中,加入 0.1 mol·dm^{-3} $NiSO_4$ 和 1‰丁二肟试剂各 1 滴,由于 Ni^{2+} 与丁二肟生成稳定配合物(螯合物)产生玫瑰红色沉淀。

5. 混合离子的分离与鉴定(设计实验)

(1)Fe^{3+} 和 Co^{2+} 的混合溶液。

(2)Fe^{3+} 和 Ni^{2+} 的混合溶液。

(3)Fe^{3+}、Cr^{3+}、Co^{2+} 的混合溶液。

五、思考题

(1)制取 $Fe(OH)_2$ 时,为什么要先将有关溶液煮沸?

(2)制取 $Co(OH)_3$、$Ni(OH)_3$ 时,为什么要以 Co^{2+}、Ni^{2+} 为原料在碱性溶液中进行氧化,而不用 Co^{3+}、Ni^{3+} 直接制取?

(3)根据氧化还原反应,试判断某地区含有 H_2S 的地下水中,是否可能有大量三价铁盐存在?

实验 18 铜、银、锌、汞

一、实验目的

(1) 掌握铜、银、锌、汞的氢氧化物的形成和性质。
(2) 掌握铜、银、锌、汞氨配合物的形成和性质。
(3) 掌握铜、银、锌、汞的硫化物的形成和性质。
(4) 掌握铜、银、锌、汞的氧化还原性。
(5) 掌握铜、银、锌、汞离子的鉴定方法。

二、实验原理

铜、银是周期系 IB 族元素,价电子层结构为 $(n-1)d^{10}ns^1$,在化合物中,铜的氧化数通常是 +2,但也有 +1,银的氧化数通常是 +1。锌、汞是周期系 ⅡB 族元素,价电子层结构为 $(n-1)d^{10}ns^2$,在化合物中,锌的氧化数一般为 +2,汞的氧化数除了 +2 外,也有 +1。铜、银、锌、汞的氢氧化物酸碱性及其脱水性列表 3-8。

表 3-8 铜、银、锌、汞的氢氧化物的酸碱性及脱水性

氢氧化物	颜色	酸碱性	脱水性(对热稳定性)	氧化物颜色
$Cu(OH)_2$	蓝	两性偏碱性	受热脱水	CuO(黑色)
$AgOH$	白	碱性	常温脱水	Ag_2O(棕色)
$Hg(OH)_2$	/	/	极易脱水	HgO(黄色)
$Zn(OH)_2$	白	两性	较稳定(高温脱水)	ZnO(白色)

Cu^{2+}、Ag^+、Zn^{2+}、Hg^{2+} 易形成配合物,与氨水的反应物列于表 3-9。

表 3-9 Cu^{2+}、Ag^+、Zn^{2+}、Hg^{2+} 与氨水的反应物

类别	Cu^{2+}	Ag^+	Zn^{2+}	$HgCl_2$
氨水(适量)	$Cu_2(OH)_2SO_4$(蓝色)	Ag_2O(棕色)	$Zn(OH)_2$(白色)	$NH_2HgCl(s)$
氨水(过量)	$[Cu(NH_3)_4]^{2+}$	$[Ag(NH_3)_2]^+$	$[Zn(NH_3)_4]^{2+}$	$NH_4HgCl(s)$
颜色	深蓝色	无色	无色	白色沉淀

注:$HgCl_2$ 只有在大量 NH_4Cl 存在下,才能与氨水形成 $[Hg(NH_3)_4]^{2+}$ 配离子。如只有氨水存在,则只能形成氨基氯化汞沉淀,而不形成氨配离子。

$$HgCl_2 + 2NH_3 = NH_2HgCl(s,白色) + NH_4Cl$$

Cu^{2+}、Ag^+、Zn^{2+}、Hg^{2+} 与 H_2S 作用生成难溶的且具有不同颜色的硫化物：CuS(黑色)、Ag_2S(黑色)、ZnS(白色)、HgS(黑色)。由于硫化物的溶解度不同，它们可溶于不同的酸。

ZnS 溶解度较大，当用稀 HCl(非氧化性酸)溶解时，生成 H_2S，使溶液中 S^{2-} 浓度降低，致使溶液中 $c(Zn^{2+}) \cdot c(S^{2-}) < K_{sp}(ZnS)$ 而使 ZnS 溶解。

$$ZnS(s) + 2HCl = ZnCl_2 + H_2S(g)$$

CuS、Ag_2S 等这一类溶解度很小的硫化物，如单独用 HCl 溶解，则溶解 $0.1\ mol \cdot dm^{-3}$ CuS 所需 $c(H^+)$ 高达 $10^6\ mol \cdot dm^{-3}$，不可能溶于 HCl，但可用稀硝酸溶解。HNO_3 是一种氧化性酸(氧化剂)，它将溶液中 S^{2-} 氧化为游离的 S，使溶液中 S^{2-} 浓度大大降低，从而使 $c(Cu^{2+}) \cdot c(S^{2-}) < K_{sp}(CuS)$、$c^2(Ag^+) \cdot c(S^{2-}) < K_{sp}(Ag_2S)$ 而使 CuS、Ag_2S 溶解。

$$3CuS(s) + 8HNO_3 = 3Cu(NO_3)_2 + 2NO(g) + 3S(s) + 4H_2O$$

$$3Ag_2S(s) + 8HNO_3 = 6AgNO_3 + 2NO(g) + 3S(s) + 4H_2O$$

HgS 是比 CuS、Ag_2S 更难溶的硫化物，单独用 HNO_3 氧化 S^{2-} 时，还不能使 HgS 溶解，如改用王水[①]作溶剂，王水可使 S^{2-} 氧化为固体 S，同时王水中存在大量 Cl^- 又可以与 Hg^{2+} 结合成 $[HgCl_4]^{2-}$ 配离子，这样使 $c(S^{2-})$ 和 $c(Hg^{2+})$ 同时降低，导致溶液中 $c(Hg^{2+}) \cdot c(S^{2-}) < K_{sp}(HgS)$，而使 HgS 溶解。

$$3HgS(s) + 12Cl^- + 8H^+ + 2NO_3^- = 3[HgCl_4]^{2-} + 3S(s) + 2NO(g) + 4H_2O$$

HgS 是具有酸性的硫化物。当 Hg^{2+} 与 Na_2S 作用，最初生成 HgS 沉淀，沉淀又溶于过量 Na_2S 形成 HgS_2^{2-}(硫代汞酸根)。人们常利用 HgS 具有酸性这一性质与一些碱性硫化物 CuS，PbS，Ag_2S 等进行分离。

$$Hg(NO_3)_2 + Na_2S \xrightarrow{\text{适量}} HgS(s) + 2NaNO_3$$

$$HgS(s) + Na_2S \xrightarrow{\text{过量}} Na_2HgS_2(\text{硫代汞酸钠，无色})$$

硫代酸盐不稳定，遇酸分解，重新析出 HgS 沉淀。

$$Na_2HgS_2 + 2HCl = HgS(s) + H_2S(g) + 2NaCl$$

Cu^{2+}、Ag^+、Hg^{2+} 都具有氧化性。在水溶液中，Cu^{2+} 的氧化性不是很强，如从下列电对的 $E^{\ominus}$ 值来看，Cu^{2+} 似乎很难将 I^- 氧化为 I_2

$$Cu^{2+} + e = Cu^+ \quad E^{\ominus}(Cu^{2+}/Cu^+) = 0.159\ V$$

$$I_2 + 2e = 2I^- \quad E^{\ominus}(I_2/I^-) = 0.535\ V$$

但实际上却能发生下列反应

$$2Cu^{2+} + 4I^- = 2CuI(s) + I_2$$

这是由于 Cu^+ 与 I^- 反应生成难溶于水的 CuI 沉淀，使溶液中 Cu^+ 的浓度变为很小，相对来说 Cu^{2+} 的氧化性增强了，即 $E^{\ominus}(Cu^{2+}/CuI) = 0.86V$ 大于 $E^{\ominus}(Cu^{2+}/Cu^+)$，当然也大于 $E^{\ominus}(I_2/I^-)$，因此 Cu^{2+} 离子可以把 I^- 离子氧化。

另外从铜的电势图可以看出

$$E^{\ominus}(Cu^+/Cu) > E^{\ominus}(Cu^{2+}/Cu^+)$$

$$Cu^{2+} \underline{\quad 0.159\ V \quad} Cu^+ \underline{\quad 0.52\ V \quad} Cu$$

[①] 王水的组成：$HNO_3 + 3HCl = Cl_2(g) + NOCl + 2H_2O$。

Cu^+ 在溶液中能歧化为 Cu^{2+} 和 Cu。可从下列反应方程式看出：

$$2Cu^+ \Longleftrightarrow Cu^{2+} + Cu \quad K^\ominus = 1.27 \times 10^6$$

Cu^+ 歧化反应的 $K^\ominus$ 值较大，同样说明 Cu^+ 在水溶液中不稳定，但当 Cu^+ 形成配合物后，它能较稳定地存在于溶液中。例如 $[CuCl_2]^-$ 配离子就不易歧化为 Cu^{2+} 和 Cu，这可从其相应的电势图看出：

$$Cu^{2+} \xrightarrow{0.428\ V} [CuCl_2]^- \xrightarrow{0.241\ V} Cu$$

所以 $[CuCl_2]^-$ 在溶液中是较稳定的。在实验中常利用 $CuSO_4$ 或 $CuCl_2$ 溶液与浓 HCl 和 Cu 屑混合，在加热的情况下，制备 $[CuCl_2]^-$ 配离子。

$$Cu^{2+} + 4Cl^- + Cu(s) \xrightarrow{\Delta} 2[CuCl_2]^-$$

或

$$CuCl_2 + 2HCl + Cu(s) \xrightarrow{\Delta} 2H[CuCl_2]$$

将制得的溶液倒入大量水中稀释，会有白色氯化亚铜 $CuCl$ 沉淀析出。

$$[CuCl_2]^- \Longleftrightarrow CuCl(s) + Cl^-$$

$CuCl$ 沉淀也不易歧化为 Cu^{2+} 和 Cu，这同样可由下列电势图得知：

$$Cu^{2+} \xrightarrow{0.509\ V} CuCl \xrightarrow{0.171\ V} Cu$$

Hg^{2+} 能与强还原剂 $SnCl_2$ 作用，生成 Hg 和 Hg_2Cl_2 灰色沉淀。此反应是 Hg^{2+} 的鉴定反应。

Cu^{2+} 能与 $K_4[Fe(CN)_6]$ 反应生成红棕色 $Cu_2[Fe(CN)_6]$ 沉淀，这个反应可用来鉴定 Cu^{2+}。但因 Fe^{3+} 的存在有干扰，从而生成蓝色 $KFe[Fe(CN)_6]$ 沉淀。为消除干扰，可先加入氨水和 NH_4Cl 溶液，使 Fe^{3+} 生成 $Fe(OH)_3$ 沉淀，而 Cu^{2+} 则与氨水形成可溶性 $Cu[NH_3)_4]^{2+}$ 配离子留在溶液中。

Ag^+ 可利用其能生成难溶性卤化物及形成氨配离子性质来确定 Ag^+ 的存在（见前面相关章节）。

Zn^{2+} 与二苯硫腙反应生成粉红色螯合物，可用于鉴定 Zn^{2+}。

三、仪器与药品

1. 仪器

常用普化实验仪器。

2. 药品

H_2SO_4（$1\ mol \cdot dm^{-3}$）、$NaOH$（$2\ mol \cdot dm^{-3}$、$6\ mol \cdot dm^{-3}$）、HNO_3（$6\ mol \cdot dm^{-3}$）、HCl（$2\ mol \cdot dm^{-3}$、$6\ mol \cdot dm^{-3}$、$12\ mol \cdot dm^{-3}$）、$CuSO_4$（$0.1\ mol \cdot dm^{-3}$）、氨水（$2\ mol \cdot dm^{-3}$、$6\ mol \cdot dm^{-3}$）、$AgNO_3$（$0.1\ mol \cdot dm^{-3}$）、KI（$0.1\ mol \cdot dm^{-3}$）、$Hg(NO_3)_2$（$0.1\ mol \cdot dm^{-3}$）、$Na_2S_2O_3$（$0.1\ mol \cdot dm^{-3}$）、$Zn(NO_3)_2$（$0.1\ mol \cdot dm^{-3}$）、$SnCl_2$（$0.1\ mol \cdot dm^{-3}$）、$HgCl_2$（$0.1\ mol \cdot dm^{-3}$）、$K_4[Fe(CN)_6]$（$0.1\ mol \cdot dm^{-3}$）、Na_2S（$0.5\ mol \cdot dm^{-3}$）、$CuCl_2$（$1\ mol \cdot dm^{-3}$）、王水、H_2S 饱和溶液、二苯硫腙溶液（将 $1\sim2\ mg$ 二苯硫腙溶于 $100\ cm^3\ CCl_4$ 溶液中，溶液为绿色）。

四、实验内容

1. Cu^{2+}、Ag^+、Zn^{2+}、Hg^{2+}氢氧化物的制备和性质

(1)用 0.1 mol·dm^{-3} $CuSO_4$ 溶液制备 $Cu(OH)_2$,观察沉淀的颜色,试验 $Cu(OH)_2$ 的酸碱性,另取部分沉淀试验其脱水性。写出有关反应方程式。

(2)用 0.1 mol·dm^{-3} $AgNO_3$、0.1 mol·dm^{-3} $HgCl_2$ 和 0.1 mol·dm^{-3} $Zn(NO_3)_2$ 溶液代替 $CuSO_4$ 溶液,重复上述实验,分别试验这些氢氧化物的酸碱性及脱水性,写出有关反应方程式。

2. Cu^{2+}、Ag^+、Zn^{2+}、Hg^{2+}与氨水反应

(1)在 5 滴 0.1 mol·dm^{-3} $CuSO_4$ 溶液中,滴加 2 mol·dm^{-3}氨水直至生成的碱式盐沉淀完全消失,再继续多加 2 滴氨水,观察溶液的颜色。写出有关反应方程式。

(2)用 0.1 mol·dm^{-3} $AgNO_3$、0.1 mol·dm^{-3} $HgCl_2$ 和 0.1 mol·dm^{-3} $Zn(NO_3)_2$ 溶液代替 $CuSO_4$ 溶液,重复上述实验,观察实验现象,写出有关反应方程式。

3. Cu^{2+}、Ag^+、Zn^{2+}、Hg^{2+}的硫化物制备和性质

(1)与 H_2S 反应:在 4 支试管中,分别加入 1~2 滴 0.1 mol·dm^{-3} $CuSO_4$、$AgNO_3$、$Zn(NO_3)_2$ 和 $Hg(NO_3)_2$ 溶液,然后加入足量的饱和 H_2S 水溶液①,充分搅拌,并在水浴上加热,使沉淀凝聚,待沉淀沉降后,观察沉淀颜色。弃去上层清液,在每一种沉淀上加数滴 6 mol·dm^{-3} HCl,试验沉淀能否溶于 HCl,如果有沉淀不溶,用吸管弃去上层清液,再用少量去离子水洗涤沉淀,用吸管弃去溶液,在沉淀上再加数滴 6 mol·dm^{-3} HNO_3,观察有几种沉淀溶解,最后把不溶于 HNO_3 的沉淀与王水进行反应。分别写出反应方程式,并用溶度积原理解释上述现象。

(2)Hg^{2+}与 Na_2S 反应:取 2 滴 1 mol·dm^{-3} $HgCl_2$ 溶液于一试管中,滴加 0.5 mol·dm^{-3} Na_2S 溶液直到初生成的 HgS 沉淀又复溶解,写出反应方程式。然后在此溶液中加入 6 mol·dm^{-3} HCl,使溶液呈酸性,观察现象,写出反应方程式。

4. Cu^{2+}、Hg^{2+}化合物的氧化性

1)Cu^{2+} 的氧化性

(1)碘化亚铜 CuI 的生成:取 5 滴 0.1 mol·dm^{-3} $CuSO_4$ 溶液,加入数滴 0.1 mol·dm^{-3} KI 溶液,观察有何变化?为观察 CuI 沉淀的颜色,可滴加 0.1 mol·dm^{-3} $Na_2S_2O_3$ 溶液,以除去反应中生成的 I_2,反应式如下:

$$2Na_2S_2O_3 + I_2 =\!=\!= Na_2S_4O_6 + 2NaI$$

(2)氯化亚铜 CuCl 的生成:在 10 滴 1 mol·dm^{-3} $CuCl_2$ 溶液中,加入 10~15 滴浓 HCl,再加入少许 Cu 屑,加热煮沸数分钟,直至试管口出现较浓厚的白雾,并且溶液呈土黄色才停止加热。将此溶液倾入盛有半杯水的小烧杯中,观察是否有白色沉淀产生,写出反应方程式。

---

① ZnS 溶于稀酸,可加数滴 2 mol·dm^{-3}氨水使其沉淀完全。$Hg(NO_3)_2$ 与少量 H_2S 反应生成白色 HgS·$Hg(NO_3)_2$ 沉淀,过量 H_2S 使之转为黑色 HgS 沉淀。

2)Hg^{2+} 的氧化性

在数滴 0.1 mol·dm^{-3} $HgCl_2$ 溶液中,滴加 0.1 mol·dm^{-3} $SnCl_2$ 溶液,观察是否有白色沉淀产生。然后再过量数滴并稍加热(或等待片刻),注意沉淀颜色是否转变为灰色(Hg_2Cl_2 和 Hg 的混合物)。解释实验现象,并写出反应方程式。

5. Cu^{2+}、Ag^+、Zn^{2+}、Hg^{2+} 的鉴定

(1)Cu^{2+} 离子的鉴定:取数滴 0.1 mol·dm^{-3} $CuSO_4$ 溶液,加入几滴 $K_4[Fe(CN)_6]$ 溶液,如有红棕色沉淀生成,表示有 Cu^{2+} 存在。写出反应方程式。

(2)Ag^+ 的鉴定:在试管中加入数滴 0.1 mol·dm^{-3} $AgNO_3$ 溶液,滴加 2 mol·dm^{-3} HCl 至沉淀完全,弃去上层清液,然后在沉淀上加入 6 mol·dm^{-3} 氨水,待沉淀溶解后,加入数滴 0.1 mol·dm^{-3} KI 溶液,如有淡黄色 AgI 沉淀生成,表示有 Ag^+ 存在。写出反应方程式。

(3)Zn^{2+} 的鉴定:在数滴 0.1 mol·dm^{-3} $Zn(NO_3)_2$ 溶液中,加入数滴二苯硫腙的 CCl_4 溶液,当 Zn^{2+} 与二苯硫腙形成红色螯合物时,CCl_4 层由绿色变为红棕色,表示有 Zn^{2+} 存在。

(4)Hg^{2+} 的鉴定:见上述 Hg^{2+} 的氧化性实验。

五、思考题

(1)$Cu(OH)_2$、$Zn(OH)_2$ 能否溶于酸或碱中?

(2)将氨水分别加入到 $CuSO_4$、$AgNO_3$、$Zn(NO_3)_2$ 溶液中去,观察各产生什么现象?$HgCl_2$ 溶液中加入氨水,是否生成 $[Hg(NH_3)_4]^{2+}$ 配离子?

(3)用电极电势变化讨论为什么 Cu^{2+} 与 I^- 反应以及 Cu^{2+} 与浓 HCl 和 Cu 屑反应能顺利进行?

(4)怎样分离和鉴定 Cu^{2+}、Ag^+、Fe^{3+}、Cu^{2+} 和 Cr^{3+}。

(5)混合液中含有 Cu^{2+}、Ag^+、Zn^{2+} 和 Hg^{2+},试把它们分离。

实验 19 常见阴离子的分离与检出

一、实验目的

(1) 掌握水溶液中常见阴离子分离与检出的一般原则、方法、步骤和相应的条件。
(2) 熟悉常见阴离子的有关性质。
(3) 检出未知溶液中的阴离子。

二、实验原理

在水溶液中，非金属元素常以简单阴离子（如 S^{2-}、Cl^- 等）或复杂阴离子（如 CO_3^{2-}、SO_4^{2-} 等）存在。除少数几种阴离子外，大多数情况下阴离子分析中彼此干扰较小，因此阴离子分析一般都采用分别分析（不经过系统分离，直接检出离子）的方法。但是为了搞清楚溶液中离子存在的情况，节省时间，减少分析步骤，进行阴离子系统分析还是有必要的。与阳离子的系统分析不同，阴离子的系统分析的主要目的是应用组试剂来预先检查各组离子是否存在，并不是提供分组把它们系统分离，如果在分组时，已经确定某组离子并不存在，就不必进行该组离子的检出。这样可以简化分析操作过程。

根据阴离子与稀 HCl、$BaCl_2$ 及 $CaCl_2$ 溶液和用稀 HNO_3 酸化过的 $AgNO_3$ 作用，将阴离子分为 4 组（表 3-10）。

在定性分析阴离子混合液时，可以根据试液组分的复杂程度，有效地拟定分离检出的实验方案。对于已知离子混合液的分析，可以根据离子的性质拟定方案。若混合液中各离子间在检出时无干扰，可以进行分别分析。例如，含有 SO_4^{2-}、NO_3^-、I^-、CO_3^{2-} 混合液的定性分析就可以采用分别分析法，其分析过程如图 3-22 所示。

表 3-10 阴离子分组

组别	构成各组的阴离子	组试剂	特性
第一组 （挥发组）	S^{2-}、SO_3^{2-}、$S_2O_3^{2-}$、CO_3^{2-}、NO_2^- 等	HCl	在酸性介质中不稳定，易形成挥发性酸或易分解的不稳定的酸
第二组 （钙、钡盐组）	SO_4^{2-}、PO_4^{3-}、SiO_3^{2-}、AsO_4^{3-} 等	$BaCl_2$ 中性或弱碱性介质	钙盐、钡盐难溶于水
第三组 （银盐组）	Cl^-、Br^-、I^- 等	$AgNO_3$、HNO_3	银盐难溶于水及稀硝酸
第四组 （易溶组）	NO_3^-、ClO_3^-、CH_3COO^- 等	无组试剂	银盐、钡盐、钙盐等均易溶于水

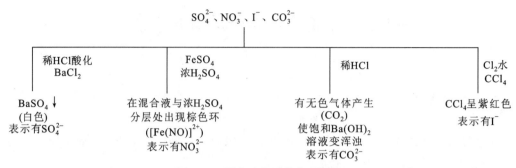

图 3-22 阴离子分别检出流程图

若混合溶液中的各种离子之间在检出时有干扰,则应根据具体情况拟定合理的分析方案,例如 S^{2-}、SO_3^{2-} 和 $S_2O_3^{2-}$ 混合液的分离与检出,其分析过程如图 3-23 所示。

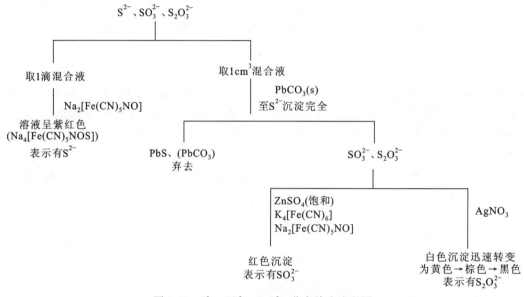

图 3-23 S^{2-}、SO_3^{2-}、$S_2O_3^{2-}$ 分离检出流程图

对于未知试样往往采用以下分析方法,其分析步骤如下。

1. 阴离子的初步检验

(1)溶液酸碱性的检验,用 pH 试纸测定未知液的酸碱性。如果溶液呈强酸性,则不可能存在 CO_3^{2-}、NO_2^-、S^{2-}、SO_3^{2-}、$S_2O_3^{2-}$,如有 PO_4^{3-},也只能是以 H_3PO_4 形式存在。

如果试液是碱性,在试液中加入 3 mol·dm^{-3} H_2SO_4 酸化,稍微加热,观察有无气泡生成;若有气泡生成,表示可能有 CO_3^{2-}、S^{2-}、SO_3^{2-}、$S_2O_3^{2-}$、NO_2^-(若所含离子浓度不高时,就不一定观察到明显的气泡)。

(2)钡盐组阴离子的检验,在试液中加入 6 mol·dm^{-3} 的 $NH_3·H_2O$,使溶液呈碱性,然后加入 1.0 mol·dm^{-3} $BaCl_2$ 溶液,若有白色沉淀生成,则可能含有 CO_3^{2-}、SO_4^{2-}、SO_3^{2-}、PO_4^{3-}、$S_2O_3^{2-}$(浓度大于 0.04 mol·dm^{-3} 时);如不能产生白色沉淀,则这些离子不存在

($S_2O_3^{2-}$ 不能确定)。

(3) 银盐组阴离子的检验,取未知液 3~4 滴,加入数滴 0.1 mol·dm^{-3} AgNO$_3$ 溶液,如果立即生成黑色沉淀,表示有 S^{2-} 存在,如果生成白色(或黄色)沉淀,且沉淀迅速变黄色→棕色→黑色,表示有 $S_2O_3^{2-}$ 存在,离心分离,在沉淀中加入一定量 6 mol·dm^{-3} HNO$_3$(必要时加热搅拌),若沉淀不溶或部分溶解,表示可能有 Cl$^-$、Br$^-$、I$^-$ 存在。如果溶液中同时存在 Cl$^-$、Br$^-$、I$^-$,则对这 3 种离子分别检出有干扰,这时应将该 3 种离子分离,再分别检出,其分离过程如图 3-24 所示。

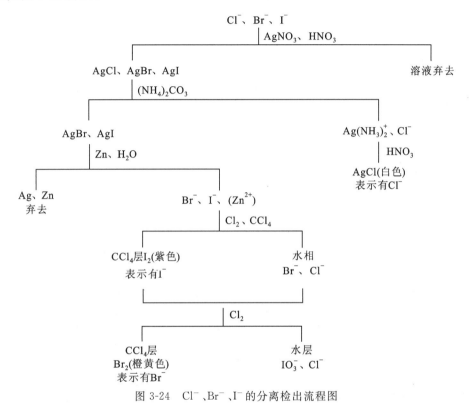

图 3-24　Cl$^-$、Br$^-$、I$^-$ 的分离检出流程图

(4) 还原性阴离子的检验,用 3 mol·dm^{-3} H$_2$SO$_4$ 使试液酸化,加入数滴 KMnO$_4$ 溶液,若 MnO$_4^-$ 的紫红色褪去,表示可能有 SO$_3^{2-}$、S$_2$O$_3^{2-}$、S^{2-}、Br$^-$、I$^-$、NO$_2^-$ 等还原性离子存在。相应的反应方程式如下:

$$2MnO_4^- + 5SO_3^{2-} + 6H^+ = 2Mn^{2+} + 5SO_4^{2-} + 3H_2O$$
$$8MnO_4^- + 5S_2O_3^{2-} + 14H^+ = 10SO_4^{2-} + 8Mn^{2+} + 7H_2O$$
$$2MnO_4^- + 5S^{2-} + 16H^+ = 2Mn^{2+} + 5S(s) + 8H_2O$$
$$2MnO_4^- + 10Br^- + 16H^+ = 2Mn^{2+} + 5Br_2 + 8H_2O$$
$$2MnO_4^- + 10I^- + 16H^+ = 2Mn^{2+} + 5I_2 + 8H_2O$$
$$2MnO_4^- + 5NO_2^- + 6H^+ = 2Mn^{2+} + 5NO_3^- + 3H_2O$$

检出还原性离子后,再用淀粉-碘溶液进一步检验是否存在强还原性离子,若加入淀粉-碘溶液后,蓝色褪去,表示可能存在 S^{2-}、SO_3^{2-}、$S_2O_3^{2-}$ 等离子。相应的反应方程式如下:

$$S^{2-} + I_2 = S(s) + 2I^-$$

$$SO_3^{2-} + I_2 + H_2O = SO_4^{2-} + 2I^- + 2H^+$$
$$2S_2O_3^{2-} + I_2 = S_4O_6^{2-} + 2I^-$$

(5) 氧化性阴离子的试验。在用 H_2SO_4 酸化后的试液中加入 CCl_4 和 $1\sim 2$ 滴 $1\ mol \cdot dm^{-3}$ KI 溶液,振荡试管,如果 CCl_4 层呈紫色,表示溶液中存在 NO_2^-。

根据以上初步试验,可以判断哪些离子可能存在,把结果填入表 3-11 中。

表 3-11 阴离子初步试验

阴离子	还原性阴离子试验				氧化性阴离子试验	$BaCl_2$ 试验	$AgNO_3$ 试验	综合分析
	pH 试验	稀 H_2SO_4 试验	$KMnO_4$（酸性）	淀粉-碘				
CO_3^{2-}								
SO_4^{2-}								
SO_3^{2-}								
$S_2O_3^{2-}$								
S^{2-}								
PO_4^{3-}								
Cl^-								
Br^-								
I^-								
NO_3^-								
NO_2^-								

2. 阴离子的确证性试验

经过初步实验,可以判断哪些离子可能存在,哪些离子不可能存在,对可能存在的阴离子,利用阴离子的特征反应——进行分离检出,最后确定溶液中有哪些阴离子。常见阴离子的检出反应如下:

(1) SO_4^{2-} 的检出。试液用 HCl 酸化,在所得清液中加入 $BaCl_2$ 溶液,生成白色 $BaSO_4$ 沉淀,表示有 SO_4^{2-} 存在,钡盐组其他离子不干扰。反应方程式如下:

$$Ba^{2+} + SO_4^{2-} \xrightarrow{酸化} BaSO_4(s)$$

(2) CO_3^{2-} 的检出。检测时 SO_3^{2-} 和 $S_2O_3^{2-}$ 有干扰,消除干扰的方法是在试液酸化前加 $4\sim 6$ 滴 3% 的 H_2O_2,消除干扰离子后,在试液中加入等体积 $3\ mol \cdot dm^{-3}$ HCl,立即用附有滴管[滴管中盛有 $1\sim 2$ 滴澄清的饱和 $Ba(OH)_2$ 溶液]的软木塞将试管口塞紧,如有气泡发生,并使 $Ba(OH)_2$ 溶液变混浊,表示有 CO_3^{2-}。反应方程式如下:

$$CO_3^{2-} + 2HCl = CO_2(g) + H_2O + 2Cl^-$$
$$CO_2 + Ba(OH)_2 = BaCO_3(s)(白色) + H_2O$$

(3) PO_4^{3-} 的检出。取 4 滴试液,加入浓 HNO_3 3~4 滴,煮沸,将还原性阴离子氧化,以消除干扰离子的干扰,再加钼酸铵试剂 8~10 滴,微热,用玻璃棒摩擦试管内壁,生成黄色晶形沉淀表示有 PO_4^{3-}。反应方程式如下:

$$PO_4^{3-} + 3NH_4^+ + 12MoO_4^{2-} + 24H^+ == (NH_4)_3PO_4 \cdot 12MoO_3(s,黄色) + 12H_2O$$

(4) S^{2-} 的检出。取 1 滴碱性试液于点滴板中,加入 1 滴 1% 的 $Na_2[Fe(CN)_5NO]$ 溶液,溶液变为紫红色,表示有 S^{2-}。反应方程式如下:

$$2Na^+ + S^{2-} + Na_2[Fe(CN)_5NO] == Na_4[Fe(CN)_5NOS](紫红色)$$

(5) $S_2O_3^{2-}$ 的检出。在与干扰离子分离后,加入过量的 $AgNO_3$,白色沉淀很快变为棕色,最后变成黑色,表示有 $S_2O_3^{2-}$。反应方程式如下:

$$2Ag^+ + S_2O_3^{2-} == Ag_2S_2O_3(s,白色)$$
$$Ag_2S_2O_3 + H_2O == Ag_2S(s,黑色) + 2H^+ + SO_4^{2-}$$

(6) SO_3^{2-} 的检出。在点滴板上加入饱和 $ZnSO_4$ 溶液和 $0.1\ mol \cdot dm^{-3}\ K_4Fe(CN)_6$ 各 1 滴及 $2\ mol \cdot dm^{-3}$ 的 $NH_3 \cdot H_2O$ 1 滴,加入 1 滴 1% 的 $Na_2[Fe(CN)_5NO]$ 溶液,生成红色沉淀,表示有 SO_3^{2-}。硫化物对此反应有干扰,应先除去干扰离子(反应机理不详)。

(7) Cl^-、Br^-、I^- 的分离与检出。前面已经述及,此处从略。

(8) NO_2^- 的检出。取数滴试液加入 $0.5\ cm^3\ KI$ 溶液和一定量 CCl_4,用稀 H_2SO_4 酸化,摇动试管,CCl_4 层呈紫色,表示有 NO_2^-。反应方程式如下:

$$2NO_2^- + 2I^- + 4H^+ == I_2 + 2NO(g) + 2H_2O$$

(9) NO_3^- 的检出。在点滴板中加入 1 滴试液和 1 小粒 $FeSO_4 \cdot 7H_2O$ 晶体,然后沿晶体边缘滴加浓 H_2SO_4 1 滴,在 $FeSO_4$ 晶体四周形成棕色圆环,表示有 NO_3^-,NO_2^- 有干扰,用尿素和 H_2SO_4 加热,可以消除 NO_2^- 的干扰。反应方程式如下:

$$3Fe^{2+} + NO_3^- + 4H^+ == 3Fe^{3+} + NO + 2H_2O$$
$$[Fe(H_2O)_6]^{2+} + NO == [Fe(NO)(H_2O)_5]^{2+} + H_2O$$

三、仪器与药品

1. 仪器

离心机、水浴装置、带塞的滴管。

2. 药品

含有常见阴离子的混合试液,含有 S^{2-}、SO_3^{2-}、$S_2O_3^{2-}$ 和 PO_4^{3-} 的混合溶液,Cl^-、Br^-、I^- 的混合试液。H_2SO_4(浓,$3\ mol \cdot dm^{-3}$)、HCl($2\ mol \cdot dm^{-3}$、$6\ mol \cdot dm^{-3}$)、HNO_3(浓,$2\ mol \cdot dm^{-3}$、$6\ mol \cdot dm^{-3}$)、$Ba(OH)_2$ 饱和溶液、$BaCl_2$($1.0\ mol \cdot dm^{-3}$)、$(NH_4)_2CO_3$ 溶液 12%、$(NH_4)_2MoO_4$ 溶液 3%、$AgNO_3$($0.1\ mol \cdot dm^{-3}$)、$ZnSO_4$(饱和溶液)、$K_4[Fe(CN)_6]$($0.1\ mol \cdot dm^{-3}$)、$Na_2[Fe(CN)_5NO]$ 1%、$FeSO_4 \cdot 7H_2O(s)$、$PbCO_3(s)$、尿素(s)、Zn 粉、CCl_4、H_2O_2 3%、氯水(饱和溶液)、pH 试纸、$NH_3 \cdot H_2O$($2\ mol \cdot dm^{-3}$、$6\ mol \cdot dm^{-3}$)、$KMnO_4$($0.02\ mol \cdot dm^{-3}$)、淀粉-碘溶液、KI 溶液($0.5\ mol \cdot dm^{-3}$)。

四、实验内容

1. 已知阴离子混合液的分离与检出

分离与检出下列两组阴离子混合液：
(1) Cl^-、Br^-、I^- 的混合液。
(2) S^{2-}、SO_3^{2-}、$S_2O_3^{2-}$、PO_4^{3-} 混合液。

2. 未知阴离子混合液的分析

取一份混合溶液（其中可能含有 CO_3^{2-}、NO_3^-、NO_2^-、PO_4^{3-}、S^{2-}、$S_2O_3^{2-}$、SO_3^{2-}、Cl^-、Br^-、I^- 等离子），自行拟定初步试验和各个离子确证性试验的实验方案，并检出未知混合溶液中含有哪些阴离子。

五、思考题

(1) 某碱性无色未知溶液，用 HCl 溶液酸化后变浑，此未知溶液中可能有哪些阴离子？
(2) 请选用一种试剂区别下列 5 种溶液：

$NaNO_3$　　Na_2S　　$NaCl$　　$Na_2S_2O_3$　　Na_2HPO_4

(3) 在用淀粉-碘溶液检验未知液中有无强还原性阴离子时，为什么要把未知液调至近中性？
(4) 哪些离子干扰 PO_4^{3-} 的检出，怎样消除？
(5) SO_3^{2-} 的存在为什么干扰 CO_3^{2-} 的鉴定，如何消除？

实验 20 常见阳离子的分离和检出

一、实验目的

(1) 了解硫化氢系统分析法的离子分组、组试剂和分组分离条件。
(2) 总结、比较常见阳离子的有关性质。
(3) 将 Cu^{2+}、Sn^{4+}、Cr^{3+}、Ni^{2+}、Ca^{2+}、NH_4^+ 等进行分离与检出,并掌握其分离与检出条件。
(4) 自行拟定阳离子分离与检出的实验方案。

二、实验原理

在水溶液中,离子的分离与检出是以各离子对试剂的不同反应为依据的。这种反应常伴有特殊的现象。例如,沉淀的产生、特征颜色和气体产生等,各种离子对试剂作用的相似性和差异性就构成了离子分离和检出方法的基础,即离子本身的性质是分离与检出的基础。

任何分离、检出反应都是在一定条件下进行的,选择适当的条件(如溶液的酸度,反应物浓度、温度等)可以使反应向预计的方向进行,因此在设计水溶液中混合阳离子分离与检出实验方案时,除了必须熟悉各种离子的性质外,还要会运用离子平衡(酸碱、沉淀、氧化还原和配合平衡)的规律控制反应条件。这样既利于熟悉离子性质,又有利于加深对各类离子平衡的理解。

对于组分较复杂试样的离子分离与检出,通常采用系统分析法,常用的经典系统分析法有两种,即硫化氢系统分析法和两酸两碱系统分析法。由于硫化氢系统分析法应用较广泛,主要介绍硫化氢系统分析法。

在系统分析中,首先用几种组试剂将溶液中性质相似的离子分成若干组,然后在组内进行分离和检出。所谓"组试剂"是指能将几种离子同时沉淀出来而与其他阳离子分开的试剂。

硫化氢系统分析法是以硫化物溶解度的不同为基础,用 4 种组试剂把常见的阳离子分为 5 个组的系统分析法。常见阳离子的分组情况及所用组试剂列于表 3-12。

硫化氢系统分析的过程:在含有阳离子的酸性溶液中加入 HCl;Ag^+、Pb^{2+}、Hg_2^{2+} 形成白色的氯化物沉淀,而与其他阳离子分离,这几种阳离子就构成了盐酸组。沉淀盐酸组时,HCl 的浓度不能太大,否则会因形成配合物而沉淀不完全。在分离沉淀后的清液中调节至 HCl 的浓度为 $0.3\ mol \cdot dm^{-3}$,通入 H_2S 或加硫代乙酰胺(CH_3CSNH_2)并加热,Pb^{2+}、Bi^{3+}、Cu^{2+}、Cd^{2+}、Hg^{2+}、$As(Ⅲ,V)$、$Sb(Ⅲ,V)$、Sn^{4+} 等阳离子生成相应的硫化物沉淀,这些离子组成了硫化氢组,除 Pb^{2+} 外,其氯化物都溶于水,Pb^{2+} 虽然在盐酸组中析出一部分 $PbCl_2$ 沉淀,但由于沉淀不完全,溶液中还剩相当量的 Pb^{2+},所以硫化氢组中也包括 Pb^{2+}。在分离沉淀后的清液中加入氨水至碱性(NH_4Cl 存在下),通入 H_2S(或加入硫代乙酰胺并加热),Fe^{3+}、Co^{2+}、Ni^{2+}、Mn^{2+}、Zn^{2+} 形成硫化物沉淀,而 Al^{3+}、Cr^{3+} 形成氢氧化物沉淀,这些离子统称为硫化铵

表 3-12 阳离子的硫化氢系统分组

分组根据的特性	硫化物不溶于水				硫化物溶于水	
	在稀酸中生成硫化物沉淀			在稀酸中不生成硫化物沉淀	碳酸盐不溶于水	碳酸盐溶于水
	氯化物不溶于水	氯化物溶于水				
		硫化物不溶于硫化钠	硫化物溶于硫化钠			
包括离子	Ag^+、Hg_2^{2+}、(Pb^{2+})*	Pb^{2+}、Bi^{3+}、Cu^{2+}、Cd^{2+}	Hg^{2+}、$As(III,V)$、$Sb(III,V)$、Sn^{4+}	Fe^{3+}、Fe^{2+}、Al^{3+}、Mn^{2+}、Cr^{3+}、Zn^{2+}、Co^{2+}、Ni^{2+}	Ba^{2+}、Sr^{2+}、Ca^{2+}	Mg^{2+}、K^+、Na^+、(NH_4^+)**
组名名称	I 组 银组 盐酸组	II$_A$ 组	II$_B$ 组	III 组 铁组 硫化铵组	IV 组 钙组 碳酸铵组	V 组 钠组 可溶组
		II 组 铜锡组 硫化氢组				
组试剂	HCl	-0.3 mol·dm^{-3} MHCl H_2S 或硫化乙酰胺		NH_3+NH_4Cl $(NH_4)_2S$ 或硫化乙酰胺	NH_3+ NH_4Cl $(NH_4)_2CO_3$	—

* Pb^{2+} 浓度大时部分沉淀;** 系统分析中需要加入铵盐,故 NH_4^+ 需另行检出。

组。在沉淀这一组离子时,溶液的酸度不能太高,否则本组离子不可能沉淀完全,溶液酸度也不可能低,否则另一组的 Mg^{2+} 可能部分生成 $Mg(OH)_2$ 沉淀,并且 $Al(OH)_3$ 呈两性也可能部分溶解,于是溶液中加入一定量的 NH_4Cl 以控制溶液的 pH 值,防止形成 $Mg(OH)_2$ 沉淀和 $Al(OH)_3$ 的部分溶解。在分离沉淀后的清液中加入 $(NH_4)_2CO_3$,与 Sr^{2+}、Ba^{2+} 和 Ca^{2+} 形成碳酸盐并析出沉淀,称为碳酸铵组,剩下的 Mg^{2+}、K^+、Na^+、NH_4^+ 不被上述任何组试剂所沉淀。留在溶液中,叫易溶组,这一分析过程如图 3-25 所示。分成 5 个组后再利用组内离子性质的差异性,利用各种试剂和方法一一进行检出。

三、仪器与药品

1. 仪器

离心机、恒温水浴。

2. 药品

Cu^{2+}、Sn^{4+}、Cr^{3+}、Ni^{2+}、Ca^{2+}、NH_4^+ 的混合液,2 mol·dm^{-3}、6 mol·dm^{-3} NaOH 溶液,10% NaOH 溶液,0.5 mol·dm^{-3}、2 mol·dm^{-3}、6 mol·dm^{-3} 氨水,浓氨水,0.1 mol·dm^{-3}、

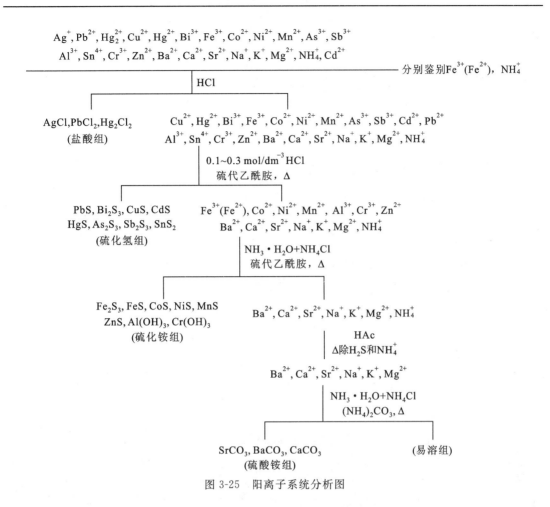

图 3-25 阳离子系统分析图

1.0 mol·dm^{-3}、6 mol·dm^{-3} HCl 溶液。5% 硫代乙酰胺溶液，6 mol·dm^{-3} HNO$_3$ 溶液，0.2 mol·dm^{-3} HgCl$_2$ 溶液，1 mol·dm^{-3} NaAc 溶液，0.25 mol·dm^{-3} K$_4$Fe(CN)$_6$ 溶液，6% H$_2$O$_2$，1% 丁二酮肟溶液，1 mol·dm^{-3} (NH$_4$)$_2$CO$_3$ 溶液，2 mol·dm^{-3}、6 mol·dm^{-3} HAc 溶液，10% Na$_2$CO$_3$ 溶液，CHCl$_3$，3 mol·dm^{-3} NH$_4$Cl 溶液，1% NH$_4$NO$_3$ 溶液，0.5 mol·dm^{-3} Pb(NO$_3$)$_2$ 溶液，0.1% 甲基紫指示剂，1% 乙二醛双缩(α-羟基苯胺)(简称 GBHA)的乙醇溶液，0.001% 镁试剂 I(对硝基苯偶氮间苯二酚)，0.1% 百里酚蓝指示剂，Zn 粉。

四、实验内容

Cu^{2+}、Sn^{4+}、Cr^{3+}、Ni^{2+}、Ca^{2+}、NH$_4^+$ 混合液的定性分析系统分析如图 3-26 所示。

操作步骤：

(1)初步检验——NH$_4^+$ 的鉴定。首先将一小块 pH 试纸用蒸馏水润湿，贴在表面皿中心，另一表面皿中加 2 滴混合液、2 滴 2 mol·dm^{-3} NaOH 溶液，很快用贴有 pH 试纸的表面皿盖上，将此气室放在水浴上加热，如 pH 试纸变为碱色，表示有 NH$_4^+$ 存在。

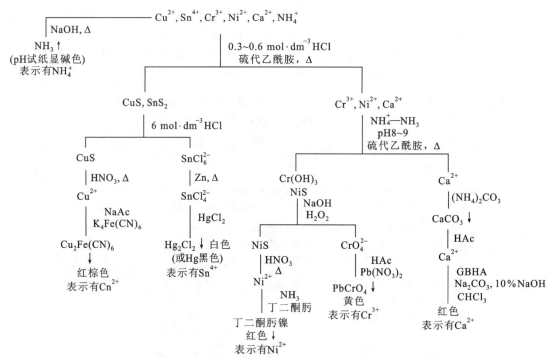

图 3-26 Cu^{2+}、Sn^{4+}、Ni^{2+}、Cr^{3+}、Ca^{2+}、NH_4^+ 的系统分离和检出图

(2) 各离子的分离与检出：

①Cu^{2+}、Sn^{4+} 与 Cr^{3+}、Ni^{2+}、Ca^{2+} 的分离，以及 Cu^{2+}、Sn^{4+} 的检出。取 20 滴混合液于 1 支离心试管中，加入 1 滴 0.1% 的甲基紫指示剂，用 NH_3 和 HCl 调至溶液为绿色，加入 10 滴 5% 的硫代乙酰胺，加热，则析出 CuS 和 SnS_2 沉淀，离心分离（离心液按步骤②处理），沉淀上加 4～5 滴 6 mol·dm^{-3} HCl，充分搅拌，加热，使 SnS_2 充分溶解，离心分离，离心液为 $SnCl_6^{2-}$，用少许 Zn 粉将其还原为 $SnCl_4^{2-}$，取此溶液 2 滴，加入 1 滴 0.2 mol·dm^{-3} $HgCl_2$，生成白色沉淀，并逐渐变为黑色，证明有 Sn^{4+} 存在。在 CuS 沉淀上，加 2 滴 6 mol·dm^{-3} HNO_3，加热溶解，并除去低价氮的氧化物，离心分离，弃去沉淀，溶液加 1 mol·dm^{-3} NaAc 和 0.25 mol·dm^{-3} $K_4Fe(CN)_6$ 溶液各 1 滴，生成红棕色沉淀，证明有 Cu^{2+} 存在。

②Cr^{3+}、Ni^{2+} 与 Ca^{2+} 的分离和 Cr^{3+}、Ni^{2+} 的鉴定。在步骤①的离心液中，加入 5 滴 3 mol·dm^{-3} NH_4Cl 溶液及 1 滴百里酚蓝指示剂，再用 15 mol·dm^{-3} NH_3 水及 0.5 mol·dm^{-3} NH_3 水调至溶液显黄棕色（先用浓氨水，后用稀氨水调节），加 10 滴 5% 的硫代乙酰胺，在水浴中加热，离心分离，离心液按步骤③处理。沉淀用 1% 的 NH_4NO_3 溶液洗涤。弃去溶液，沉淀加 3 滴 6 mol·dm^{-3} NaOH 和 3 滴 6% 的 H_2O_2，加热，使 $Cr(OH)_3$ 溶解，此时生成黄色的 CrO_4^{2-}，离心分离，离心液加 HAc 酸化，加 1 滴 Pb^{2+} 溶液，生成黄色沉淀，表示有 Cr^{3+}。

NiS 沉淀用 1% 的 NH_4NO_3 溶液洗涤，弃去溶液，沉淀上加 2 滴 6 mol·dm^{-3} HNO_3，加热溶解，分离出生成的硫磺沉淀，清液中加入 6 mol·dm^{-3} NH_3 水，使之呈碱性，加 1 滴 1% 的丁二酮肟，生成红色沉淀，证明有 Ni^{2+} 存在。

③Ca^{2+} 的鉴定。在②的离心液中，加 3 滴 1 mol·dm^{-3} $(NH_4)_2CO_3$，生成白色沉淀，离心分离，弃去离心液，沉淀用水洗 1 次，加 2 滴 2 mol·dm^{-3} HAc 溶解，取此溶液 1 滴，加 4 滴

1‰的 GBHA 的乙醇溶液,1 滴 10％的 NaOH 溶液,1 滴 10％的 Na_2CO_3 溶液和 3～4 滴 $CHCl_3$,再加数滴水,摇动试管,$CHCl_3$ 层显红色,表示有 Ca^{2+} 存在。

五、思考题

(1) 根据本实验的内容,总结常见离子的检出方法,写出反应条件、现象及反应方程式。
(2) 拟定下列两组阳离子分离检出的实验方案:
　① NH_4^+　　Cu^{2+}　　Ag^+　　Hg^{2+}　　Ba^{2+}
　② Na^+　　Ni^{2+}　　Pb^{2+}　　Cr^{3+}　　Ca^{2+}
(3) 请选用一种试剂区别下列 5 种溶液:
　　KCl,$Cd(NO_3)_2$,$AgNO_3$,$ZnSO_4$,$CrCl_3$
(4) 各用一种试剂分离下列各组离子:
　　Zn^{2+} 和 Al^{3+};Cu^{2+} 和 Hg^{2+};Zn^{2+} 和 Cd^{2+}

六、附注(某些有机试剂的结构简式和有关阳离子的检出反应方程式)

1. GBHA[乙二醛双缩(α-羟基苯胺)]

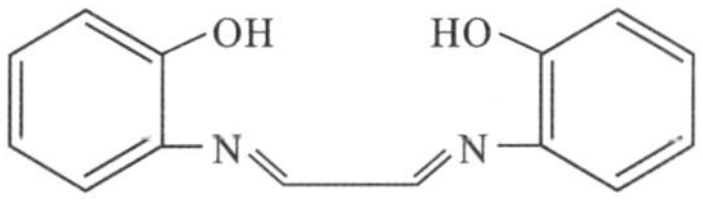

2. 丁二酮肟

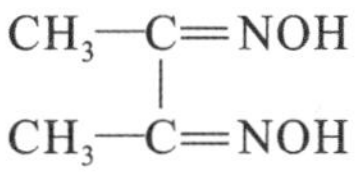

3. 硫代乙酰胺

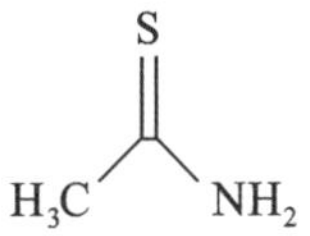

其水解反应方程式为
酸性溶液中:$CH_3CSNH_2 + 2H_2O = NH_4^+ + CH_3COO^- + H_2S$
碱性溶液中:$CH_3CSNH_2 + OH^- + H_2O = NH_4^+ + CH_3COO^- + HS^-$

4. Cu^{2+} 的检出反应方程式

$$2Cu^{2+} + [Fe(CN)_6]^{4-} = Cu_2[Fe(CN)_6](s,红棕色)$$

5. Sn^{4+} 的检出反应方程式

$$Zn + SnCl_6^{2-} = Zn^{2+} + SnCl_4^{2-} + 2Cl^-$$
$$2HgCl_2 + SnCl_2 = Hg_2Cl_2(s,白色) + SnCl_4$$
$$HgCl_2 + SnCl_2 = Hg(s,黑色) + SnCl_4$$

6. Cr^{3+} 的检出反应方程式

$$Cr^{3+} + 4OH^- \rightleftharpoons CrO_2^- (亮绿色) + 2H_2O$$

$$2CrO_2^- + 3H_2O_2 + 2OH^- \rightleftharpoons 2CrO_4^{2-} (黄色) + 4H_2O$$

$$Pb(Ac)_3^- + CrO_4^{2-} \rightleftharpoons PbCrO_4(s) + 3Ac^-$$

7. Ni^{2+} 的检出反应方程式

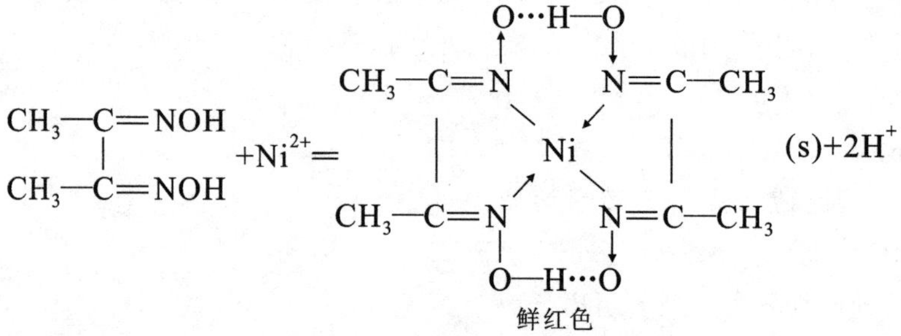

$$\begin{array}{c} CH_3-C=NOH \\ | \\ CH_3-C=NOH \end{array} + Ni^{2+} = [\text{Ni(dmgH)}_2] \text{(s)} + 2H^+$$

鲜红色

8. Ca^{2+} 的检出反应方程式

[邻羟基苯基双席夫碱] + Ca^{2+} = [Ca 配合物] (s) + $2H^+$

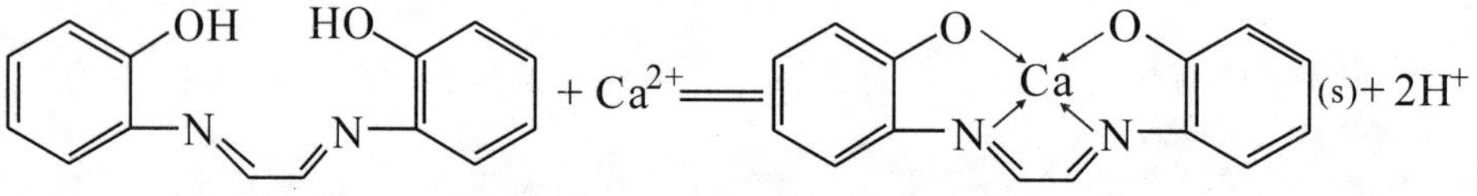

第四章 综合应用实验

实验 21 水的净化与软化处理

一、实验目的

(1) 了解离子交换法净化水的原理与方法。
(2) 了解用配位滴定法测定水的硬度的基本原理和方法。
(3) 进一步练习滴定操作及离子交换树脂和电导率仪的使用方法。

二、实验原理

1. 水的硬度和水质的分类

通常将溶有微量或不含 Ca^{2+}、Mg^{2+} 等离子的水叫作软水,而将溶有较多量 Ca^{2+}、Mg^{2+} 等离子的水叫作硬水。水的硬度是指溶于水中的 Ca^{2+}、Mg^{2+} 等离子的含量。水中所含钙、镁的酸式碳酸盐经加热易分解而析出沉淀,由这类盐所形成的硬度称为暂时硬度。而由钙和镁的硫酸盐、氯化物、硝酸盐所形成的硬度称为永久硬度。暂时硬度和永久硬度的总和称为总硬度。

硬度有多种表示方法。例如,以水中所含 CaO 的浓度(以 $mmol \cdot dm^{-3}$ 为单位)表示,也有以水中含有 CaO 的量,即每立方分米水中所含 CaO 的毫克数($mg \cdot dm^{-3}$)表示。水质可按硬度的大小进行分类,如表 4-1 所示。

表 4-1 水质的分类

水质	水的总硬度	
	$CaO/(mg \cdot dm^{-3})$*	$CaO/(mmol \cdot dm^{-3})$
很软水	0~40	0~0.72
软水	40~80	0.72~1.4
中等硬水	80~160	1.4~2.9
硬水	160~300	2.9~5.4
很硬水	>300	>5.4

注:* 也有用度(°)表示硬度,即每 dm^3 水中含 10 mg CaO 为 1°,1°=10×10^{-6}。

2. 水的硬度的测定原理

水的硬度的测定方法甚多,最常用的是 EDTA 配合滴定法。EDTA 是乙二胺四乙酸根离子的简称,由于 EDTA 在水溶液中溶解度较小,实验室中通常用其二钠盐(Na_2H_2EDTA)配制溶液。在测定过程中,控制适当的 pH 值,用少量铬黑 T(EBT)作指示剂,Mg^{2+}、Ca^{2+} 能与其反应,分别生成紫红色的配离子$[Mg(EBT)]^-$和$[Ca(EBT)]^-$,但其稳定性不及与 EDTA 所形成配离子$[Mg(EDTA)]^{2-}$和$[Ca(EDTA)]^{2-}$。上述各配离子的 $lgK_稳$ 值及颜色见表 4-2。

表 4-2 一些钙、镁配离子的 $lgK_稳$ 值和颜色

配离子	$[Ca(EDTA)]^{2-}$	$[Mg(EDTA)]^{2-}$	$[Mg(EBT)]^-$	$[Ca(EBT)]^-$
$lgK_稳$	11.0	8.46	7.0	5.4
颜色	无色	无色	紫红色	紫红色

滴定时,EDTA 先与溶液中未配合的 Ca^{2+}、Mg^{2+} 结合,然后与$[Mg(EBT)]^-$、$[Ca(EBT)]^-$反应,从而游离出指示剂 EBT,使溶液颜色由紫红色变为蓝色,表明滴定达到终点。这一过程可用化学反应式表示(式中 Me^{2+} 表示 Ca^{2+} 或 Mg^{2+})

$$HEBT^{2-}(aq) + Me^{2+}(aq) \xrightarrow{pH=10.0} [Me(EBT)]^- + H^+(aq)$$
蓝色   紫红色

$$[Me(EBT)]^- + H_2EDTA^{2-}(aq) + OH^-(aq) \Longrightarrow [Me(EDTA)]^{2-} + HEBT^{2-}(aq) + H_2O \quad (4-1)$$
紫红色   无色   无色   蓝色

根据下式可算出水样的总硬度

$$总硬度 = 1000c(EDTA) \cdot V(EDTA)/V(H_2O)$$

或

$$总硬度 = 1000c(EDTA) \cdot V(EDTA) \cdot M(CaO)/V(H_2O)$$

式中:$c(EDTA)$ 为标准 Na_2H_2EDTA 溶液的浓度($mol \cdot dm^{-3}$);$V(EDTA)$ 为滴定中消耗的标准 Na_2H_2EDTA 溶液体积(cm^3);$V(H_2O)$ 为所取待测水样的体积(cm^3);$M(CaO)$ 为 CaO 的摩尔质量($g \cdot mol^{-1}$)。

3. 水的软化和净化处理

硬水的软化和净化的方法很多,本实验采用离子交换法。使水样中的 Ca^{2+}、Mg^{2+} 等离子与阳离子交换树脂进行阳离子交换,交换后的水即为软化水(简称软水);若使水样中的阳、阴离子与阳、阴离子交换树脂进行离子交换,可除去水样中的杂质阳、阴离子而使水净化,所得的水叫作去离子水。

化学反应式可表示如下(以杂质离子 Mg^{2+} 和 Cl^- 为例):

$$2R-SO_3H(s) + Mg^{2+}(aq) = (R-SO_3)_2Mg(s) + 2H^+(aq)$$
$$2R-N(CH_3)_3OH(s) + 2Cl^-(aq) = 2R-N(CH_3)_3Cl(s) + 2OH^-(aq)$$
$$H^+(aq) + OH^-(aq) = H_2O(l)$$

4. 水的软化和净化检验

水中的微量 Ca^{2+}、Mg^{2+},可用铬黑 T 指示剂进行检验。在 pH 为 8～11 的溶液中,铬黑 T 能与 Ca^{2+}、Mg^{2+} 作用生成紫红色的配离子。

纯水是一种极弱的电解质,水样中所含有的可溶性电解质(杂质)常使其导电能力增大。用电导率仪测定水样的电导率,可以确定去离子水的纯度。各种水样的电导率值大致范围见表 4-3。

表 4-3 各种水的电导率

水样	电导率/$(S \cdot m^{-1})$
自来水	$5.0 \times 10^{-1} \sim 5.3 \times 10^{-2}$
一般实验室用水	$5.0 \times 10^{-3} \sim 1.0 \times 10^{-4}$
去离子水	$4.0 \times 10^{-4} \sim 8.0 \times 10^{-5}$
蒸馏水	$2.8 \times 10^{-4} \sim 6.3 \times 10^{-6}$
超纯水	约 5.5×10^{-6}

三、仪器与药品

1. 仪器

微型离子变换柱 1 套、烧杯(100 cm^3)2 个、锥形瓶(250 cm^3)2 个、胶头滴管、移液管(25 cm^3)1 支、吸耳球、滴定管(25 cm^3)1 支、6 孔井穴板、玻璃棒、乳胶管、滤纸、电导率仪(附铂黑电极和铂光亮电导电极)。

2. 药品

NH_3-NH_4Cl 缓冲溶液、水样(可用自来水)、标准 Na_2H_2EDTA、铬黑 T 指示剂(0.3%)、三乙醇胺(3%)、强酸型阳离子交换树脂(001×7)、强碱型阴离子交换树脂(201×7)。

四、实验内容

1. 水的总硬度测定

用移液管吸取 25.00 cm^3 水样,置于 250 cm^3 锥形瓶中,依次加入 10 滴三乙醇胺溶液和 10 滴 NH_3-NH_4Cl 缓冲溶液,摇匀后,加 2～3 滴铬黑 T 指示剂,摇匀。用标准 EDTA 溶液滴定至溶液颜色由紫红色变为蓝色,即达到滴定终点,记录所消耗的标准 EDTA 溶液体积。同样方法进行第二次操作(按分析要求,两次滴定误差不应大于 0.08 cm^3,否则需进行第三次操作)。取两次数据的平均值,计算水样的总硬度(以 $mmol \cdot dm^{-3}$ 或 $mg \cdot dm^{-3}$ 表示)。

2. 硬水软化—离子交换法

(1) 如图 4-1 所示,取一支下端无磨口的交换柱,在底部垫上一些玻璃棉(或脱脂棉),装上 5 cm 长的细乳胶管,再用螺旋夹夹紧。注入纯水,以铁支架和试管夹垂直固定交换柱。取阳、阴离子的混合交换树脂,置于 5 cm³ 井穴板中,加水浸泡过夜,使树脂溶胀。然后用一支口径稍大的玻璃滴管吸取树脂悬浊液,把树脂和水滴加到交换柱中。同时,放松螺旋夹使交换柱的水溶液缓缓流出,树脂即沉降到柱底。尽可能使树脂填装紧密,不留气泡。在装柱和实验过程中交换柱中液面应始终高于树脂柱面,树脂柱高 8～10 cm。

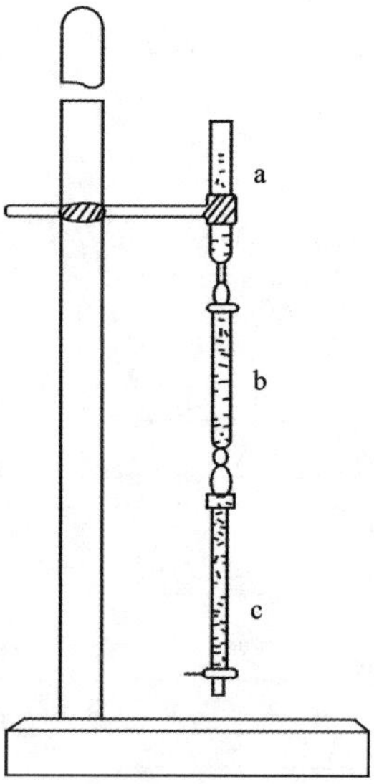

(2) 取强碱性阴离子交换树脂,以 1 mol·dm^{-3} NaOH 溶液浸泡过夜使其转变为 R-OH 树脂。吸出上层清液后,以少量纯水多次洗涤树脂至中性,然后按步骤(1)的方法装入一支两端都有磨口的交换柱中,阴离子树脂柱高 8 cm,以纯水洗至 pH=7,备用。

(3) 阳离子交换树脂柱的准备。微型阳离子交换树脂柱,也按步骤(1)的办法装柱,经再生处理并用纯水洗到中性后备用。

a. 阳离子交换柱;
b. 阴离子交换柱;
c. 阴阳离子混合交换柱

图 4-1 离子交换法制去离子装置

3. 转型或再生

装入交换柱的树脂若是钠型树脂或是已经使用多次的树脂,则必须进行转型或再生处理,使树脂完全转变为氢型树脂,否则难以保证 Ca^{2+} 完全交换出 H$^+$,从而导致实验结果偏低。

转型的操作如下:用多用滴管吸取 1 mol·dm^{-3} HCl 溶液,滴加 30 滴到交换柱中,松开螺旋夹,调节流出液以 6～8 滴/min 的速度流出。连续滴加 HCl 3 次(共 90～100 滴),待其中 HCl 溶液液面降至接近树脂层表面时(不得低于表面),滴加纯水洗涤树脂,直到流出液呈中性(用 pH 试纸检验,约需 130 滴纯水)。夹住螺旋夹,弃去流出液(再生处理需用不含 Cl$^-$ 的 1 mol·dm^{-3} HNO$_3$ 代替 HCl,其余操作同转型处理)。

4. 水的净化

将上述 3 个微型离子交换柱按图 4-1 串联,就组成了离子交换法制去离子水的装置。柱间连接要紧密,不得有气泡。用多用滴管滴加自来水(用作原料水样),控制离子交换柱流速 12 滴/min,以干净的六孔井穴板承接流出液,即为去离子水。

5. 水的电导率的测定

使用六孔井穴板分别取去离子水、自来水、蒸馏水及市售瓶装水,分别记作 1$^\#$、2$^\#$、3$^\#$、4$^\#$ 水样,用电导率仪分别测定它们的电导率。

6. Ca^{2+}、Mg^{2+} 的检验

往上述 4 种溶液中各加入 1 滴铬黑 T 指示剂溶液,摇匀,观察并比较颜色,判断是否含有 Ca^{2+} 和 Mg^{2+},并对它们初步排序。

五、思考题

(1) 用 EDTA 配合滴定法测定水硬度的基本原理是怎样的？使用什么指示剂？滴定终点的颜色变化如何？

(2) 用离子交换法使硬水软化和净化的基本原理是怎样的？操作中有哪些应注意之处？

(3) 为什么通常可用电导率值的大小来估计水质的纯度？是否可以认为电导率值越小，水质的纯度越高？

实验 22 Belousov-Zhabotinsky 振荡反应

一、实验目的

(1) 了解贝洛索夫-恰鲍廷斯基(Belousov-Zhabotinsky)反应(简称 B-Z 反应)的基本原理,掌握研究振荡反应的一般方法。

(2) 初步了解、认识体系远离平衡态下的复杂行为,自然界中普通存在的非平衡非线性问题。

(3) 研究丙二酸-硫酸-溴酸钾-硫酸铈铵化学振荡反应,测定该振荡反应的诱导期、振荡周期及该反应的表观活化能。

二、实验原理

本实验介绍了 B-Z 体系的浓度振荡及空间化学波现象,并利用 FKN 模型对振荡原理进行了讨论。

在大多数化学反应中,生成物或反应物的浓度随时间而单调地增加(生成物)或减少(反应物),最终达到平衡状态。但下列反应方程式的过程却并非如此

$$2BrO_3^- + 3CH_2(COOH)_2 + 2H^+ \xrightleftharpoons{Ce^{4+}} 2BrCH(COOH)_2 + 3CO_2(g) + 4H_2O$$

在该反应的过程中可明显地观察到 Ce^{4+} 浓度的周期变化现象,同时也可测到反应过程中 Br^- 生成的周期振荡现象。苏联化学家 Belousov 在 1958 年首次发现了这类反应,几年后 Zhabotinsky 等对这类反应又进行了深入的研究,将反应的范围大大扩展,这类反应被称为 B-Z 反应。锰离子或三邻菲啰啉合铁(Ⅱ)离子均可作为这类反应的催化剂。图 4-2 是实验测得的 B-Z 体系典型铈离子和溴离子浓度的振荡曲线。

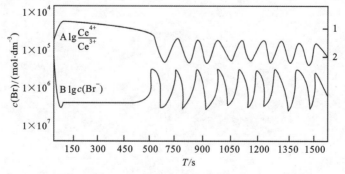

图 4-2 B-Z 反应中的浓度振荡

为什么会产生化学振荡现象呢? 20 世纪 60 年代末 Prigogine 学派对不可逆过程热力学

的突破性研究成果,使得人们真正了解了化学振荡产生的原因,即体系处于平衡态的非线性区时,无序的均匀定态并不总是稳定的,在某些条件下,无序的均匀定态会失去稳定性而自发产生某种新的、可能是时空有序的状态。因为这种状态的形成需要物质和能量的耗散,所以把这种状态称之为耗散结构(Dissipative Structure)。

三、仪器与药品

1. 仪器

振荡装置(图 4-3)、烧杯(50 cm³ 3 个,150 cm³ 1 个,1000 cm³ 1 个)、量筒(10 cm³ 1 个,100 cm³ 1 个)、培养皿(9 cm)。

2. 药品(均为分析纯)

H_2SO_4(浓)、$CH_2(COOH)_2$、邻菲啰啉、$FeSO_4 \cdot 7H_2O$、$KBrO_3$、$(NH_4)_2Ce(SO_4)_3$。

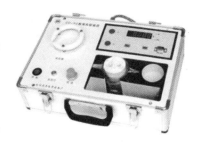

图 4-3 振荡装置实物图

四、实验内容

1. 浓度振荡现象的观察

(1)设定恒温槽温度。

(2)在反应器中加入 0.45 mol·dm⁻³ 丙二酸、0.25 mol·dm⁻³ 溴酸钾和 3.00 mol·dm⁻³ 硫酸各 15cm³,并将其置于振荡器指示的位置,装好甘汞电极和铂电极。

(3)将振荡器的电源开关置于"开"的位置,将磁珠放入反应器内,调节"调速"旋钮至合适速度。

(4)将精密数字电压仪置于 2 V 档,两电极对接清零;甘汞电极接负极,铂电极接正极(甘汞电极若为双盐桥电极,要注意外层套管内的饱和 KCl 的量)。

(5)将振荡器上的电压测量仪与电脑串行口连接,启动 B-Z 振荡器 2.00 软件;点击"设置"菜单—"设置坐标系"进行设置,一般电压设置为 0.90~1.20 V,时间为 5~10 min,串行口和采样时间为默认。

(6)反应恒温 5 min 后,用注射器吸取 4×10^{-3} mol·dm⁻³ 硫酸铈铵溶液 15 cm³ 从加样口加入反应器内,立即点击"数据通讯"菜单—"开始绘图",软件即开始绘图。若点击"数据通讯"菜单—"停止绘图",则绘图停止。

(7)停止绘图后,再点击"数据处理"菜单—"诱导时间",则弹出对话框,用鼠标右键在曲线上取合适两点(图 4-4),点击继续,则显示诱导时间。若点击"数据处理"菜单—"振荡时间",如上操作可得振荡时间。可在"体系温度"文本框中输入当前温度值。

(8)点击"数据处理"菜单—"添加到数据库",把当前数据添加到数据库。

(9)将反应器中的溶液倒出,重新换溶液,改变温度($\Delta T \approx 10 \, °C$),重复以上操作。

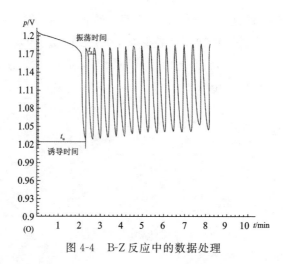

图 4-4　B-Z 反应中的数据处理

2. 测量诱导期($t_{诱}$)和周期(T_1)随温度的变化

振荡的诱导期和周期的定义如图 4-4 所示。从加入硫酸铈铵到振荡开始定义为 $t_{诱}$，振荡开始后每个周期依次定义为 $T_1,T_2,T_3,\cdots$

按步骤 1 的配方，在 20～50 ℃ 之间选择 5～8 个合适的温度(如 20.0 ℃, 25.0 ℃, 30.0 ℃, …)，在每个温度下重复前面的实验，准确记录周期(记录前 10 个周期即可)。每个温度下的 $t_{诱}$ 和 T_1 至少重复 3 次。

(1) 点击"数据处理"菜单—"历史数据"，选择一组实验数据；点击"查看曲线"可在主界面显示曲线图，将选择的几组数据标记为 T；点击"计算"按钮，对所选数据进行数据处理，可求出诱导表观活化能和振荡表观活化能。

(2) 点击"导出"按钮，可将当前数据库所在的数据导出，文件格式为 *.BZZ 和 *.Xls。点击"文件"菜单—"保存"则可保存绘制的曲线。选择一组实验数据，点击"查看曲线"可在主界面显示曲线图，将选择的几组数据标记为 T。点击"计算"按钮，对于所选的数据进行数据处理，可求出诱导表观活化能和振荡表观活化能。

3. 空间化学波现象的观察

将 3 cm³ H_2SO_4(浓)和 11 g $KBrO_3$(s)溶解在 134 cm³ 去离子水中制得溶液Ⅰ；将 1.1 g $KBrO_3$(s)溶解在 10 cm³ 去离子水中制得溶液Ⅱ；将 2 g 丙二酸(s)溶解在 20 cm³ 去离子水中制得溶液Ⅲ。接着在一小烧杯中先加入 18 cm³ 溶液Ⅰ，再加入 1.5 cm³ 溶液Ⅱ和 3 cm³ 溶液Ⅲ，待溶液澄清后，再加入 3 cm³ 邻菲啰啉亚铁指示剂(配制方法同上)，充分混合后，倒入一直径为 9 cm 的培养皿中，将培养皿水平放在桌面上盖上盖子，下面放一张白纸以利观察。培养皿中的溶液先呈均匀的红色，片刻后溶液中出现蓝点，并成环状向外扩展，形成各种同心圆式图案。如果倾斜培养皿使一些同心圆破坏，则可观察到螺旋式图案的形成，这些图案同样能向四周扩展。

五、数据处理

(1) 结果与反应机理讨论。

B-Z 振荡反应的机理是复杂的,对用铈催化的 B-Z 反应,1972 年 Field、Koros 和 Noyes 提出了著名的 FKN 机理,它比较成功地解释了振荡的产生。

设该体系中主要存在着两种不同的总过程 I 和过程 II,哪一种过程占优势,取决于体系中溴离子的浓度,当 $c(Br^-)$ 高于某个临界值时,过程 I 占优势,当 $c(Br^-)$ 低于该临界值时,过程 II 占优势。过程 I 消耗 Br^- 导致过程 II,而过程 II 生产 Br^- 又使体系回到过程 I,如此循环就产生了化学振荡现象。

用铈催化的 B-Z 反应机理大致可认为如下。

当 $c(Br^-)$ 较大时,发生下列反应

$$BrO_3^- + Br^- + 2H^+ \longrightarrow HBrO_2 + HOBr \tag{4-2}$$

$$HBrO_2 + Br^- + H^+ \longrightarrow 2HOBr \tag{4-3}$$

反应方程式(4-2)、式(4-3)使 $c(Br^-)$ 逐渐降低,这两个反应属于过程 I。

当 $c(Br^-)$ 低于临界值后,发生如下反应

$$BrO_3^- + HBrO_2 + H^+ \longrightarrow 2BrO_2 + H_2O \tag{4-4}$$

$$BrO_2 + Ce^{3+} + H^+ \longrightarrow HBrO_2 + Ce^{4+} \tag{4-5}$$

$$2HBrO_2 \longrightarrow BrO_3^- + HOBr + H^+ \tag{4-6}$$

上述反应生成的 Ce^{4+} 又促使 Br^- 产生:

$$4Ce^{4+} + BrCH(COOH)_2 + H_2O + HOBr \longrightarrow 2Br^- + 4Ce^{3+} + 3CO_2(g) + 6H^+ \tag{4-7}$$

于是 $c(Br^-)$ 又增大,上述反应方程式(4-4)~式(4-7)属于过程 II。当 $c(Br^-)$ 超过临界值时,反应方程式(4-2)、式(4-3)又开始进行,体系开始一个新的循环。这样的循环就产生了周期性的振荡现象,该反应的振荡周期约为 30 s。

上述振荡反应的化学变化如下:

$$2BrO_3^- + 3CH_2(COOH)_2 + 2H^+ \xrightleftharpoons{Ce^{4+}} 2BrCH(COOH)_2 + 3CO_2(g) + 4H_2O$$

随着反应的进行,BrO_3^- 的浓度逐渐减小,CO_2 气体不断放出,体系的能量与物质逐渐耗散,如果不补充新的原料最终导致振荡结束。

(2) 分析周期随温度的变化。

(3) 将所选定的数据输入计算机,求出诱导表观活化能和振荡表观活化能。

实验 23 Liesegang 环带——凝胶中的周期性沉淀反应

一、实验目的

（1）了解双目镜、照相机的使用。
（2）了解 Liesegang 环带的动力学起因。

二、实验原理

在适当的条件下，难溶盐的凝胶中进行沉淀凝胶反应时，所生成的不溶物在凝胶中具有间断性空间分布特征，即一种空间周期性图案，通常称之为 Liesegang 环带。Liesegang 环带是一种非平衡有序结构，这类结构在自然界广泛存在，人们越来越注意到地质学中存在的引起条带、环带结构及动物体中结石组分的空间分布与凝胶中周期性沉淀的形成具有某些十分相似的特征，因此认识和理解凝胶中的周期性沉淀反应所产生的 Liesegang 环带现象，对于探讨岩石矿物中的一些环带结构及动物中结石组分的空间分布具有实际意义。本实验要求认识 Liesegang 环带现象，初步了解 Liesegang 环带的动力学起因。

在凝胶中许多难溶盐沉淀反应都可形成 Liesegang 环带，本实验采用 K_2CrO_4-$AgNO_3$ 系统，其沉淀反应为

$$K_2CrO_4 + 2AgNO_3 = Ag_2CrO_4(s,砖红色) + 2KNO_3$$

当 K_2CrO_4 和 $AgNO_3$ 的初始空间分布不均匀时，由于在凝胶中没有对流且沉淀颗粒的扩散作用也很小，因而如果沉淀反应在时空上是间断式，则其沉淀物在凝胶内将具有间断性分布特征。

三、仪器与药品

1. 仪器

烧杯（若干个）、培养皿（若干个）、恒温箱（1 台）、双目镜（1 台）、照相机（1 台）。

2. 药品

明胶（生物试剂）、0.1 mol·dm^{-3} K_2CrO_4（分析纯）、硝酸根银（$AgNO_3$）（基准试剂）。

四、实验方法

在 (70±10) ℃ 的热水浴中按 1∶5 的比例用水将明胶溶涨约 1 h 至完全溶解。取该明胶溶液 30 cm^3 与 0.1 mol·dm^{-3} K_2CrO_4 溶液 10 cm^3 和 60 cm^3 H_2O 混合，置于 (70±10) ℃ 的

热水浴中,搅拌约 30 min,调节 pH 值为 5~6,冷却至室温,趁尚未凝固时倒入培养皿中,使培养皿中凝固层厚度为 2~3 mm,待凝固后,将一颗 0.01~0.06 g 的 $AgNO_3$ 晶粒放在培养皿的中心位置。然后放入(10±20) ℃ 的恒温箱内静置,待周期性图案出现时,每间隔一定时间在双目镜下观察并记录实验和照相。

一般在放入 $AgNO_3$ 晶粒 10~15 h 后可观察到周期性环状图案,30~40 h 后可观察到次生环图案。

五、数据处理

凝胶中的沉淀反应图案除了带状外,因反应系统和条件的不同,还有辐射状和树枝状等。关于 Liesegang 环带的成因,最简单的解释是所谓过饱和的理论。该理论认为,在沉淀出现前,必须有某种程度的过饱和。在 $AgNO_3$ 扩散进入凝胶时,形成与凝胶边缘平等的扩散前沿。当区域为 Ag_2CrO_4 过饱和时,出现结晶。当 Ag_2CrO_4 沉淀时,使该区域的 CrO_4^{2-} 浓度下降,CrO_4^{2-} 向成长着的晶体扩散,因此降低了邻近区域的 CrO_4^{2-} 浓度。当 $AgNO_3$ 继续向凝胶内扩散时,它将通过一个低的 CrO_4^{2-} 浓度区域,只有到达正常的浓度区域时,沉淀才会再度生长。这种过程的重复就导致了周期交替的形成。除了过饱和理论外,还有许多其他的理论。虽然 Liesegang 环带的发现及对它的研究已有百年的历史,但是直到现在无论是理论研究还是实验研究仍然还很活跃。因为它涉及形态的形成和演化这一十分普遍的自然现象问题。当前的研究主要是将其纳入非平衡自组织理论框架中,对其各种沉淀反应图案的起因进行全面系统深入的讨论。

六、思考题

(1)什么是 Liesegang 环带?
(2)简述 Liesegang 环带反应的机理。
(3)你还了解到哪些非平衡有序结构的化学反应?

实验 24 食用白醋总酸度的测定

一、实验目的

(1) 了解基准物质邻苯二甲酸氢钾的性质及其应用。
(2) 掌握 NaOH 标准溶液的配制、标定及保存要点。
(3) 掌握强碱滴定弱酸的滴定过程、突跃范围及指示剂的选择原理。

二、实验原理

酸碱滴定分析法是将一种已知准确浓度的溶液(称为标准溶液)滴加到待测物的溶液中,或者是将待测物的溶液滴加到标准溶液中,直至标准溶液与待测组分按化学计量关系定量反应为止,然后根据消耗标准溶液的量来确定待测组分的量。滴定分析法快速准确,操作简便,适合中到高含量组分的测定,但也可以用于某些微量组分的测定。食用醋酸为有机弱酸 ($K_a = 1.8 \times 10^{-5}$),与 NaOH 的反应为

$$HAc + NaOH = NaAc + H_2O$$

本反应是强碱滴定弱酸,反应产物为弱酸强碱盐,其滴定的 pH 值突跃范围比滴定同样浓度强酸的突跃小得多,而且是在碱性区域,如 $0.1000 \text{ mol} \cdot \text{dm}^{-3}$ 的 NaOH 滴定 $0.1000 \text{ mol} \cdot \text{dm}^{-3}$ HAc 的突跃是 7.76~9.70。因此只能选择碱性范围内变色的指示剂,如酚酞、百里酚酞等。本实验选用酚酞作为指示剂。

三、仪器与药品

1. 仪器

烧杯(1个)、电子天平(1台)、锥形瓶(250 cm^3 3个)、洗瓶(1个)、移液管(25 cm^3 1支)。

2. 药品

(1) $0.1 \text{ mol} \cdot \text{dm}^{-3}$ NaOH 标准溶液的配制:用量筒量取饱和 NaOH 溶液 3 cm^3 于 500 cm^3 容量瓶中,稀释到 500 cm^3 即可。
(2) 酚酞指示剂:$2 \text{ g} \cdot \text{dm}^{-3}$ 的乙醇溶液。
(3) 邻苯二甲酸氢钾:在 100~125 ℃干燥 1 h 后置于干燥器中备用。
(4) 食用白醋。

四、实验内容

1. 0.1 mol·dm^{-3} NaOH 标准溶液浓度的标定

在电子天平上以减量法准确称取邻苯二甲酸氢钾(KHP)3 份,每份 0.4～0.6 g,分别倒入 250 cm^3 锥形瓶中,加 40～50 cm^3 蒸馏水(可稍加热溶解),待完全溶解后,加入 2～3 滴酚酞指示剂,用待标定的 NaOH 溶液滴定至呈微红色半分钟不退色为终点。

2. 食用白醋总酸度的测定

准确移取食用白醋试液 25.00 cm^3 于 250 cm^3 锥形瓶中,加入 2～3 滴酚酞指示剂,用 NaOH 标准溶液滴定至呈微红色半分钟不退色为终点。

五、数据处理

准确记录实验数据,计算出 NaOH 溶液的标准浓度和食用白醋的总酸度。

六、思考题

(1)分析本实验误差产生的原因。
(2)标定 NaOH 溶液的基准物质有哪些?

实验 25 高锰酸钾法测定过氧化氢的含量

一、实验目的

(1) 学习高锰酸钾氧化还原滴定法，进一步熟悉滴定操作。
(2) 了解氧化还原滴定法的指示剂选择的原理。

二、实验原理

本实验属于氧化还原滴定分析法。氧化还原滴定法有重铬酸钾法、高锰酸钾法、碘量法、铈量法等。各种方法都有其特点和应用范围，应根据实际测定情况选用。$KMnO_4$ 是一种强氧化剂，在酸性溶液中 H_2O_2 遇 $KMnO_4$，表现为还原剂，可在室温条件下用 $KMnO_4$ 标准溶液直接滴定，其反应方程式为

$$5H_2O_2 + 2MnO_4^- + 6H^+ = O_2 + 8H_2O + 2Mn^{2+}$$

开始时反应速度慢，滴入第一滴溶液不容易褪色，待 Mn^{2+} 生成后，由于 Mn^{2+} 的催化作用，加快了反应速度，故能顺利地滴定到终点。稍过量的滴定剂本身的紫红色即显示终点。

根据 $KMnO_4$ 标准溶液的浓度和滴定消耗的体积，即可计算溶液中 H_2O_2 的含量。

$KMnO_4$ 法的优点是氧化能力强，可直接、间接测定多种无机物和有机物，本身可作指示剂；缺点是 $KMnO_4$ 标准溶液不够稳定，滴定的选择性较差。标定 $KMnO_4$ 溶液的基准物质有 $Na_2C_2O_4$、$H_2C_2O_4 \cdot 2H_2O$、$(NH_4)_2Fe(SO_4)_2 \cdot 6H_2O$、$As_2O_3$ 等，其中以 $Na_2C_2O_4$ 较常用，$Na_2C_2O_4$ 不含结晶水，容易精制。在 H_2SO_4 溶液中，$KMnO_4$ 和 $Na_2C_2O_4$ 的反应方程式如下：

$$2MnO_4^- + 5C_2O_4^{2-} + 16H^+ = 2Mn^{2+} + 10CO_2 + 8H_2O$$

滴定时利用 MnO_4^- 离子本身的颜色指示滴定终点。MnO_4^- 与 $C_2O_4^{2-}$ 的反应速度较慢，为了使反应定量进行，滴定时应注意以下滴定条件：

(1) 此反应在室温下速度缓慢，需加热至 70~80 ℃，但高于 90 ℃，$H_2C_2O_4$ 会分解为

$$H_2C_2O_4 = CO_2(g) + CO(g) + H_2O$$

(2) 酸度过低，MnO_4^- 会部分被还原成 MnO_2；酸度过高，会促使 $H_2C_2O_4$ 分解。一般滴定开始的最宜酸度为 1 mol·dm^{-3}。为防止诱导氧化 Cl^- 的反应发生，应在 H_2SO_4 介质中进行。

(3) 开始滴定速度不宜太快。若开始滴定速度太快，使滴入的 MnO_4^- 来不及与 $C_2O_4^{2-}$ 反应，就在热的酸性溶液中发生分解：$4MnO_4^- + 12H^+ = 4Mn^{2+} + 5O_2 + 6H_2O$。因 $KMnO_4$ 的分解将使它的用量增加，使标定结果偏低，有时也可加入少量 Mn^{2+} 作催化剂以加速反应。

三、仪器与药品

1. 仪器

烧杯(1个)、台秤(1台)、表面皿(1个)、微孔玻璃漏斗(1个)、棕色试剂瓶(1个)、锥形瓶(250 cm³ 3个)、洗瓶(1个)、移液管(25 cm³ 1支)。

2. 药品

H_2SO_4(3 mol·dm⁻³)、H_2O_2溶液(约0.3%):定量量取原装的H_2O_2,稀释100倍,储存于棕色试剂瓶中、$KMnO_4$溶液(0.02 mol·dm⁻³)。

四、实验步骤

1. $KMnO_4$溶液的配制

称取$KMnO_4$固体约1.6 g溶于500 cm³水中,盖上表面皿,加热至沸,并保持微沸状态1 h,冷却后,用微孔玻璃漏斗(3号或4号)过滤。滤液储存于洁净的玻璃塞棕色试剂瓶中。将溶液在室温下暗处放置2~3 d后过滤备用。

2. $KMnO_4$溶液的标定

准确称取0.13~0.20 g基准$Na_2C_2O_4$三份,分别置于250 cm³锥形瓶中,加水约30 cm³溶解,再加10 cm³ 3 mol·dm⁻³ H_2SO_4溶液①,加热至75~85 ℃(溶液刚好冒出蒸汽),趁热用待标定的$KMnO_4$溶液滴定至呈微红色30 s不退色为终点②。终点时溶液的温度应在60 ℃以上。记录下$KMnO_4$的用量。

根据每份滴定中$Na_2C_2O_4$的质量和所消耗的$KMnO_4$溶液体积,计算$KMnO_4$溶液的浓度,相对平均偏差应不大于0.2%。

3. H_2O_2含量的测定

用移液管吸取H_2O_2试液10.00 cm³于250 cm³锥形瓶中,加3 mol·dm⁻³ H_2SO_4 10 cm³和蒸馏水20 cm³,用$KMnO_4$标准溶液滴定至呈微红色30 s不退色即为终点。重复测定2~3次,根据$KMnO_4$溶液的浓度和消耗的体积,计算试液中H_2O_2的含量(以g/dm³表示),并计算测定结果的相对平均偏差。

五、思考题

(1) 标定$KMnO_4$溶液的浓度时有哪些注意事项,如何操作?
(2) $KMnO_4$标准溶液滴定H_2O_2实验中可能存在哪些误差?如何避免?

---

① $KMnO_4$和$Na_2C_2O_4$的反应需要足够的酸度,滴定过程中若发现产生棕色混浊,是酸度不足引起的,应立即加入H_2SO_4补救;但若已达到终点,则加H_2SO_4已无效,此时应该重做。

② $KMnO_4$滴定的终点是不太稳定的,这是由于空气中含有还原性气体及尘埃等杂质,落入溶液中能使$KMnO_4$慢慢分解,而使粉红色消失,所以经过30 s不退色即可。

实验 26　自来水中微量氯离子的测定

一、实验目的

(1) 了解滴定法测定水中 Cl^- 含量的原理和方法。
(2) 进一步熟悉微型滴定的操作方法。

二、实验原理

水中 Cl^- 的含量直接关系到人们的健康以及生产活动。很多生产部门特别是造纸、建筑材料以及使用不锈钢制品的厂家,因为水中 Cl^- 对这些材料的侵蚀作用相当严重,所以对水的质量要求也很高。Cl^- 的含量过高会增加水中固体物质的含量,增加水的腐蚀性。Cl^- 对腐蚀速率产生不同的影响,它的增多能穿透钝胎膜,形成非常活泼的局部阳极区,加快腐蚀速率,所以要求用 Cl^- 含量较低的水作为工业用水的项目,应先做处理。

水中氯化物(Cl^-)的检测方法,已有报道采用双光束流动注射光度法监控与测定生活用水中 Cl^-。但在实验室最常用的是莫尔法,也称硝酸银滴定法,即在 pH 为 6.5~10.5 溶液中,以 K_2CrO_4 为指示剂,用 $AgNO_3$ 标准溶液滴定 Cl^-。原理是硝酸银和氯化物作用生成氯化银沉淀,当反应正好结束时,过量的 $AgNO_3$ 与 K_2CrO_4 指示剂反应,生成红色的铬酸银沉淀指示反应达到终点。另一种方法是硝酸汞滴定法测定 Cl^-。它的原理是 Hg^{2+} 与 Cl^- 可形成配位数不同的多种配位化合物 $HgCl^+$、$HgCl_2$、$HgCl_3^-$ 和 $HgCl_4^{2-}$,各级配位化合物的稳定程度不同,当 $[Cl^-]=10^{-3}\sim10^{-4.5}$ $mol \cdot dm^{-3}$ 时,Hg^{2+} 与 Cl^- 几乎 100% 地形成 $HgCl_2$,且新生成的 $HgCl_2$ 极难离解。利用这一特点,在 pH 为 3.0~3.5 的条件下,以二苯卡巴腙与过量的微量 Hg^{2+} 形成深紫色可溶性化合物显示点。对稀的 Cl^- 溶液进行滴定,近终点时溶液由浅紫色转化成深蓝紫色。

三、仪器与药品

1. 仪器

50 cm^3 容量瓶、微型滴定管、5 cm^3 吸量管、1 cm^3 移液管、多用滴管、锥型瓶、六孔井穴板。

2. 药品

NaCl(s)、$Hg(NO_3)_2$(s)、0.5% 二苯卡巴腙(95% 乙醇溶液,新配)、1 $mol \cdot dm^{-3}$、0.2 $mol \cdot dm^{-3}$ 和 0.05 $mol \cdot dm^{-3}$ HNO_3、0.2 $mol \cdot dm^{-3}$ NaOH、95% 乙醇、0.002 0 $mol \cdot dm^{-3}$ $AgNO_3$ 标准、1% K_2CrO_4、精密 pH 试纸。

四、实验内容

(一)方法Ⅰ:硝酸汞滴定法

1. NaCl 标准溶液的配制

(1)标准:称取经灼烧恒重的基准物质 NaCl 0.082 4 g,以蒸馏水溶解后移入 50 cm³ 容量瓶定容。此标准溶液含 Cl^- 1000 mg·dm^{-3}。

(2)移取(1)溶液 5.00 cm³ 于 50 cm³ 容量瓶中,加 1 mol·dm^{-3} HNO_3 2 滴,再加蒸馏水定容。此标准溶液含 Cl^- 100 mg·dm^{-3},记为 Cl-A。

2. Hg^{2+} 标准溶液的配制

(1)0.405g $Hg(NO_3)_2$ 以 0.2 mol·dm^{-3} HNO_3 溶解,稀释,移入 50 cm³ 容量瓶定容,此溶液含 Hg^{2+} 5000 mg·dm^{-3}。

(2)移取上述 $Hg(NO_3)_2$ 溶液 5.00 cm³ 于 50 cm³ 容量瓶中,以 0.05 mol·dm^{-3} HNO_3 稀释定容,此溶液含 Hg^{2+} 约 500 mg·dm^{-3},记为 Hg-A。

3. Hg-A 溶液浓度的标定

以 Cl-A 标准溶液,测定 Hg-A。

用 1 cm³ 移液管移取 Cl-A 标准溶液于小锥形瓶中,加入二苯卡巴腙 2 滴,用自制的装有 Hg-A 溶液的 2 cm³ 微型滴定管滴定,至溶液由无色变成蓝紫色为终点,记下 Hg-A 溶液的体积。

4. 自来水微量 Cl^- 的测定

(1)取样及水样处理。旋开自来水龙头,放水 20~30 min,以排去管内积存的水,然后以干净烧杯接取水样,以精密 pH 试纸检测,用 0.2 mol·dm^{-3} HNO_3 将水样调至 pH=4,待测。

(2)测定。移取 5.00 cm³ 水样于小锥型瓶中,加入 2 滴二苯卡巴腙,以自制装有 Hg-A 溶液微型滴定管滴定,至溶液由无色变为蓝紫色,记下所有 Hg-A 溶液的体积。

(二)方法Ⅱ:硝酸银滴定法(莫尔法)

准确配制 $AgNO_3$ 标准溶液以及 K_2CrO_4 溶液。准确移取 10 cm³ 自来水于 25 cm³ 锥型瓶中,加入 1 cm³ 1‰ 的 K_2CrO_4 指示剂,在不断振荡下,用 0.002 0 mol·dm^{-3} $AgNO_3$ 标准溶液滴定至白色沉淀中呈现砖红色,即为终点。记下消耗的 $AgNO_3$ 溶液体积,计算出自来水中氯含量,重复上述操作两次。

五、数据处理

1. Hg-A 溶液的浓度计算

计算公式为 $c(Hg-A) = V(Cl-A) \times c(Cl-A) / [2 \times V(Hg-A)]$。

样号	$V(Cl-A)/cm^3$	$V(Hg-A)/cm^3$	$c(Hg-A)/(mol \cdot dm^{-3})$	$c(Hg-A)$平均值$/(mol \cdot dm^{-3})$
Ⅰ	1.00			
Ⅱ	1.00			
Ⅲ	1.00			

2. 水样中 Cl^- 含量的测定

计算公式为水样中 Cl^- ($mol \cdot dm^{-3}$) $= 2c(Hg-A)V(Hg-A)/V(Cl-A)$。

样号	$V(水样)/cm^3$	$V(Hg-A)/cm^3$	水样中 Cl^- 含量$/(mol \cdot dm^{-3})$	平均值
Ⅰ	5.00			
Ⅱ	5.00			
Ⅲ	5.00			

3. 水样中 Cl^- 的浓度

计算公式为水样中 Cl^- 的浓度 $c(AgNO_3) \cdot V(AgNO_3)/V(水)$。

实验序号	1	2	3
$V(自来水)/cm^3$	10.00	10.00	10.00
$V(AgNO_3)/cm^3$			
$c(Cl^-)/(mol \cdot dm^{-3})$			
平均值			

六、注意事项

(1) 二苯卡巴脒作为指示剂,若浓度较小则终点颜色突变不明显,所以可适当加大指示剂用量。

(2) 微型滴定实验也可以用带微量滴头的多用滴管,此时水样取 50 滴,加二苯卡巴脒 2 滴,可在六孔板的井穴中进行滴定。但井穴板易染色,滴定后的溶液要立即倒掉,并清洗井穴板,否则井穴板带色会影响颜色的观察。

(3) 实验中 $AgNO_3$ 浓度应按实际的浓度计算。

七、思考题

(1) 水中 Cl^- 含量常用的测定方法有哪些?如何操作?

(2) Cl^- 含量在实际的生活与生产用水中有哪些影响?

实验 27　微珠法测定痕量铁(微型实验)

一、实验原理

微珠法是一种微量分析方法。首先将待测元素、显色剂及有机提取剂溶于无水乙醇、丙酮等溶剂中,形成小体积均相显色体系,再加入水,改变其均相成分,使不溶于水的有机提取剂及待测元素和显色剂的配合物形成带色的微珠而析出。然后与标准色阶目视比色测定待测元素含量。微珠的体积视待测元素含量而定,一般在 30～50 μL,也可小于 10 μL,甚至 5 μL。这种微量相析技术比色的检测灵敏度比传统比色法提高了 2～3 个数量级,而且经济、快速,易于操作,设备简单。

二、仪器与药品

1. 仪器

瓷坩埚(10 个)、移液管(0.1 cm³ 1 支)。

2. 药品

4,7-二苯基-1,10-菲啰啉(向红菲啰啉,0.02%)、乙酸铵缓冲溶液(50%,pH=7)、盐酸羟胺溶液(2%)、Fe 标准液溶液(1 μg·cm^{-3}、10 μg·cm^{-3})、HCl(5%)、乙醇。

三、实验内容

标准色阶的配制:取 1 μg·cm^{-3} 的 Fe 标准溶液 0、0.01 cm³、0.02 cm³、0.03 cm³、…、0.08 cm³、0.1 cm³ 于瓷坩埚中,不足 0.1 cm³ 者用 5%HCl 补充至 0.1 cm³,加 1 滴 2%盐酸羟胺,2 滴 0.02%的向红菲啰啉显色剂,1 滴 50%乙酸铵缓冲溶液,无水乙醇 4 滴,摇匀。加水 2 滴使有机相析出,并摇动使有机相聚集成微珠。

样品操作:取 0.1 cm³ 自来水或环境水于瓷坩埚中,以下同标准色阶操作。微珠析出后与标准色阶对照比色。

四、数据处理

$$x = \frac{\text{比色出微克数}}{0.1 \text{ cm}^3 \text{ 样品体积}}$$

五、注意事项

(1)如果是矿样或生物样品,先将样品分解定容,然后再稀至约含 Fe 在 1 μg·cm^{-3} 以内。如果样品溶液浓度低于 $0.11\ \mu g \cdot cm^{-3}$,可将样品溶液蒸发浓缩。

(2)本法除含 Cu 较高使微珠略带黄色外,其他元素不干扰。

(3)本法要求使用的试剂和蒸馏水中尽可能不含铁。如含铁过高,则先必须经萃取处理除 Fe。

(4)使用完的坩埚用热稀 HCl 煮沸洗净,消除干扰。

实验 28 铁矿石中铁含量的测定(重铬酸钾法)

一、实验目的

(1) 了解测定铁矿石中铁含量的方法和基本原理。
(2) 学习矿样的分解、试液的预处理等操作方法。
(3) 进一步熟悉氧化还原滴定法。

二、实验原理

含铁的矿物种类很多,其中有工业价值可以作为炼铁原料的铁矿石主要有磁铁矿(Fe_3O_4)、赤铁矿(Fe_2O_3)、褐铁矿($Fe_2O_3 \cdot nH_2O$)和菱铁矿($FeCO_3$)等。测定铁矿石中铁的含量最常用的方法是重铬酸钾法。经典的重铬酸钾法(即氯化亚锡-氯化汞-重铬酸钾法),方法准确、简便,但所用氯化汞是剧毒物质,会严重污染环境。为了减少环境污染,现在较多采用无汞分析法。

本实验采用改进的重铬酸钾法,即三氯化钛-重铬酸钾法。它的基本原理是:粉碎到一定粒度的铁矿石可用热的盐酸分解

$$Fe_2O_3 + 6H^+ = 2Fe^{3+} + 3H_2O$$

试样分解完全后,趁热加入 $SnCl_2$ 将大部分 Fe^{3+} 还原为 Fe^{2+},使溶液由红棕色变为浅黄色,然后再以 Na_2WO_4 为指示剂,用 $TiCl_3$ 将剩余的 Fe^{3+} 全部还原成 Fe^{2+},当 Fe^{3+} 全部还原为 Fe^{2+} 之后,过量滴入 1~2 滴 $TiCl_3$ 溶液,即可使溶液中的 Na_2WO_4 还原为蓝色的五价钨化合物,俗称"钨蓝",再往溶液中滴入少量 $K_2Cr_2O_7$,使过量的 $TiCl_3$ 氧化,"钨蓝"刚好退色即可。在无汞测定铁的方法中,常采用 $SnCl_2$-$TiCl_3$ 联合还原,其反应方程式为

$$2Fe^{3+} + Sn^{2+} = Sn^{4+} + 2Fe^{2+}$$

$$Fe^{3+} + Ti^{3+} + H_2O = Fe^{2+} + TiO^{2+} + 2H^+$$

此时试液中的 Fe^{3+} 已被全部还原为 Fe^{2+},加入硫磷混酸和二苯胺磺酸钠指示剂,立即用 $K_2Cr_2O_7$ 标准溶液滴定至溶液呈稳定的紫色即为终点。在酸性溶液中,$Cr_2O_7^{2-}$ 滴定 Fe^{2+} 的反应方程式如下:

$$Cr_2O_7^{2-} + 6Fe^{2+} + 14H^+ = 2Cr^{3+} + 6Fe^{3+} + 7H_2O$$
$$\text{绿色} \quad \text{黄色}$$

在滴定过程中,不断产生的 Fe^{3+}(黄色)对终点的观察有干扰,通常用加入磷酸的方法,使 Fe^{3+} 与磷酸形成无色的 $Fe(HPO_4)_2^-$ 配合物,消除 Fe^{3+}(黄色)的颜色干扰,便于观察终点,同时由于生成了 $Fe(HPO_4)_2^-$,Fe^{3+} 的浓度大量下降,避免了二苯胺酸钠指示剂被 Fe^{3+} 氧化而过早的改变颜色,使滴定终点提前到达的现象,提升了滴定分析的准确性。

由滴定消耗的 $K_2Cr_2O_7$ 溶液的体积(V),可以计算得到试样中铁的含量,其计算式为

$$\text{Fe 的含量}(\text{Fe}\%) = \frac{c\left(\frac{1}{6}\text{K}_2\text{Cr}_2\text{O}_7\right) \times V(\text{K}_2\text{Cr}_2\text{O}_7) \times 55.85}{m \times 1000} \times 100\%$$

式中：$\text{K}_2\text{Cr}_2\text{O}_7$ 为标准溶液，$c\left(\frac{1}{6}\text{K}_2\text{Cr}_2\text{O}_7\right)$ 为其物质的量浓度（$\text{mol} \cdot \text{dm}^{-3}$）；$m$ 为试样的质量(g)；55.85 为铁的摩尔质量(g/mol)。

三、仪器与药品

1. 仪器

分析天平、酸式滴定管、锥形瓶（250 cm³）、电热板或电炉。

2. 药品

(1) HCl 溶液 2+1。

(2) SnCl_2 溶液（10%）：称取 100 g $\text{SnCl}_2 \cdot 2\text{H}_2\text{O}$，溶于 500 cm³ 浓盐酸中，加热至澄清，然后加水稀释至 1 dm³。

(3) Na_2WO_4 溶液（10%）：称取 100g Na_2WO_4，溶于约 400 cm³ 蒸馏水中，若浑浊则进行过滤，然后加入 50 cm³ H_3PO_4，用蒸馏水稀释至 1 dm³。

(4) TiCl_3 溶液（1+9）：将 100 cm³ TiCl_3 试剂（15%～20%）与 HCl 溶液（1+1）200 cm³ 及 700 cm³ 水相混合，转于棕色细口瓶中，加入 10 粒无砷锌，放置过夜。

(5) 二苯胺磺酸钠溶液：0.5%。

(6) 硫磷混酸溶液：在搅拌下将 200 cm³ H_2SO_4 缓缓加到 500 cm³ 水中，冷却后再加 300 cm³ H_3PO_4（市售）混匀。

(7) $\text{K}_2\text{Cr}_2\text{O}_7$ 标准溶液：$c\left(\frac{1}{6}\text{K}_2\text{Cr}_2\text{O}_7\right) = 0.1000 \ \text{mol} \cdot \text{dm}^{-3}$。

(8) KMnO_4 溶液：1%。

(9) $\text{K}_2\text{Cr}_2\text{O}_7$ 溶液：$0.1 \ \text{mol} \cdot \text{dm}^{-3}$。

四、实验内容

1. 试样的分解

用分析天平准确称取 0.15～0.17 g 铁矿石试样 3 份，分别置于 3 个 250 cm³ 锥形瓶中，用少量蒸馏水润湿，加入 20 cm³ HCl（2+1）溶液，盖上表面皿，小火加热至近沸，待铁矿石大部分溶解后，缓缓煮沸 1～2 min，以使铁矿石分解完全（即无黑色颗粒状物质存在）[①]，这时溶液呈红棕色。用少量蒸馏水吹洗瓶壁和表面皿，加热至沸。

试样分解完全后，样品可以放置。用 SnCl_2 还原 Fe^{3+} 至 Fe^{2+} 时，应特别强调，要预处理

---

① 试样分解完全时，如仍有黑色残渣存在，可加入少量 SnCl_2 溶液助溶，对于难溶或含硅量较高的试样，可加入少量 NaF，以促进试样的溶解。

一份就立即滴定,而不能同时预处理几份并放置,然后再一份一份地滴定。

2. Fe^{3+} 的还原

趁热滴加 10% $SnCl_2$ 溶液,边加边摇动,直到溶液由红棕色变为浅黄色,若 $SnCl_2$ 过量,溶液的黄色完全消失呈无色,则应加入少量 1% $KMnO_4$ 溶液使溶液呈浅黄色。加入 50 cm³ 去离子水及 10 滴 10% Na_2WO_4 溶液,在摇动下滴加 $TiCl_3$ 溶液至出现稳定的蓝色(即 30 s 内不退色),再过量 1 滴。用自来水流水冷却至室温,小心地滴加 0.1 mol·dm^{-3} $K_2Cr_2O_7$ 溶液至蓝色刚刚消失(呈浅绿色或接近无色)。

3. 滴定

试液中加入 50 cm³ 去离子水,10 cm³ 硫磷混酸及 6 滴二苯胺磺酸钠指示剂,立即用 $K_2Cr_2O_7$ 标准溶液滴定至溶液呈稳定的紫色为终点,记下所消耗的 $K_2Cr_2O_7$ 标准溶液的体积。按照上述步骤测定另两份样品。

4. 计算结果

根据所耗 $K_2Cr_2O_7$ 标准溶液的体积,可计算铁矿石中铁的含量(%),以其平均值为最后结果。

五、思考题

(1) 还原 Fe^{3+} 时,为什么要使用两种还原剂?只使用其中的一种有何不妥?

(2) 滴定前为什么要加入硫磷混酸?

(3) 试样分解完,加入硫磷混酸和指示剂后为什么必须立即滴定?

实验 29　铁矿石中铁含量的测定(XRF 法)

一、实验目的

(1) 学习使用 X 射线荧光光谱(XRF)仪。
(2) 掌握使用 XRF 测定铁矿石中铁含量的方法。

二、实验原理

X 射线荧光光谱法(XRF)能测定周期表中多达 83 个元素所组成的各种形式和性质的导体或非导体材料。与其他技术相比，XRF 具有分析速度决、稳定性和精密度好以及动态范围宽等优点，采用熔融法制样克服了粒度效应和矿物效应的影响，提高了分析结果的准确性。

助熔剂是在熔解过程中起到助熔作用的一种试剂，其作用原理是在一定高的温度下，助熔剂自身先熔融，形成熔融体，从而使试样能够熔解在这种熔融体中，然后通过铂金坩埚旋转，混合均匀，形成成分均匀的液体，最后浇铸、冷却、凝固，形成均匀的单晶玻璃体供分析使用。

三、仪器与药品

1. 仪器

电子天平、马弗炉、全自动燃气熔融炉、X 射线荧光光谱仪、铂金坩埚、恒温干燥箱。

2. 药品

四硼酸锂、硝酸锂、无水碳酸钠、三氧化二钴、溴化锂。

试验所用的四硼酸锂为 600 ℃ 烧失量，误差小于 2%。硝酸锂熔点较低，在空气中比较容易融化，配制成过饱和溶液。其余的各种试剂及试样在 105 ℃ 左右烘干 1 h 即可。溴化锂配制成 40% 的溶液，三氧化二钴与四硼酸锂按 1∶10 配制成钴玻璃粉。

四、实验内容

(1) 准确称取干燥的铁矿石试样 $(0.400\ 0 \pm 0.000\ 2)$ g，将其放在干净的瓷坩埚里。
(2) 准确称取无水碳酸钠 $(0.200\ 0 \pm 0.000\ 2)$ g 放入该坩埚中，准确称取钴玻璃粉 $(0.400\ 0 \pm 0.000\ 2)$ g 放入该瓷坩埚中。
(3) 准确称取四硼酸锂 $(6.800\ 0 \pm 0.000\ 2)$ g；先将约 3.0 g 四硼酸锂倒入盛有试样的瓷坩埚内，并与试样等混合物搅匀；再将约 2.0 g 四硼酸锂倒入铂金坩埚中，使其底部形成一层熔剂层,然后将试样混合物全部移入铂金坩埚中,用毛刷将包括搅拌工具等器具上粘有的试样混合物全部扫入铂金坩埚中;最后将剩余的四硼酸锂全部倒入铂金坩埚中,覆盖在混合物表面。

(4)加入氧化剂硝酸锂约 1 cm^3,加入少许脱模剂溴化锂,将铂金坩埚放在高频熔融炉上熔融。

(5)将熔融后所得样品用 X 射线荧光光谱仪分析。

五、思考题

(1)XRF 较之微珠法、重铬酸钾法的优势及劣势是什么?

(2)如何衡量 XRF 测定铁矿石中铁含量实验的准确度和精密度?

实验 30　紫外分光光度法测定氯霉素

一、实验目的

(1) 了解紫外分光光度法的应用。
(2) 掌握分光光度分析的基本操作和数据处理方法。

二、实验原理和技术

氯霉素的分子结构在抗生素中是较简单的一种,有 4 个异构体,统称为氯胺苯醇。氯霉素为白色或微带黄绿色针状、长片状结晶或结晶粉末,无臭,微苦,微溶于水,易溶于乙醇、甲醇、丙酮或丙二醇,水溶液显中性,在弱酸及中性溶液中稳定,在碱性溶液中易分解。

紫外分光光度法测定的原理以朗伯-比尔定律为依据。当入射光波长 λ 与吸收池厚度 l 为一定时,在一定浓度范围内,溶液的吸光度 A 与该溶液的浓度 c 成正比。氯霉素的水溶液在 278 nm 的紫外光区有最大吸收,质量分数为 1‰ 的该溶液的摩尔吸光系数 $\varepsilon_{1\,cm} = 298$ dm^3/(mol·cm),以蒸馏水作参比,采用标准曲线法,即可测出未知液中氯霉素的含量。

三、仪器与药品

1. 仪器

756MC 型紫外分光光度计、石英比色皿、10 cm^3 吸量管、25 cm^3 容量瓶(或比色管)、100 cm^3 容量瓶。

2. 药品

氯霉素(可用儿童药用药片,每片含氯霉素 50 mg)、待测氯霉素溶液样品。

四、操作步骤

1. 氯霉素标准溶液的配制

称取 10 mg 标准氯霉素,用 1 cm^3 乙醇溶解后转移至 100 cm^3 容量瓶中,用蒸馏水稀释至刻度,摇匀。吸取此溶液 2.50 cm^3、5.00 cm^3、7.50 cm^3、10.00 cm^3 和 12.50 cm^3,分别置于 25 cm^3 容量瓶(或比色管)中,用水稀释至刻度。此系列为不同浓度的氯霉素溶液标准系列。

2. 绘制吸收曲线

取中间浓度的氯霉素标准溶液(即加入 7.50 cm^3 氯霉素的容量瓶中的溶液),在 260～

290 nm 之间,以蒸馏水作参比,作波长为 1 nm 的吸光度扫描,扫描速度为 100 点/min。根据扫描出的图谱(即吸收曲线)确定最大吸收波长 λ_{max}。

3. 绘制标准曲线

以水为空白,λ_{max} 为测定波长,按数据打印方式测定标准系列的吸光度 A。以吸光度 A 为纵坐标、浓度 c 为横坐标绘制标准曲线。

4. 样品的测定

在同样条件下,测定待测氯霉素样品的吸光度,从标准曲线上查得其含量。

五、数据处理

以实验数据吸光度 A 为纵坐标、浓度 c 为横坐标绘制标准曲线,从标准曲线上查得待测氯霉素样品的含量。

六、思考题

(1) 试比较 756MC 紫外分光光度计和 7220 型分光光度计在使用上的不同。
(2) 本实验测定时能否用玻璃比色皿?为什么?

实验 31 碳酸饮料中柠檬酸含量的测定

一、实验目的

(1) 学会配制和标定溶液浓度的方法。
(2) 掌握滴定操作并学会正确判断滴定终点。
(3) 进一步掌握移液管、滴定管和容量瓶的正确使用方法。

二、实验原理

碳酸饮料俗称汽水,是冲入二氧化碳气体的软饮料。这类饮料中常添加柠檬酸作为酸味剂、螯合剂、抗氧化增效剂等,使其口感爽快柔和,增进食欲,促进消化。由于柠檬酸的含量对食品的味道有很大的影响,并且是某些食品品质的一项重要检测目标,因此对食品中所含柠檬酸进行定性和定量分析具有重要意义。

柠檬酸又名枸橼酸,是一种重要的有机酸,摩尔质量为 92.14 g·mol^{-1},无色晶体,无臭,有很强的酸味,易溶于水。用碱标准溶液滴定试样液中的柠檬酸时,以酚酞为指示剂。当滴定至终点呈浅红色,且 30 s 不退色时,根据滴定消耗的 NaOH 标准溶液体积,可算出试样中柠檬酸的总酸度。反应式为

$$\text{H}_2\text{C—COOH} \atop \text{HO—C—COOH} \atop \text{H}_2\text{C—COOH} + 3\text{NaOH} \longrightarrow \text{H}_2\text{C—COONa} \atop \text{HO—C—COONa} \atop \text{H}_2\text{C—COONa} + 3\text{H}_2\text{O}$$

标定柠檬酸所用到的 NaOH 标准液采用间接法配制而成,并不是 0.1 mol·dm^{-3} NaOH 标准溶液。因此必须要用基准物质标定其准确浓度。

标定所用基准物质是邻苯二甲酸氢钾,容易制得纯品,不含结晶水,在空气中不吸水,容易保存,摩尔质量大,比较稳定,是较好的基准物质。它与氢氧化钠的反应式为

$$\text{C}_6\text{H}_4(\text{COOK})(\text{COOH}) + \text{NaOH} \longrightarrow \text{C}_6\text{H}_4(\text{COOK})(\text{COONa}) + \text{H}_2\text{O}$$

由于反应产物是邻苯二甲酸钾钠盐,是二元弱碱,在水溶液中显碱性(计量点时溶液显微碱性),可选用酚酞作指示剂,滴定终点由无色变为浅红色。根据指示剂颜色变化,得到滴定

邻苯二甲酸氢钾标准溶液所消耗 NaOH 溶液的量,就可以标定 NaOH 溶液的准确浓度。

一般市面上的汽水在出厂前都冲入了 2～3 个大气压的 CO_2,所以部分 CO_2 会溶于饮料中以碳酸的形式存在,并且在滴定过程中消耗部分 NaOH 溶液,从而影响柠檬酸的测定。因此,在滴定操作前首先要加热煮沸样品,除去 CO_2。

氢氧化钠的摩尔浓度计算公式($mol \cdot dm^{-3}$)

$$c_{NaOH} = \frac{m_{邻苯二甲酸氢钾}}{V_{NaOH} \times M_{邻苯二甲酸氢钾}} \times 1000$$

柠檬酸的含量计算公式为($g \cdot dm^{-3}$)

$$c_{柠檬酸} = \frac{\frac{1}{3} c_{NaOH} \times V_{NaOH}}{V_{NaOH}}$$

三、仪器与药品

1. 仪器

分析天平、滴定管(25 cm^3)、量筒(100 cm^3)、移液管(25 cm^3)、锥形瓶(250 cm^3)。

2. 药品

碳酸饮料(可用七喜、雪碧等无色饮料)、NaOH、邻苯二甲酸氢钾、酚酞指示剂、pH 试纸。

四、实验内容

1. 准备待测样品

首先用 pH 试纸检验新开瓶的碳酸饮料酸度,然后将其倒入烧杯,用玻璃棒搅拌,加速 CO_2 气体的溢出,待溶液表面没有气泡后,将其倒入 150 cm^3 的容量瓶使液体充满到刻度线。为尽量减少 CO_2 对测量结果的影响,还要将容量瓶中的试样倒入干净的烧杯,加热至沸腾,有助于完全排出 CO_2 气体。然后将试样冷却至室温后装回上述容量瓶(煮沸过程中有水分损失,液面低于刻度线),用少量蒸馏水洗涤烧杯并将洗涤液转移至容量瓶,最后稀释溶液至刻度线,摇匀。再次检验此时溶液的 pH,比较前后两次 pH 试纸颜色的变化。

2. NaOH 标准溶液的配制和标定

准确称取 NaOH 固体约 1.0 g 放置在烧杯中,先加入 20 cm^3 蒸馏水将其全部溶解,再转移至试剂瓶中加水稀释至 500 cm^3,混匀,待标定。

用减量法准确称取 0.250 0～0.300 0 g 邻苯二甲酸氢钾 3 份,置于 250 cm^3 锥形瓶中,各加 20～30 cm^3 蒸馏水,温热使之溶解,冷却后加 1～2 滴酚酞,用待标定 NaOH 溶液滴定至呈现微红色,半分钟不退色,即为终点。平行测定 3 份,计算 NaOH 标准溶液平均浓度。

3. 柠檬酸浓度的测定

将 25 cm^3 移液管用待测碳酸溶液润洗后,准确移取 25.00 cm^3 样液于 250 cm^3 锥形瓶中,加酚酞指示剂 1～2 滴,均匀混合;随后用标准 NaOH 溶液进行滴定,使溶液颜色由无色变为粉红色,并准确记录体积,平行滴定 3 次;计算碳酸饮料中柠檬酸含量。

五、思考题

(1)如何溶解邻苯二甲酸氢钾?

(2)本次实验中用的试样是一水合柠檬酸,如果部分失水,测定结果偏高还是偏低?

实验32 火焰原子吸收光谱法测定茶叶中铅的含量

一、实验目的

(1) 熟悉原子吸收光谱分析的特点及应用。
(2) 熟悉微波消解仪的使用方法。
(3) 了解火焰原子吸收分光光度计的原理、结构及使用方法。

二、实验原理

原子吸收光谱法是基于从光源发射的被测元素的特征谱线通过样品蒸气时,被蒸气中待测元素基态原子吸收,由谱线的减弱程度求得样品中被测元素的含量。谱线的吸收与原子蒸气的浓度遵守朗伯比尔定律($A = kcL$),这是本方法的定量分析基础。

测定时,首先将被测样品转变为溶液,经雾化系统导入火焰中,在火焰原子化器中,经过喷雾燃烧完成干燥、熔融、挥发、离解等一系列变化,使被测元素转化为气态基态原子。本次实验采用标准曲线法测定未知液中铜的含量。

三、仪器与药品

1. 仪器

PE330型原子吸收分光光度计、铅空心阴极灯、容量瓶、吸量管、瓷坩埚。

2. 药品

铅标准储备溶液(1 mg·cm^{-3})、盐酸、硝酸、高氯酸。

四、实验内容

1. 标准液制备

用盐酸将铅标准储备液稀释至 100 mg·dm^{-3}。

2. 样品溶液的制备

称取 5.00 g 粉碎的茶叶样品,置于 50 cm^3 瓷坩埚中,小火炭化至无烟,移入马弗炉 500 ℃ 灰化 6~8 h,冷却。加入 1 cm^3 混合酸(硝酸:高氯酸=4∶1),低温加热,不使干涸,如此重复几次,直到残渣中无碳粒,放冷。用 10 cm^3 盐酸(1+11)溶解残渣,将溶液过滤入 50 cm^3 容量瓶中,用少量水多次洗涤坩埚,洗液并入容量瓶中并定容至刻度,混匀备用。同时做试剂空白试验。

3. 绘制工作曲线

吸取铅标准使用液,用盐酸配置成浓度分别为 0.00 mg·dm^{-3}、0.25 mg·dm^{-3}、0.50 mg·dm^{-3}、1.00 mg·dm^{-3}、2.00 mg·dm^{-3} 的标准工作溶液。依次导入火焰原子化器并进行吸光度值的测定,绘制工作曲线。

4. 样品的测定

用标准曲线法测定样品中铅的含量。

五、思考题

(1)火焰原子吸收光谱法具有哪些特点?

(2)从原理、仪器、应用三方面概述原子吸收光谱法与原子发射光谱法的不同。

实验 33 高效液相色谱法测定咖啡中的咖啡因含量

一、实验目的

(1) 理解反相色谱的原理和应用。
(2) 掌握标准曲线定量法。

二、实验原理

咖啡因又称咖啡碱,属黄嘌呤衍生物,化学名称为 1,3,7-三甲基黄嘌呤,可由茶叶或咖啡中提取而得的一种生物碱。它能兴奋大脑皮层,使人精神兴奋。咖啡中含咖啡因为 1.2%～1.8%,茶叶中含 2.0%～4.7%,可乐饮料、复方阿司匹林药片中均含咖啡因。它的分子式为 $C_8H_{10}O_2N_4$,结构式为

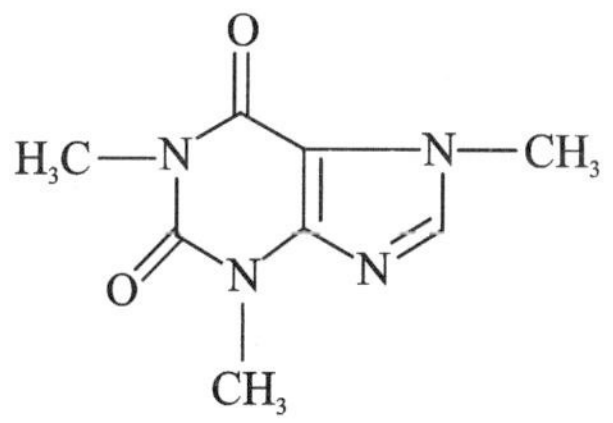

采用 C-18 柱反相液相色谱法进行分离,以紫外检测器进行检测,以咖啡因标准系列溶液外标法定量,可测定各类食品、药品中咖啡因的含量。但实际样品成分往往比较复杂,如果直接进样,虽然操作简单,但会影响色谱柱寿命。根据咖啡因的极性和酸碱性,采取萃取分离的方法进行前处理,可有效消除共存的干扰物,对提高定量准确度和保护色谱柱都有较大的益处。

三、仪器与药品

1. 仪器

高效液相色谱仪。

2. 药品

甲醇(色谱纯)、氯仿(A.R.)、盐酸(6 mol·dm^{-3})、饱和碳酸钠溶液、咖啡因(A.R.)、咖啡豆(磨成粉状)或速溶咖啡。

1000 mg·dm^{-3} 咖啡因标准储备溶液:将咖啡因在 110 ℃下烘干 1 h。准确称取 0.1000 g 咖啡因,用氯仿溶解,定量转移至 100 cm^3 容量瓶中,用氯仿稀释至刻度。

四、实验内容

1. 调整色谱仪条件

(1) 柱温：室温。
(2) 流动相：甲醇/水＝60/40。
(3) 流动相流量：$1.0\ \text{cm}^3 \cdot \text{min}^{-1}$。
(4) 检测波长：275 nm。

2. 配制咖啡因标准系列溶液

配制咖啡因标准系列溶液，其浓度为 $10.0 \sim 100\ \text{mg} \cdot \text{dm}^{-3}$。

3. 样品处理

准确称取 0.25 g 咖啡粉试样，用 30 cm³ 蒸馏水煮沸 10 min，冷却后，将上层清液转移至 100 cm³ 容量瓶中，并按此步骤再重复 2 次，最后用蒸馏水定容至刻度。将上述样品溶液分别进行干过滤（即用干漏斗、干滤纸过滤），收集 25.0 cm³ 滤液。上述 25.0 cm³ 滤液全部转移到 125 cm³ 分液漏斗中，加入 $6\ \text{mol} \cdot \text{dm}^{-3}$ 盐酸 2 cm³，用 10 cm³ 乙酸乙酯分两次萃取，弃去乙酸乙酯层。水层中再加入饱和碳酸钠溶液 5 cm³，用 20 cm³ 乙酸乙酯分 3 次萃取。将酯层收集于 25 cm³ 容量瓶中，用乙酸乙酯定容至刻度。

4. 绘制工作曲线

待液相色谱仪基线平直后，分别注入咖啡因标准系列溶液 10 μL，记下峰面积和保留时间。

5. 样品测定

分别注入样品溶液 10 μL，根据保留时间确定样品中咖啡因色谱峰的位置，记下咖啡因色谱峰面积。实验结束后，按要求冲洗色谱系统，关好仪器。

6. 结果处理

(1) 根据咖啡因标准系列溶液的色谱图，绘制咖啡因峰面积与其浓度的关系曲线。
(2) 根据样品中咖啡因色谱峰的峰面积，由工作曲线计算咖啡因含量（用 $\text{mg} \cdot \text{g}^{-1}$ 表示）。

五、注意事项

(1) 液相色谱法先经色谱柱分离后再检测分析，可有效消除共存杂质的干扰。实际样品成分往往比较复杂，如果不先萃取而直接进样，虽然操作简单，但会影响色谱柱寿命。
(2) 不同牌号茶叶、咖啡中咖啡因含量不大相同，称取的样品量可酌情增减。
(3) 若样品和标准溶液需保存，应置于冰箱中。
(4) 为保护仪器色谱柱，柱压不可超过 25 MPa，当柱压达到 20 MPa 时就应适当减小流速。
(5) 进样必须使用专用的平头注射器，绝对严禁使用尖头注射器。

(6)进样前应排尽注射器中的气泡,不可将气泡注入色谱系统。

六、思考题

(1)试样处理时,两次萃取的目的和原理有何不同?在操作上的要领有什么差异?

(2)若标准曲线用咖啡因浓度对峰高作图,能给出准确结果吗?与本实验的标准曲线相比何者优越?为什么?

(3)在样品过滤时,为什么要干过滤?干过滤时没有收集全部滤液是否影响实验结果?为什么?

实验 34　电感耦合等离子发射光谱法测定头发中微量铜、铅、锌

一、实验目的

(1) 了解电感耦合等离子体(ICP)光源的原理及光电直读光谱仪。
(2) 学习样品处理方法。

二、实验原理

电感耦合等离子体发射光谱(ICP-AES)分析是将试样在等离子体光源中激发,使待测元素发射出特征波长的辐射,经过分光,测量其强度而进行定量分析的方法。ICP 光电直读光谱仪是用 ICP 作光源,光电检测器(光电倍增管、光电二极管阵列、硅靶光导摄像管、折射管等)检测,并配备计算机自动控制和数据处理。它具有分析速度快、灵敏度高、稳定性好、线性范围广、基体干扰小、可多元素同时分析等优点。

用 ICP 光电直读光谱仪测定人发中微量元素,可先将头发样品用浓 HNO_3 + H_2O_2 消化处理,这种湿法处理样品,Pb 损失少。将处理好的样品,上机测试,2 min 内即可得出结果。

三、仪器与药品

1. 仪器

等离子发射光谱仪、容量瓶、吸量管、量筒、烧杯等。

2. 药品

铜储备液:溶解 1.000 0 g 纯铜于少量 6 mol·dm^{-3} HNO_3,移入 1000 cm^3 容量瓶,用纯水稀释至刻度,摇匀,含 Cu^{2+} 1.000 mg·cm^{-3};

铅储备液:称取纯铅 1.000 0 g,溶解于 20 cm^3 6 mol·dm^{-3} HNO_3,移入 1000 cm^3 容量瓶,用纯水稀释至刻度,摇匀,含 Pb^{2+} 1.000 mg·cm^{-3};

锌储备液:称取纯锌 1.000 0 g,溶解于 20 cm^3 6mol·dm^{-3} HNO_3,移入 1000 cm^3 容量瓶,用纯水稀释至刻度,摇匀,含 Zn^{2+} 1.000 mg·cm^{-3}。

四、实验内容

1. 配制 Cu^{2+}、Pb^{2+}、Zn^{2+} 混合标准溶液

用 1.00 cm^3 吸管分别吸取 1.000 mg·cm^{-3} 铜储备液 1.00 cm^3、1.000 mg·cm^{-3} 锌储

备液 1.00 cm³、1.000 mg·cm⁻³铅储备液 1.00 cm³ 注入 100 cm³ 容量瓶中,加入硝酸 1 cm³,用纯水稀释至刻度,摇匀,此溶液含铜、锌、铅各 10.0 μg·cm⁻³。

吸取上述标液 10.00 cm³,转移至 100 cm³ 容量瓶中,加入硝酸 1 cm³,用纯水稀释至刻度,摇匀,此溶液含铜、锌、铅各 1.00 μg·cm⁻³。

用上述相同方法,配制 0.100 μg·cm⁻³ 的混合标准溶液。

2. 试样溶液的制备

将头发剪成 1～2 cm 的小段,自然风干后储存于广口瓶中备用。

称取头发试样 2.0 g(精确至 0.01 g)置于 50 cm³ 圆底烧瓶中。加入洗洁精溶液 20 cm³,微热数分钟并振荡。用倾泻法倒出洗洁精溶液,并用自来水清洗干净,再用蒸馏水洗 3 次。加入浓硝酸 20 cm³,用少量水冲洗瓶口,安装回流装置,加热至微沸,反应至试样完全溶解(需 0.5～1 h)。若 1 h 后仍未溶完,应补充硝酸 5～10 cm³,继续反应至全溶。拆除回流装置,用少量水冲洗冷凝管,稍冷后缓慢加入 H_2O_2 溶液 10 cm³,小心加热至微沸,继续反应至 H_2O_2 完全分解。得到黄色澄清溶液。继续微沸使溶液浓缩至 10 cm³ 以下(应经常摇动,切勿蒸干),加入 1:1 盐酸 3 cm³,摇匀,冷却,然后转移至 25 cm³ 容量瓶中,用蒸馏水冲洗烧瓶 3 次以上,定容。随同试样做空白实验。

3. 测定

将配制的混合标准溶液和待测试样溶液上机测试。仪器工作参数如下。

分析线:Cu 324.754 nm,224.700 nm;Pb 220.353 nm,216.999 nm;Zn 213.856 nm,202.548 nm。

ICP 功率:1250 W。

冷却气流量:10 dm³·min⁻¹;辅助气流量:0.5 dm³·min⁻¹;载气压力:32 psi。

4. 数据处理

用对数坐标绘制工作曲线,计算出发样中铜、铅、锌含量($\mu g \cdot g^{-1}$)。

五、注意事项

(1)溶样过程中硝酸与有机物反应剧烈,因此,刚开始反应时加热要十分缓慢,切勿爆沸溅出。

(2)加 H_2O_2 时,要将试样稍冷,且要慢慢滴加,以免 H_2O_2 剧烈分解,将试样溅出。

(3)如果最后所得消解液混浊,应过滤至容量瓶中,然后定容。

六、思考题

(1)头发样品为何通常用湿法处理?若用干法处理,会有什么问题?
(2)通过实验,体会到 ICP-AES 分析法有哪些优点。

第五章 设计与创新实验

实验 35 微波辐射法合成隐形荧光防伪墨水

一、实验目的

(1)掌握无机杂化材料合成的原理与方法。
(2)掌握微波辐射法合成纳米材料的方法以及注意事项。
(3)以微波辐射法设计合成 $YVO_4:Eu^{3+}$ 纳米材料,并制备荧光防伪墨水。

二、实验原理

微波是指频率在 300 MHz～300 GHz 的电磁波,其波长范围为 1 mm～1 m。由于微波的频率比一般的无线电波频率高,又成为超高频电磁波。由于波长在 1～25 m 的电磁波广泛应用于雷达发射,其余波长范围的电磁波则应用于无线通信,为避免与无线通信及手机频率的相互干扰,家用微波炉或实验室微波反应器通常限定波长为 12.25 cm(2450 MHz)。

利用微波辐射法进行反应加热,主要是由于微波辐射产生的能量同反应系统中的溶剂或反应物等极性分子直接耦合,反应体系内部快速加热,加快反应进程。由于微波对人体具有一定的危害性,在使用微波反应器的过程中,一定要按操作规程使用,以避免微波泄露。

防伪墨水是针对需要隐形防伪标记的文字、图案等内容,在日光条件下不可见,在特定紫外光条件下显色的特殊墨水。稀土钒酸盐是一类优异的发光材料,其中 $YVO_4:Eu^{3+}$ 材料为白色粉末发光材料在 254 nm 紫外光的激发下可发出红色荧光,发射光波长为 620 nm,粉体的量子效率约 100%,因此可作为防伪墨水,也可应用在阴极射线管中及医学影像中识别癌细胞。

本实验采用微波辐射的方法,选用聚丙烯酸为表面活性剂,水为溶剂,通过加入氢氧化钠调节系统 pH,合成 $YVO_4:Eu^{3+}$ 纳米材料。

三、仪器与药品

1. 仪器

微波反应器、量筒(10 cm^3)、烧杯、电子天平。

2. 药品

NaOH 溶液(2.0 mol·dm^{-3})、YCl$_3$·6H$_2$O、EuCl$_3$·6H$_2$O、Na$_3$VO$_4$·12H$_2$O、聚丙烯酸、pH 试纸。

四、实验内容

1. 前驱溶液的制备

用电子天平准确称取 0.179 2 g YCl$_3$·6H$_2$O、0.011 0 g EuCl$_3$·6H$_2$O 和 0.259 4 g 聚丙烯酸,放在小烧杯中,加入 9 cm^3 蒸馏水,搅拌形成前驱溶液 A。

用电子天平准确称取 0.240 1 g Na$_3$VO$_4$·12H$_2$O,放在小烧杯中,加入 6 cm^3 蒸馏水,搅拌形成前驱溶液 B。

室温下,将溶解好的 Na$_3$VO$_4$ 溶液(前驱溶液 B)快速注入前驱溶液 A 中,玻璃棒搅拌,待溶液全部混合均匀至橙黄色沉淀后,加入 2 mol·dm^{-3} NaOH 调节 pH 值为 12,此时溶液逐渐变澄清,生成 YVO$_4$:Eu^{3+} 前驱物。

2. YVO$_4$:Eu^{3+} 的晶化合成

将 YVO$_4$:Eu^{3+} 前驱物混合溶液置于 50 cm^3 聚四氟微波反应釜中,拧紧釜盖,放入微波反应器中,反应温度设置为 180 ℃,反应时间设定为 10 min,开始反应。反应结束,将微波反应釜冷却至室温。

在得到的悬浮液中加入 10 cm^3 乙醇,离心(10 min,10 000 转),取出后将所得上清液倒出,固体先用蒸馏水洗涤离心 3 次,再用乙醇洗涤离心 1 次,收集 YVO$_4$:Eu^{3+} 白色固体。

3. 防伪墨水的配制与使用

取适量 YVO$_4$:Eu^{3+} 白色固体于烧杯中,加入蒸馏水,搅拌均匀后形成乳白色胶体溶液,制得防伪墨水,用毛笔或钢笔蘸取墨水即可使用,或将墨水装入打印机使用。

待纸张干后,在 245 nm 紫外光源下,观察并记录实验现象。

五、思考题

(1)为什么微波辐射法可以加快化合物的生成速率?

(2)微波辐射法合成化合物时应注意哪些问题?

实验 36　常用塑料的鉴别

一、实验目的

(1) 学会常用的简便识别塑料的方法。
(2) 通过塑料识别方法的组合使用,鉴别常见塑料。

二、实验原理

塑料的成分不同,性质各异,所以其用途、外表观感也不同。在火焰反应中,其焰色、燃烧状态、气味等有很大区别,在不同的溶剂中溶解的情况也不相同,据此可以将塑料初步加以识别。

三、仪器与药品

1. 仪器

酒精灯、镊子、点滴板、玻璃棒、火柴。

2. 药品

常用塑料(聚氯乙烯、聚乙烯、聚苯乙烯、ABS、有机玻璃)。

四、实验内容

1. 根据塑料用途进行初步判断

(1) 透明性好的硬质塑料制品多半是有机玻璃、聚苯乙烯和聚碳酸酯,如三角尺、眼镜框等。

(2) 灰色的塑料圆管与板材通常是硬聚氯乙烯,塑料雨衣、布、床单、电线套管、吹塑玩具、大部分塑料凉鞋底、拖鞋等多为软聚氯乙烯。

(3) 塑料桶、塑料水管、水杯、食品袋、药用包装瓶及瓶塞等大多数是聚乙烯和聚丙烯。

(4) 牙刷柄、茶盘、糖盒、衣夹、自行车和汽车灯罩、硬质儿童玩具等大多数是聚苯乙烯。泡沫塑料(软)是聚苯乙烯或者聚氨酯。

(5) 包装仪器、仪表的硬质泡沫塑料,包装用品以及充气鼓泡塑料包装用品是聚丙烯。

(6) 机械设备上的齿轮大部分是尼龙,也有 ABS(丙烯腈-丁二烯-苯乙烯共聚物)。

(7) 汽车方向盘、电器开关、以前的仪表外壳大多是酚醛热固性塑料。

(8) 输油管、氧气瓶是环氧或不饱和聚酯玻璃钢的增强塑料。

(9) 半导体、电视机、计算机、洗衣机、仪表等壳体现在都是由耐冲击性能好的 ABS 塑料制造的。

2. 按塑料的外表感观区别

塑料的外表感观区别见表 5-1。

表 5-1　塑料的外表感观区别

塑料名称	看	摸	听
聚乙烯	乳白色半透明	有蜡状滑腻感、质轻、柔软能弯曲	声音绵软
聚丙烯	乳白色半透明	润滑无油腻感	声音沉闷
聚苯乙烯	光亮透明	光滑、表面较硬	敲击声清脆似金属声、易脆裂
有机玻璃	光亮透明	表面光滑	声音发闷
硬聚氯乙烯	平滑坚硬	表面光滑	声音闷而不脆
软聚氯乙烯	柔软而有弹性	表面光滑	声音绵软
热固性酚醛塑料	深色不透明	表面坚硬	敲击声似木板

3. 燃烧火焰法

该法是用镊子夹住样品，然后慢慢伸向火焰边缘，观察可燃性、自熄性、火焰光泽、烟尘浓淡、闻气味，从而判断是何种塑料。

(1) 聚氯乙烯及其共聚物：能燃烧，但离开火焰即自熄，火焰为黄色，有黑烟和氯化氢的辣味。因为共聚物中有各种添加剂，现象可能稍有变化。

(2) 聚乙烯和聚丙烯：能在火焰中燃烧，样品离开火焰仍可自由燃烧，有燃着的蜡烛气味，火焰上端为黄色，底部为蓝色，样品熔化成滴状燃烧。聚丙烯燃烧时黑烟稍多，无蜡烛气味。

(3) 聚苯乙烯：样品离开火焰后仍能自由燃烧，样品加热后变软，火焰呈亮黄色并带有浓黑烟，有甜的花香味。

(4) 有机玻璃：样品离开或延后仍能自由燃烧，但火焰下部为蓝色，上部为黄色，燃烧时在样品表面有气泡产生，带有特殊气味。

(5) ABS 树脂：在火焰上燃烧呈黄色火焰，有较浓的黑烟，无燃烧液滴，有烧焦的羽毛味。

(6) 热固性酚醛塑料：离开火焰即自熄，有苯酚和烧焦的木材或纸张气味。

4. 塑料在有机溶剂中的溶解

塑料在常见有机溶剂（甲苯、二氯甲烷、丙酮等）中的溶解情况见表 5-2。

表 5-2　塑料在有机溶剂中的溶解情况

塑料名称	可溶	塑料名称	可溶
聚氯乙烯	二甲基甲酰胺	聚乙烯	溶于 80 ℃甲苯
ABS	二氯甲烷	聚丙烯	溶于 90 ℃甲苯
聚苯乙烯	甲苯、二氯甲烷	热固性酚醛塑料	酰胺 200 ℃，热碱
有机玻璃	甲苯、二氯甲烷		

五、思考题

(1) 对一般塑料可从哪几方面区分?
(2) 聚乙烯和聚丙烯都是乳白色半透明,如何进一步区分?
(3) 聚苯乙烯和有机玻璃都是光亮透明,如何进一步区分?
(4) 常用的聚氯乙烯和聚乙烯如何加以区分?

实验 37　ZIF-8 纳米颗粒的形貌控制合成与表征

一、实验目的

(1) 设计制备金属有机骨架材料。
(2) 学习 ZIF-8 纳米颗粒的形貌粒径控制及表征方法。
(3) 自主学习透射电镜的原理、操作及样品前处理等。

二、实验原理

纳米多孔材料 ZIF-8 代表沸石咪唑酯骨架材料,以锌离子为中心离子、2-甲基咪唑为配位体的一类金属有机框架材料。这类材料为无机、有机杂化结构,因此兼具两者的性能,如高比表面积、可控尺寸和孔隙率,可广泛应用于催化、气体捕获、传感器、药物运输等领域。ZIF-8 由于其结构特点,具有良好的生物相容性,在酸性条件下具有足够的敏感性,因而可用于药物运输及缓释。而纳米材料的尺寸会严重影响其性能,对 ZIF-8 纳米颗粒的形貌及粒径尺度进行调控从而控制其性能,对其生物医学性能至关重要,此工作正是现今相关领域的研究热点。

ZIF-8 纳米多孔材料的合成方法包括:①溶剂热合成法,此方法为目前应用最广的合成方法,尽管此方法具有操作方便的优点,但是其反应时间较长、能耗高;②微波辅助合成法,此方法由微波辐射提供的能量进行合成,具有更高的合成效率;③微流控法,该技术通过电子芯片精准控制微尺度流体,可精确控制反应过程中的流速、投料比、温度等参数,使得反应过程中的传热和传质易于控制。

本实验采用溶剂合成法进行 ZIF-8 纳米多孔材料的制备,通过将锌离子和 2-甲基咪唑溶于溶剂后加热直接合成 ZIF-8。配位体 2-甲基咪唑先在溶剂的作用下去质子化,进而与锌离子反应形成 ZIF-8 晶核,然后通过投入过量的 2-甲基咪唑,通过过量的配位体吸附于带正电的纳米晶核表面,进而终止其纳米尺寸的增长。ZIF-8 的形貌与粒径控制可通过调整反应参数实现,包括溶剂选择、反应投量、反应温度、反应时间乃至搅拌速度,均会对纳米粒子的尺寸产生影响。此外也可通过加入表面活性剂进行纳米粒子尺寸的控制。这里我们通过调整反应物的投量比例来考察对形成的纳米材料的形貌及尺度的影响。

三、仪器与药品

1. 仪器

电子天平(0.1 mg)、容量瓶、磁力搅拌器、真空干燥箱、减压过滤装置、透射电子显微镜(TEM)。

2. 药品

硝酸锌、2-甲基咪唑、甲醇。

四、实验内容

(1)室温下,硝酸锌和 2-甲基咪唑按照表 5-3 分别配置不同浓度的溶液。

表 5-3　ZIF-8 纳米颗粒合成前驱体浓度配置表

硝酸锌浓度/(mol·dm^{-3})	2-甲基咪唑浓度/(mol·dm^{-3})	反应比例
0.4	0.8	1:2
0.2	0.8	1:4
0.1	0.8	1:8
0.05	0.8	1:16

(2)按照反应比例,将 10 cm^3 硝酸锌溶液加入到 10 cm^3 2-甲基咪唑溶液中在室温搅拌 10 min 后,加入甲醇淬灭反应。离心后得到 ZIF-8 颗粒的用甲醇反复清洗离心两次,以除去残存的反应原料。随后置于真空烘箱中于 65 ℃ 干燥 24 h,即得到不同反应比例合成的 ZIF-8 颗粒。通过 TEM 观察此系列纳米材料的形貌变化。

五、思考题

(1)列出配置溶液的具体过程及相关数据。
(2)总结归纳不同反应比例所得 ZIF-8 纳米粒子的形貌及尺寸。
(3)推测不同形貌及尺度的形成原因。
(4)还可通过其他何种方法调控纳米形貌与尺寸?
(5)使用 TEM 时需要注意哪些事项?

实验 38　银纳米颗粒的形貌可控制备

一、实验目的

(1) 设计制备形貌可控的银纳米颗粒。
(2) 学习银纳米颗粒的合成原理及制备方法。
(3) 探讨卤素离子控制银纳米颗粒形貌的原理。

二、实验原理

纳米银是一种贵金属纳米材料,具有表面效应、体积效应、量子尺寸效应及宏观量子隧道效应等,并具有较好的抗菌性能。因此,银纳米颗粒被广泛地应用于生物医药、光电、催化及超导等领域。

纳米银常用的化学制备方法包括化学还原法、光还原法、微乳液法及电化学法等。化学还原法易于调控纳米颗粒的粒度及形貌,成本相对较低,在制备过程中加入保护剂可有效地防止纳米颗粒的团聚,成为目前制备纳米银最多的方法。如今,银纳米颗粒的关键在于如何控制纳米颗粒的尺度,实现较窄的粒度分布以及制备特定的结构,使其更好地应用于光电及生物医学等领域。

目前,在高纯度介质中,当纳米晶体簇从微观尺度生长到介观尺度甚至宏观尺度时,它们的形状可以保持不变。然而,杂质或适当的分子、游离的表面活性剂分子,以及聚合物、离子等,可以通过在选择性位点上的吸附进而控制正在形成的晶体形状。已经证明,添加少量卤素离子能够通过胶体合成彻底改变或重建纳米颗粒的形状。卤离子在金属胶体体系中的作用可以解释为卤离子在不同晶面上的选择性吸附,利于晶体晶面选择性的生长。

本实验以柠檬酸三钠、硝酸银和硼氢化钠为原料,高压钠灯为光源,通过光还原法合成银纳米颗粒。同时,通过常规纳米表征技术,如原子力显微镜(AFM)、扫描隧道显微镜(STM)、透射电子显微镜(TEM)对银纳米颗粒进行观测。

三、仪器与药品

1. 仪器

电子天平(0.1 mg)、台秤、磁力搅拌器、真空干燥箱、减压过滤装置、箱式电阻炉、高压钠灯。

2. 药品

$AgNO_3$(99.8%)、$NaBH_4$(96.0%)、柠檬酸三钠(99.0%)、氯化钾(光谱纯级)、溴化钾

(光谱纯级)、碘化钾(分析级,99.8%)、氟化钾(分析级,99.0%)、过氧化氢(30.0%)。

四、实验内容

(1)剧烈搅拌下,在柠檬酸三钠时,将 1.0 cm³ NaBH$_4$ 溶液(8.0 mmol·dm^{-3})滴加到 100 cm³ AgNO$_3$(0.1 mmol·dm^{-3})水溶液中。然后用钠灯照射,制备银纳米胶体。通过 TEM 表征银纳米的形貌。

(2)在剧烈搅拌下,分别将 20 μL KCl(100 mmol·dm^{-3})、KBr(0.75 mmol·dm^{-3})及 KI(0.75 mmol·dm^{-3})的卤离子溶液添加到银纳米胶体(0.1 mmol·dm^{-3} Ag)中,制备形貌。观察颜色变化及通过 TEM 观察银纳米的形貌可控银纳米颗粒,并通过 TEM 等表征形貌。

五、思考题

(1)如何配制所需浓度的溶液?有哪些注意事项?
(2)检测纳米的形貌还有其他哪些手段?

实验 39　纳米氧化锌的制备与质量分析

一、实验目的

(1) 设计制备纳米氧化锌。
(2) 掌握纳米氧化锌的质量分析方法。
(3) 学习 Zeta 电位分析仪的使用。

二、实验原理

纳米材料是指晶粒和晶界等显微结构达到纳米级尺度水平的材料,是材料科学的一个重要发展方向。纳米材料由于粒径很小、比表面很大,表面原子数会超过体原子数。因此纳米材料常表现出与本体材料不同的性质,在保持原有物质化学性质的基础上,呈现出热力学上的不稳定性。如纳米材料可大大降低陶瓷烧结及反应的温度,明显提高催化剂的催化活性、气敏材料的气敏活性和磁记录材料的信息存储量。纳米材料在发光材料、生物材料面也有重要的应用。

氧化锌,又称锌白、锌氧粉。纳米氧化锌是一种新型高功能精细无机粉料,其粒径介于 $1\sim 100$ nm 之间。由于颗粒尺寸微细化,纳米氧化锌产生了其本体块状材料所不具备的表面效应、小尺寸效应、量子效应和宏观量子隧道效应等,纳米氧化锌在磁、光、电敏感等方面具有一些特殊的性能。纳米氧化锌主要用于制造气体传感器、荧光体、紫外线遮蔽材料(在整个 $200\sim 400$ nm 紫外光区有很强的吸光能力)、变阻器、图像记录材料、压电材料、高效催化剂、磁性材料和塑料薄膜等。也可用作天然橡胶、合成橡胶及胶乳的硫化活化剂和补强剂。此外,也广泛用于涂料、医药、油墨、造纸、搪瓷、玻璃、火柴、化妆品等工业行业。

氧化物纳米材料的制备方法很多,有化学沉淀法、热分解法、固相反应法、溶胶凝胶法、气相沉积法、水热法等。本实验以 $ZnCl_2$ 和 $H_2C_2O_4$ 为原料。$ZnCl_2$ 和 $H_2C_2O_4$ 反应生成 $ZnC_2O_4 \cdot 2H_2O$ 沉淀,经焙烧后得纳米氧化锌粉。反应式如下:

$$ZnCl_2 + 2H_2O + H_2C_2O_4 \longrightarrow ZnC_2O_4 \cdot 2H_2O(s) + 2HCl$$

$$ZnC_2O_4 \cdot 2H_2O \xrightarrow{O_2 \Delta} ZnO + 2CO_2(g) + 2H_2O$$

三、仪器与药品

1. 仪器

电子天平(0.1 mg)、台秤、磁力搅拌器、真空干燥箱、减压过滤装置、箱式电阻炉。

2. 药品

$ZnCl_2(s)$、$H_2C_2O_4(s)$、HCl(1:1)、$NH_3 \cdot H_2O$(1:1)、NH_3-NH_4Cl 缓冲溶液(pH=10)、铬黑T指示剂(0.5%溶液)、EDTA标准溶液(0.050 0 mol·dm^{-3})。

四、实验内容

1. 纳米氧化锌的制备

用台秤称取 1.0 g $ZnCl_2$(s)于 100 cm³ 小烧杯中，加 50 cm³ H_2O 溶解，配制成约 1.5 mol·dm^{-3} 的 $ZnCl_2$ 溶液；用台秤称取 9.0 g $H_2C_2O_4$(s)于 50 cm³ 小烧杯中，加 40 cm³ H_2O 溶解，配制成约 2.5 mol·dm^{-3} 的 $H_2C_2O_4$ 溶液。

将上述两种溶液加入到 250 cm³ 烧杯中，在磁力搅拌器上搅拌反应，常温下反应 2 h，生成白色 $ZnC_2O_4 \cdot 2H_2O$ 沉淀；过滤反应混合物，滤渣用蒸馏水洗涤干净后在真空干燥箱中于 110 ℃下干燥。

干燥后的沉淀置于箱式电阻炉中，在氧气气氛中于 350~450 ℃下焙烧 0.5~2 h，得到白色(或淡黄色)纳米氧化锌。

2. 产品质量分析

1) 氧化锌含量的测定

称取 0.13~0.15 g 干燥试样(称准至 0.000 1 g)，置于 400 cm³ 锥形瓶中。加少量水润湿，加入 1:1 HCl 溶液。加热溶解后，加水至 200 cm³，用 1:1 $NH_3 \cdot H_2O$ 中和至 pH=7~8。再加入 10 cm³ NH_3-NH_4Cl 缓冲溶液(pH=10)和 5 滴铬黑T指示剂(0.5%溶液)，用 0.050 0 mol·dm^{-3} EDTA 标准溶液滴定至溶液由葡萄紫色变为蓝色即为终点。

2) 粒径的测定

使用纳米粒度及 Zeta 电位分析仪(Malvern Zetasizer Nano)对制备的氧化锌进行粒径测定。它的工作原理：通过激光照射溶液，由于分散于液体介质中的微小颗粒颗粒进行的布朗运动，会使得散射光的频率发生偏移，进而导致散射光信号会随着时间发生动态的变化，变化程度与颗粒的布朗运动速度有关，而微小颗粒的布朗运动速度又取决于其粒径大小，粒径大的颗粒布朗运动速度较低，反之粒径小的微粒布朗运动速度高。Zeta 电位分析仪正是通过分析样品颗粒的散射光强随时间的变化规律，再经过数学处理得到颗粒的粒径信息。

测定前需开机预热 30 min 以上以保证激光光源稳定，启动电脑，双击测试软件等待仪器自检后，新建测定程序，单击顶部工作栏中选框选择"Size"。单击工作栏中"Measurement"，选择"Manual"，弹出对话框中单击"Measurement Type"选择"Size"，选择"Sample"输入测量样品名。然后单击"Material"选择溶质，单击"Dispersant"选择溶剂(通常选 Water)。选择"Temperature"对温度进行设定，选择"Cell"对样品池规格进行设定，选择"Measurement"，对测量次数及间隔时间进行设置，选择"Data processing"对结果报告进行设置。以上完成后，点击"OK"弹出测试窗口，即可进行样品测定。按仪器测试浓度要求配置溶液，加分散剂充分搅拌后超声均匀。样品池中加入适量的样品改好盖子后，放入仪器中。点击操作窗口中的"Start"即开始测试。测试完毕后保存数据，先关闭软件，再关闭纳米粒度及 Zeta 电位分析仪仪器。

3)晶体结构的测定

利用 X 射线衍射仪检测纳米氧化锌的晶型。

五、注意事项

为使 ZnC_2O_4 氧化完全,在箱式电阻炉中焙烧时应经常开启炉门,以保证充足的氧气。

六、思考题

(1) $ZnCO_3$ 分解也能得到 ZnO,试讨论本实验为何用 ZnC_2O_4 而不用 $ZnCO_3$?

(2) ZnC_2O_4 焙烧时为何需要 O_2?

实验 40 纳米二氧化钛的制备及其光催化制氢性能

一、实验目的

(1) 设计制备纳米二氧化钛及其催化活性表征方法。
(2) 使用溶胶-凝胶法合成纳米二氧化钛(TiO_2)。
(3) 综合应用水解反应理论及胶体理论。

二、实验原理

纳米粉体是指颗粒粒径介于 1~100 nm 之间的粒子。由于颗粒尺寸的微细化,纳米粉体在保持原物质化学性质的同时,在磁性、光吸收、热阻、化学活性、催化和熔点等方面表现出奇异的性能。

纳米 TiO_2 具有许多独特的性质,如吸收紫外线的能力强、表面活性大、热导性能好、分散性好等,因此具有广阔的应用前景。利用纳米 TiO_2 作光催化剂,可处理有机废水,其活性比普通 TiO_2(约 10 μm)高得多;利用其透明性和散射紫外线的能力,可作食品包装材料、木器保护漆、人造纤维添加剂、化妆品防晒霜等;利用其光电导性和光敏性,可开发感光材料。如何开发、应用纳米 TiO_2,已成为各国材料学领域的重要研究课题。目前合成纳米二氧化钛粉体的方法主要有液相法和气相法。由于传统方法不能或难以制备纳米级二氧化钛,而溶胶-凝胶法则可以在低温下制备高纯度、粒径分布均匀、化学活性大的纳米催化剂。因此,本实验采用溶胶-凝胶法制备纳米二氧化钛光催化剂。

制备溶胶所用的原料为钛酸四丁脂[$Ti(OC_4H_9)_4$]、无水乙醇(C_2H_5OH)以及冰醋酸(CH_3COOH)。反应物为 $Ti(OC_4H_9)_4$ 和水,分散介质为 C_2H_5OH,冰醋酸可调节体系的酸度防止钛离子水解过速。使 $Ti(OC_4H_9)_4$ 在 C_2H_5OH 中水解生成 $Ti(OH)_4$,脱水后即可获得 TiO_2。在后续的热处理过程中,只要控制适当的温度条件和反应时间,就可以获得金红石型和锐钛型二氧化钛。

钛酸四丁脂在酸性条件下,在乙醇介质中的水解反应是分步进行的,水解产物为含钛离子溶胶,总水解反应如下:

$$Ti(OC_4H_9)_4 + 4H_2O \longrightarrow Ti(OH)_4 + 4C_4H_9OH$$

在含钛离子溶液中钛离子与其他离子相互作用形成复杂网状基团,静置一段时间后,发生胶凝作用,形成稳定凝胶

$$Ti(OH)_4 + Ti(OC_4H_9)_4 \longrightarrow 2TiO_2 + 4C_4H_9OH$$

$$Ti(OH)_4 + Ti(OH)_4 \longrightarrow 2TiO_2 + 4H_2O$$

TiO$_2$ 是目前最常用的半导体光催化剂,它的禁带宽度为 3.0～3.2 eV,可以用 387.5～413.3 nm 的光源激发活化,也可以直接利用自然太阳光驱动光催化反应;光催化活性高,具有很强的氧化还原能力,可分解大部分有机污染物;化学稳定性好,具有很强的抗光腐蚀性;价格便宜,无毒且廉价易得。因此,可以通过改变合成方法与条件,开发具有更高催化活性纳米 TiO$_2$,用于光解水制氢。

三、仪器与药品

1. 仪器

恒温磁力搅拌器、三口瓶(250 cm^3)、恒压漏斗(50 cm^3)、量筒(10 cm^3、50 cm^3)、烧杯(100 cm^3)。

2. 药品

Ti(OC$_4$H$_9$)$_4$(分析纯)、无水 C$_2$H$_5$OH(分析纯)、冰 CH$_3$COOH(分析纯)、HCl(6 mol·dm^{-3})、硫脲。

四、实验内容

1. 纳米二氧化钛的制备

配制 A 液、B 液。A 液由 17 cm^3 Ti(OC$_4$H$_9$)$_4$、36 cm^3 无水 C$_2$H$_5$OH 组成。B 液由 36 cm^3 无水 C$_2$H$_5$OH、2.853 9 g 硫脲、1.5 cm^3 冰 CH$_3$COOH 组成,然后用 6 mol·dm^{-3} HCl 将调节 B 液 pH 值约为 5。

向 B 液中逐滴滴加 A 液,滴速大约 3 cm^3·min^{-1},并用磁子不断剧烈搅拌。滴加完毕后,得浅黄色溶液,继续搅拌 30 min,静置 12 h,然后放入 120 ℃ 干燥箱中 6 h。从干燥箱中取出样品,得到黄色晶体,研磨,得到淡黄色粉末,再放入 500 ℃ 马弗炉中煅烧 3 h,得到白色纳米 TiO$_2$,留样备用。

2. 纳米二氧化钛的粒度及电位测定

使用纳米粒度及 Zeta 电位分析仪(Malvern Zetasizer Nano)对制备的纳米 TiO$_2$ 进行粒径及电位测定。操作参照实验 39。

3. 纳米 TiO$_2$ 的催化产氢性能研究

纳米 TiO$_2$ 催化产氢性能研究通过光解水制氢系统进行,该系统包括光源、气体循环系统及气相色谱。在惰性气氛中,光解水制氢系统常压下在封闭的玻璃反应器中使用 500 W 氙灯进行光照实验,产生氢气,通过气相色谱在线取样,对产氢效果进行分析。光照实验时,入射光源可通过滤光片选择反应所需的波长光,反应溶液通过循环控温装置控制反应温度。

取 0.01 g 纳米 TiO$_2$ 分散于 30 cm^3 水中,氮气为载气在光解水制氢系统对产物进行定量分析。

五、思考题

(1) 为什么所有的仪器必须干燥?

(2) 加入冰醋酸的作用是什么?

(3) 为何本实验中选用钛酸正丁酯[$Ti(OC_4H_9)_4$]为前驱物,而不选用四氯化钛($TiCl_4$)为前驱物?

实验41 废锌锰干电池的综合利用研究

一、实验目的

(1) 了解物质提取、制备、提纯、分析等方法与技能。
(2) 了解废弃物中有效成分的回收利用方法。
(3) 独立自行设计并完成实验方案,培养创新意识。

二、实验原理

日常生活中用的干电池为锌锰干电池。其负极为作为电池壳体的锌电极,正极是被 MnO_2(为增强导电能力,填充有炭粉)包围着的石墨电极,电解质是氯化锌及氯化铵的糊状物,其电池反应为

$$Zn + 2NH_4Cl + 2MnO_2 \rightleftharpoons Zn(NH_3)_2Cl_2 + 2MnOOH$$

在使用过程中,锌皮消耗最多,二氧化锰只起氧化作用,氯化铵作为电解质没有消耗,炭粉是填料。因而回收处理废锌锰干电池可以获得多种物质,如铜、锌、二氧化锰、氯化铵和炭棒等,实为变废为宝的一种可利用资源。

回收时,剥去电池外层包装纸,用螺丝刀撬去顶盖,用小刀挖去顶盖下面的沥青层,即可用钳子慢慢拔出炭棒(连同铜帽),可留作电解食盐水等的电极用。

用剪刀把废电池外壳剥开,即可取出里面黑色的物质——二氧化锰、炭粉、氯化铵、氯化锌等的混合物。把这些黑色混合物倒入烧杯中,加入蒸馏水(按每节1号电池加 50 cm³ 水计算),搅拌、过滤、滤液用以提取氯化铵,滤渣用以制备 MnO_2 及锰的化合物。电池的锌壳可用以制锌及锌盐。

三、实验样品

废锌锰干电池。

四、实验内容

查阅有关的文献资料,综合文献资料中的相关内容,结合自己对本课题的认识,提出实验方案。具体拟定操作步骤、产品性能检验方法以及实验中应注意的问题等。经指导教师审阅后进行实验。可从下列3项研究内容中选做1项。

1. 从黑色混合物的滤液中提取 NH_4Cl

(1) 设计实验方案,提取并提纯 NH_4Cl。

(2)产品定性检验:证实其为铵盐;证实其为氯化物;判断有无杂质存在。
(3)测定产品中 NH_4Cl 的含量。

2. 从黑色混合物的滤渣中提取 MnO_2

(1)设计实验方案,精制 MnO_2。
(2)设计实验方案,验证 MnO_2 的催化作用(对氯酸钾热分解反应有催化作用)。
(3)试验 MnO_2 与盐酸、MnO_2 与 $KMnO_4$ 的作用(MnO_4^{2-} 的生成及其歧化反应)。
注意:所设计的实验方案或采用的装置,要尽可能避免产生实验室空气污染。

3. 由锌壳制备 $ZnSO_4 \cdot 7H_2O$

(1)设计实验方案,以锌单质制备 $ZnSO_4 \cdot 7H_2O$。
(2)产品定性实验:证实为硫酸盐;证实为锌盐;不含 Fe^{3+}、Cu^{2+}。

五、结果与讨论

(1)交出合格的产品,并撰写研究性实验报告。
(2)对实验结果作出评价,提出改进意见。

六、思考题

(1)MnO_2 与浓 HCl 作用时主要是什么物质污染实验室空气?应如何避免?
(2)由锌壳制备 $ZnSO_4 \cdot 7H_2O$ 时,如何除去 Fe^{3+}、Cu^{2+} 等杂质?

实验 42　河道底泥中氮形态的测定

一、实验目的

(1) 了解天然水体底泥中氮对水体富营养化的贡献机理。
(2) 了解河道底泥样品中氮的主要组成形态和测定方法。
(3) 独立自行设计并完成实验方案，培养和提高研究工作能力。

二、实验原理

城市河道中的底泥，既是上覆水中氮的"源"，又是"汇"。在特定条件下，河道底泥中的氮会向上覆水体中释放，导致水体中的藻类爆发，溶解氧降低，最终造成城市内河黑臭现象。目前，城市内河黑臭问题已经非常严峻，因此，对河道底泥中的氮形态进行相关研究，具有重要的意义。

底泥中的氮首先分为无机氮和有机氮。无机氮主要包括可交换态氮和固定态铵。可交换态氮包括铵态氮、硝态氮和亚硝态氮。可交换态氮可以直接被初级生产力吸收，对水生系统具有非常重要的作用。固定态铵是指通过置换矿物中的 K^+ 而存在与矿物晶格中的铵。针对底泥中无机氮赋存形态的研究，以可交换态氮较多。底泥中有机氮的成分相对复杂，目前尚未形成明确结论。一般通过间接生物培养法对沉积物中有机氮含量进行含量表征，得到的结果是有机氮中可以矿化成无机氮的部分，称之为可矿化态氮，具有相当大的活性，可以被水体中微生物利用。

三、实验样品

河道底泥。

四、实验内容

查阅有关的文献资料，了解河道底泥中的氮在城市内河黑臭现象中的作用以及底泥中的氮的主要组成形态、活性，及其最终如何对富营养化、黑臭现象造成的影响。综合文献资料中的相关内容，结合自己对本课题的认识，制定河道底泥中氮形态的分析测定方案，经指导教师审阅后，按照预定方案进行实验。

1. 河道底泥的采集和预处理

采集底泥样品，并通过离心机或滤纸过滤，脱其水分，进行预处理。

2. 无机氮的测定

通过总氮测定、可交换态氮测定、固定态铵测定等确定河道底泥中无机氮含量。

3. 有机氮的测定

基于有机氮物质的提取、蒸馏测定法、色谱测定技术等确定河道底泥中有机氮含量。

五、结果与讨论

（1）形成具有可操作性的实验方案，并按实验方案测定河道底泥中氮形态及其痕量。
（2）对实验结果作出评价，提出改进意见。

六、思考题

（1）河道底泥的前处理对氮形态的影响如何？
（2）如何有效区分河道底泥中的无机氮和有机氮形态？

第六章 计算机在化学实验数据处理中的应用

当今社会计算机的使用已融入社会生活科研学习的各个领域。尤其对于科研领域,随着先进的实验仪器的日益更新完善,庞大的数据量及计算量无疑无法采用人工处理完成。相较于人工处理,计算机无论在计算量、精确度及计算时间等方面均具有无可比拟的优势。有限少量的实验数据处理可采用传统的手工绘图法,有助于学生们理解数据处理方法及过程。同时,掌握先进的计算机处理方法也是当代大学生不可或缺的基本能力。

化学分支众多,针对不同的领域适用于不同的处理软件。根据大学化学实验的特点,其数据的处理主要适用于 Microsoft Excel 电子表格和 Origin 软件。

Microsoft Excel 是微软公司开发的办公自动化软件 Microsoft Office 中的重要成员之一,具有强大的制作表格、数据处理、分析数据、创建图表等功能。本章第一节以 Microsoft Excel 2003 为例介绍如何用 Excel 电子表格处理实验数据,重点介绍公式和函数的应用、图表操作、曲线拟合。

Origin 是由 OriginLab 公司开发支持在 Microsoft Windows 下运行的数据分析软件,并进行科学绘图。Origin 中的数据分析功能包括统计、信号处理、曲线拟合以及峰值分析。具有强大的数据导入功能,支持多种格式的数据,包括 ASCⅡ、Excel、NI TDM、DIADem、NetCDF、SPC 等。随着测试仪器的更新换代,联机仪器广泛使用,如紫外可见光谱、核磁共振及 X 射线数据处理,涉及的数据量巨大,并需要对数据进行筛选处理,绘制二维或者三维图形,并需要对图形进行比较分析。因而,掌握 Origin 的基本使用方法对于学生日后的高水平研究学习具有重要的意义。考虑到当代大学生需要与国际接轨,具备一定的英文基础,本章第二节以英文版的 Origin 8.0 为例介绍如何使用 Origin 处理实验数据,包括数据导入、制图方法及曲线拟合等功能。

第一节 Excel 处理化学实验数据

一、Excel 的窗口界面

打开 Excel 工作表,工作簿从上到下分四部分:菜单栏、工具栏、编辑栏、工作簿窗口。

编辑栏位于格式工具栏的下方(图 6-1),主要用于输入或编辑单元格内容,如输入数字、文本或公式。

在编辑栏的左侧会显示"取消"按钮"×"、"输入"按钮"√"及"插入函数"按钮"f_x"。当用户在单元格中输入数据时,单击"取消"按钮将取消数据输入,单击"输入"按钮可输入数据。

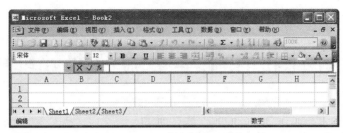

图 6-1 编辑栏

单击"插入函数"按钮时,将自动打开"插入函数"对话框,方便用户查找及插入函数。

Excel 的一个工作簿就是一个 Excel 的文件,工作簿名就是文件名,扩展名为 .xls。工作簿中的每一张表称为工作表。一个工作表可以由 65536 行和 256 列构成。行的编号从 1 到 65536,列的编号依次用字母 A、B、C、…、Ⅳ 表示。工作表中矩形格子称为单元格,单元格是工作表的最小单位,也是 Excel 用于保存数据的最小单位。

二、数据的输入

当选中单元格后,就可以从键盘上向它输入数据。输入的数据同时在选中的单元格中和编辑栏上显示出来。在单元格中输入数据时,按 Enter 键表示输入数据,按 Delete 键表示删除数据。

输入数据即向单元格中输入数值、文本、日期时间及公式等,Excel 工作表会自动判断所输入的数据类型并按不同类型显示在单元格中。

在单元格中输入数字时,Excel 工作表会按数值格式显示在单元格中。数值格式即在单元格中自动靠右对齐。横向或纵向输入连续数字时,可移动鼠标至单元格右下角,当鼠标指针变成黑色"+"号,按下 Ctrl 键并横向或纵向拖动鼠标,可按顺序进行数值填充。

在单元格中输入文本时,Excel 工作表会按文本格式显示在单元格中,文本格式即在单元格中自动靠左对齐。输入相同文本时,可选择已输入的单元格,并移动鼠标指针至单元格右下角,并横向或竖向拖动鼠标,进行填充相同的文本。

在单元格中输入的数据以"="开始时,Excel 工作表会按公式格式显示在单元格中。

三、数据的格式化

Excel 中的单元格可被设置为多种格式,如数字格式、对齐格式、字体格式和边框格式等,在此只介绍设置单元格的数字格式和字体格式。

在 Excel 中,可以处理的数值有很多类型。为了能够正确地显示和处理各种类型的数据,需要为每类数据设置对应的数字格式。数字格式是单元格格式中最有用的功能之一,专门用于对单元格数值进行格式化。具体的操作方法如下:

选择需要设置格式的单元格并右击,在弹出的快捷菜单中选择"设置单元格格式"命令,打开"单元格格式"对话框,可以在对话框的"数字选项卡"中看到有关数字格式的各项设置,如图 6-2 所示。Excel 提供了数值、货币、时间、日期、百分比、分数、科学记数等类型,对每种数据类型都提供了对应的格式,用户可以从中选择合适的格式类型。如可以通过选择小数的位数来反映实验数据的有效数字,此时单元格将会按四舍五入规则显示最终数据。

需要注意的是,无论单元格应用了何种数字格式,都只会改变单元格的显示形式,而不会改变单元存储的真正内容。反之,用户在工作表上看到的单元格内容,并不一定是其真正的内容,而可能是原始内容经过各种变化后的一种表现形式。

图 6-2 设置单元格的数字格式

设置单元格字体格式,即是设置单元格中的字体大小、字形、字体颜色以及上下标格式等。按上面的方法打开"单元格格式"对话框,在对话框的"字体选项卡"中可以看到有关字体格式的各项设置。需要注意的是,对某单元格中的部分文本只能设置字体格式,即当选中部分文本时并右击,在弹出的快捷菜单中选择"设置单元格格式"命令,则在打开"单元格格式"中只能看到"字体选项卡"。

四、图表操作

图表是 Excel 最常用的对象之一,是工作数据表的图形表示方法,可以将抽象的数据形象化。Excel 提供了丰富的图表功能,如柱形图、条形图、折线图、饼图、XY 散点图、面积图、圆环图等。其中每一种图表类型还包括若干种子图表类型,图 6-3 显示了 XY 散点图的 5 个子图表类型。

以燃烧焓的测定实验(详见实验 3)为例,作图过程如下:

(1)将实验测得的时间(min)和温度(℃)的数值分别输入到 Excel 工作表中的 A、B 两列。

(2)在工作表中选取数据区域,即 A、B 两列数据。选择"插入"|"图表"命令,或单击工具栏中的"图表"按钮,启动图表向导(图 6-3)。

(3)选择图表类型。在"图表类型"中选择"XY 散点图",再在右侧的"子图表类型"中选择"平滑线散点图",单击"下一步",出现"图表数据源"窗口,不作任何操作,直接单击"下一步"。

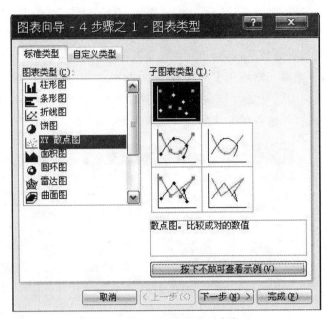

图 6-3　散点图的 5 个子图表类型

(4)图表选项操作。图表选项操作是制作函数曲线图的重要步骤,在"图表选项"窗口中进行。依次进行操作的项目有标题、坐标轴、网格线、图例、数据标志。

(5)完成图像。操作结束后单击"完成",一幅图像就插入 Excel 的工作区了。

(6)编辑图像。图像生成后,字体、图像大小、位置都不一定合适。可选择相应的选项进行修改。所有这些操作可以先用鼠标选中相关部分,再单击右键弹出快捷菜单,通过快捷菜单中的有关项目即可进行操作。

本实验的绘图结果如图 6-4 所示。

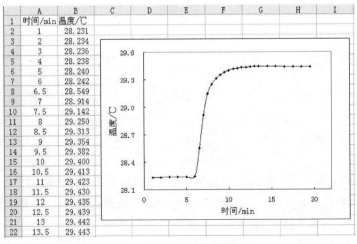

图 6-4　燃烧焓的测定绘图结果

五、曲线拟合

化学实验数据处理经常涉及实验数据的拟合,即确定经验公式中的常数。手工作图法虽然直接,但随意性较大,且误差大小也因人而异。在各种数据处理方法中,以误差理论为依据的最小二乘法误差最小。然而该法计算过程比较繁杂,手工处理数据时很少采用。随着计算机的普及,运用最小二乘法进行数据处理有了有力的工具。Excel 中有"添加趋势线""Excel 函数""数据分析工具"等多种工具可方便地用于最小二乘法的计算,它们用于曲线拟合时各有特点。

以液体饱和蒸气压的测定(详见实验 4)为例,用 Excel 通过 3 种不同的方法进行最小二乘法计算,得到线性回归经验公式中的常数。假设实验测得不同压力下水的沸点数据如表 6-1 所示。

表 6-1 测得不同压力下水的沸点数据

$t/℃$	63.28	68.55	73.60	78.45	82.57	86.25	91.90	96.29	99.65
$T^{-1}\times 1000/K$	2.972 4	2.926 5	2.883 9	2.844 1	2.811 2	2.782 4	2.739 4	2.706 8	2.682 4
p/kPa	24.49	30.59	37.57	45.29	53.5	61.44	76.4	89.06	100.18
$\ln(p/p^{\ominus})$	-1.406 9	-1.184 5	-0.979	-0.792 1	-0.625 5	-0.487 1	-0.269 2	-0.115 9	0.001 798

1. 添加趋势线

首先把实验数据分别按列输入 Excel 工作表中,选中列 $T^{-1}\times 1000/K$ 为 x,列 $\ln(p/p^{\ominus})$ 为 y,用"图表向导"绘制"XY 散点图"。散点图绘制完成后,在生成的图中右击数据线或数据点,在出现的下拉快捷菜单中点击"添加趋势线",弹出"添加趋势线"对话框,如图 6-5 所示。在类型中选"线性",在选项中钩选"显示公式"和"显示 R 平方"选项,单击"确定"按钮,即得到数据拟合图,如图 6-6 所示。图中 R 是相关系数,表示线性程度,R 越接近 1,表示拟合效果越好。从图中的拟合结果可以看到,该实验数据线性非常好。

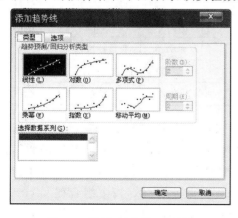

图 6-5 "添加趋势线"对话框

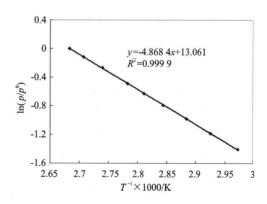

图 6-6 液体饱和蒸气压的数据拟合图

2. Excel 函数

用 Excel 提供的工作表函数计算"液体饱和蒸气压的测定"实验。在单元格 A11~A14

中分别输入"截距""斜率""判定系数""估计标准误差",在单元格 B11 中输入公式"＝INTERCEPT(E2:E10,C2:C10)",在单元格 B12 中输入公式"＝SLOPE(E2:E10,C2:C10)",在单元格 B13 中输入公式"＝RSQ(E2:E10,C2:C10)",在单元格 B14 中输入公式"＝STEYX(E2:E10,C2:C10)"。计算结果如图 6-7 所示。

	A	B	C	D	E
1		$t/℃$	$1000K/T$	p/kPa	$\ln(p/p^\ominus)$
2		63.28	2.972 4	24.49	−1.406 9
3		68.55	2.926 5	30.59	−1.184 5
4		73.60	2.883 9	37.57	−0.97 9
5		78.45	2.844 1	45.29	−0.792 1
6		82.57	2.811 2	53.50	−0.625 5
7		86.25	2.782 4	61.44	−0.487 1
8		91.90	2.739 4	76.40	−0.269 2
9		96.29	2.706 8	89.06	−0.115 9
10		99.65	2.682 4	100.18	0.001 798
11	截距	13.061 4			
12	斜率	−4.868 4			
13	判定系数	0.999 94			
14	估计标准误差	0.003 87			

图 6-7　液体饱和蒸气压的回归计算结果

　　函数 LINEST(known_y's,known_x's,const,stats)用于估计多元线性回归模型的未知参数,也可用来进行一元线性回归,返回的数据格式见表 6-2。参数 const 为一逻辑值,指明是否强制截距为 0。如果 const 为 TRUE 或省略,截距将被正常计算;如果 const 为 FALSE,截距将被设为 0。参数 stats 为一逻辑值,指明是否返回附加回归统计值。如果 stats 为 FALSE 或省略,函数 LINEST 只返回斜率和截距;如果 stats 为 TRUE,函数 LINEST 返回各个回归系数及附加回归统计值。因为此函数返回数值数组(多个量),所以必须以数组公式的形式输入,即需按下组合键 Ctrl＋Shift 键后,再按回车键确定。

表 6-2　LINEST 函数返回的数据格式

计算结果	数据含义
β_m　β_{m-1}　$\cdots$　β_1　β_0	回归系数
SE_m　SE_{m-1}　$\cdots$　SE_1　SE_0	回归系数的标准误差
R^2　S	判定系数 R^2、因变量标准误差
F　df	F 统计量、自由度 df
$S_回$　$S_残$	回归平方和 $S_回$、残差平方和 $S_残$

　　利用 LINEST 函数的回归计算具体步骤:为输出数据指定足够的存储区域(本例选三行两列,因为是一元线性回归,且对后两行数据不感兴趣),单击"插入"菜单,选择"函数",打开"插入函数"对话框,在"选择类别"中选择"统计";在"选择函数"中选择"LINEST",单击确定后,出现 LINEST 对话框。在 LINEST 对话框中设置相应的参数,按下组合键 Ctrl＋Shift 后,再按回车键。本例的公式为"＝LINEST(E2:E10,C2:C10,TRUE,TRUE)",系统输出如图 6-8 所示。

　　用 Excel 函数进行最小二乘分析后,最好作图验证拟合结果的优劣,判断各个实验数据点偏差的相对大小,并剔除异常值。

	A	B	C	D	E
1		$t/℃$	$1000K/T$	p/kPa	$\ln(p/p^{\ominus})$
2		63.28	2.972 4	24.49	-1.406 9
3		68.55	2.926 5	30.59	-1.184 5
4		73.60	2.883 9	37.57	-0.979
5		78.45	2.844 1	45.29	-0.792 1
6		82.57	2.811 2	53.50	-0.625 5
7		86.25	2.782 4	61.44	-0.487 1
8		91.90	2.739 4	76.40	-0.269 2
9		96.29	2.706 8	89.06	-0.115 9
10		99.65	2.682 4	100.18	0.001 798
11	LINEST结果	-4.868 4	13.061 371		
12		0.013 78	0.038 820 8		
13		0.999 94	0.003 868 5		

图 6-8　液体饱和蒸气压的 LINEST 函数计算结果

3. 数据分析工具

"数据分析"是 Excel 中为了进行复杂统计或工程分析时节省步骤的一个专用工具。使用时单击"工具"菜单中的"数据分析"命令。如果"工具"菜单中没有"数据分析"命令,则需要安装"分析工具库"(在"工具"菜单中,单击"加载宏"命令,在"加载宏"对话框中选中"分析工具库")。在弹出的"数据分析"对话框中选中"回归",此工具可通过对一组观察值使用"最小二乘法"直线拟合,进行线性回归分析。在弹出的"回归"对话框"Y 值输入区域""X 值输入区域"中分别输入存放数据的单元格区域,选择"输出区域"单选按钮并输入要显示结果的单元格,若选中"线性拟合图"的复选框则可同时生成图表。单击"确定"就完成了所有计算和作图工作。

利用"数据分析"运算过程简单,运算结果和图表可一并获得,获得的数据分析结果比前两种方法要多而全,而过程则简便得多。但得到的分析数据太多,要进行取舍。

必须注意的是,线性拟合时一定要注意判定系数要足够大,尤其要查看图表验证拟合结果的优劣,以免得到错误的经验方程系数。如二级反应——乙酸乙酯皂化(详见实验 11),初期几分钟的数据点并不满足线性趋势,若选择所有的数据点进行线性回归则会得到错误的结果,这时必须选择线性较好的数据进行拟合。

4. 数据处理实例

以燃烧焓的测定(详见实验 3)中的雷诺图法处理实验数据为例。

按照操作步骤得到绘图结果。在单元格 D2 中输入开始燃烧温度的数值,D3 中输入燃烧完毕温度的数值,D4 中输入"=(D2+D3)/2",即得到两者的平均温度。

在 D5 中输入"=ROUND(TREND(A8:A9,B8:B9,D4),3)",获得 D4 单元格中的温度所对应的时间。该公式涉及两个函数的嵌套使用,其中 ROUND 函数的功能是设定有效数字,该例中小数点后取三位数字;TREND 函数返回线性回归拟合线的一组纵坐标值,在此近似将该处的温度变化看作线性变化。然后在单元格 E2 和 E3 中分别输入"=TREND(B2:B7,A2:A7,D5)"和"=TREND(B21:B28,A21:A28,D5)",获得校正后的开始燃烧温度和燃烧完毕温度。单元格 D6 和 E6 分别显示了雷诺校正前后的温差数值。

为了以图示形式展示结果,需添加两条线性回归线:一条水平线和一条竖直线。在 H 列和 I 列分别输入水平线和竖直线端点的横、纵坐标值,然后右击图表,单击"源数据",在打开的"源数据"对话框中选中"系列"标签,点击"添加"按钮,并设定 x 值和 y 值,按"确定"按钮即可添加水平线和竖直线。随后可以参照对图表的曲线进行格式设置。点火燃烧前和燃烧完毕后的两条线性回归线可以采用添加趋势线的方式,先按照上面的操作添加新的数据系列(两段线性部分),然后为它们添加线性的趋势线,并对选项进行适当设置即可。所得结果如图 6-9 所示。

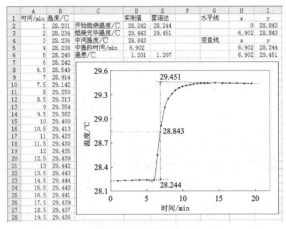

图 6-9　雷诺校正图

第二节　应用 Origin 软件处理化学实验数据

Origin 具有数据分析及绘图两大功能,可对实验测试数据进行分析、统计、排序、傅里叶变换、线性拟合及非线性拟合等处理,可绘制多种模式的二维及三维图形,如散点图、线形图、点线图、折线图、面积图、等高图等。Origin 具有多文档界面,文件后缀为".opj"称为一个工程文件,一个工程文件中包含多个窗口文件,常见的包括工作表窗口"Book"、绘图窗口"Graph"、函数窗口"Table"等。

一、Origin 的窗口界面

类似于 Microsoft Excel,Origin 软件工作界面也包括顶部菜单栏、菜单栏下部的工具栏、中部的绘图区、下部的项目管理器、底部的状态栏。Origin 的菜单栏会随着当点操作窗口的不同而产生变化,相同的菜单名称在不同的窗口下会具有不同的作用及功用。如工作表窗口会出现"Plot"功能选项,绘图窗口则不会显示该选项而会出现"Graph"功能选项。

打开 Origin 软件,会看到自动生成的 Book1 窗口,数据处理工作主要均在这个窗口中进行(图 6-10),如需进行名称修改可右键点击窗口在"Properties"中进行修改。Book1 初始默认为两列,需要多列可在 Book1 空白处,右键选择"add new column"。如需移动数据列,则先选中需要移动的列,通过菜单栏上方"Column"下拉选择"move columns"选项实现。

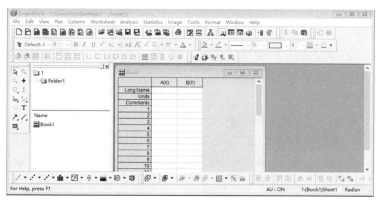

图 6-10　Origin 的基本窗口界面

顶部菜单栏常用选项说明：

File(文件)用于打开文件、输入输出数据等。

Edit(编辑)用于数据/图像编辑。

View(视图)用于控制屏幕显示。

Plot(绘图)用于绘制各种类型的图示，包括二维图绘制，如直线、散点、条形图、柱形图等；三维图的绘制；统计图等多种图型的绘制。

Column(列)用于设置列属性，如增加列、删除列等操作。

Graph(图形)用于对图形进行调整，如缩放坐标轴、交换坐标轴等。

Origin 常用功能在工具栏中均有显示，上方的标准工具栏如图 6-11 所示，可见由竖线分为若干组。从左至右，第一组为新建功能，依次分别为新建项目、新建文件夹、新建工作表、新建 excel 表格、新建绘图、新建矩阵、新建函数、新建层、新建标注；第二组为打开及保存功能，依次分别为打开文件、打开模板、打开 excel 表格、保存项目、保存模板；第三组为数据导入功能，依次分别为导入压缩文件、导入单组 ASCⅡ码、导入多组 ASCⅡ码；之后为打印、刷新、复制等非常用工具选项。

图 6-11　Origin 标准工具栏

激活绘图窗口时，上方会显示如图 6-12 所示工具栏，对常用功能进行简单介绍，从左至右分别为放大、缩小及整页显示，重新确定坐标轴范围，拆分分层、分图及合并图层，插入新层、图表等，增加颜色、图例、坐标尺度等。

图 6-12　Origin 绘图工具栏

其他常用的工具栏如图 6-13 所示，对其进行简单介绍，从左至右分别为鼠标，放大及缩小局部图形，读取屏幕中任一点坐标，读取某数据点坐标、选取某数据点坐标等，插入文本，插入箭头，插入直线等。

图 6-13　Origin 常用工具栏

二、数据的输入

少量数据可以采用手动输入的方式,也支持直接数据粘贴。在 Book 1 窗口数字对应的单元格中输入相应的数据,数列的名称、单位及注释可以标注于"Long Name""Units"及"Comments"中,也可绘图后在图中进行标注。特别需要注意第一列 A(X)列默认为自变量 x,第二列 B(Y)列默认为自变量 y。

需调整,选中该列右击从"Set As"中选择设置。

如需导入仪器自动生成的 ASCII 码,点击菜单栏下部工具栏中的"Import Single ASCII",如需导入多组 ASCII 码,则点击工具栏中的"Import Multiple ASCII"。

三、图形的绘制

用鼠标左键拖动选定 Book 1 窗口中需要绘制图形的两列数据,数列背景呈现黑色即为选定成功,通过界面最下方的绘图按钮可以绘制各种类型的图示,并在新生成的 Graph 1 窗口中显示。选取点击从左至右 3 个按钮,可分别得到光滑曲线图、散点图及点线图,如图 6-14 所示。除此之外,还可以绘制条形图、饼图、彩色映射图、统计图等二维图形及柱形、网线形等三维图形。

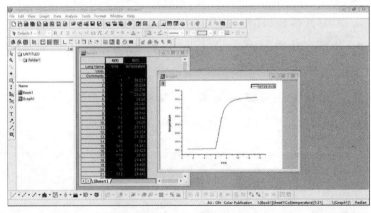

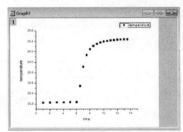 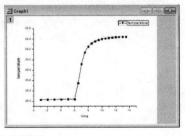

图 6-14　绘制图形

双击 Graph 1 窗口中的曲线可以对曲线的散点的大小形状类型及曲线的粗细类型等性质进行设置(图 6-15)。

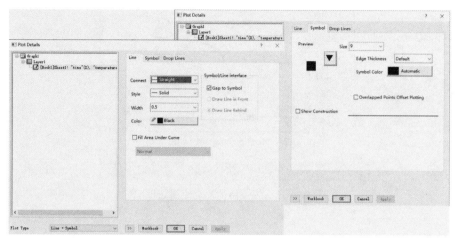

图 6-15　图形设置

双击 Graph 1 窗口中曲线的坐标轴可以对坐标轴的名称、取值范围、单位取值、坐标轴类型等性质进行设置调整（图 6-16）。

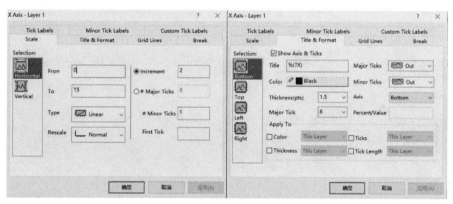

图 6-16　坐标轴设置

同样以燃烧焓的测定实验(详见实验 3)为例，画出温度-时间关系曲线(图 6-17)，采用 Origin 作图过程：

(1)将实验测得的时间(min)及对应的温度(℃)数值分别输入到 Book 1 窗口中的 A、B 两列。

(2)用鼠标左键拖动选定 Book 1 窗口中 A、B 两列。

(3)在界面底部绘图按钮中选取点击从左至右第 3 个按钮，得到 Graph 1 窗口点线曲线。

(4)双击曲线，弹出曲线设置窗口，选择合适的曲线宽度及散点形状大小。

(5)双击坐标轴，弹出坐标轴设置窗口，对 x 轴和 y 轴的名称单位等性质进行设置。

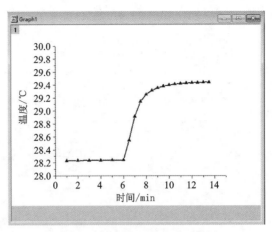

图 6-17　燃烧焓的测定绘图结果

四、曲线拟合

采用 Origin 同样可以进行线性拟合，仍以燃烧焓的测定实验为例（图 6-18），拟合点火前和燃烧完成后温度-时间变化趋势曲线：

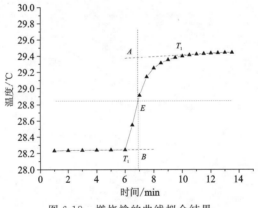

图 6-18　燃烧焓的曲线拟合结果

(1)在已绘制的温度-时间变化曲线上确定点火前的最高温度点(T_1)点击左边工具栏中的"T"在图中进行标注。在上方菜单栏中"Analysis"（分析）下拉选项"Fitting"（拟合）中选择"Fitting Linear"（线性拟合）点击"Open Dialog"（打开对话框）进行范围选择。在打开的对话框中"Input Data"（数据导入）点击按钮即可使用鼠标划定选取范围。选定拟合范围后，在对话框中点击"Fitted Curves Plot"（拟合曲线图）进行曲线范围设置，"X Data Type"的"Range"（范围）选择下拉选项"Custom"（自定义），在此需要对点火前的温度-时间拟合直线并获得延长线，根据数据"Max"（最大值）填写 8，之后选择"OK"即开始进行拟合。双击拟合得到的直线，通过弹出的曲线性质对话框可对直线的线型颜色等性质进行调整。采用上述相同的方法，得到燃烧后的时间-温度拟合延长直线。

(2)燃烧的最高温度，可以通过 Origin 的取点读值功能确定，在曲线上最接近与燃烧后时间温度拟合及其延长直线且不重合的点即为 T_2，使用左边工具栏中的"Screen Reader"（屏幕坐标读取）按钮可以读取对应的数据 T_2。

(3) 由以得到的 T_1 及 T_2 数值，计算得到 $T=(T_1+T_2)/2$，以纵坐标为 T 作一条水平线平行于 x 轴，与曲线相较于一点 E，过 E 点作垂线与两条延长线相交与 A、B 两点，再通过 origin 的"Screen Reader"读取相对应的温度值，即可得到温差进行后续数据处理。

直线的做法：可以在 Book 1 中添加数列作图得到，也可在顶部菜单栏"Graph"中选择"Add Straight Line"弹出对话框中选择水平线或者垂直线并输入数值得到。

附　录

附录1　若干重要无机化合物在水中的溶解度

与饱和溶液平衡的固相物质	溶解度 S/ $(g \cdot dm^{-3})$	适用温度 t/℃	与饱和溶液平衡的固相物质	溶解度 S/ $(g \cdot dm^{-3})$	适用温度 t/℃
$AgNO_3$	12.2	0	$CoSO_4 \cdot 7H_2O$	604	3
Ag_2SO_4	5.7	0	$Cr_2(SO_4)_3 \cdot 18H_2O$	1200	20
AgF	1820	15.5	$[Cr(H_2O)_4Cl_2] \cdot 2H_2O$	585	25
$AlCl_3$	699	15	$CuCl_2 \cdot 2H_2O$	1104	0
AlF_3	5.59	25	$Cu(NO_3)_2 \cdot 6H_2O$	2437	0
$Al(NO_3)_3 \cdot 9H_2O$	637	25	$CuSO_4$	143	0
$Al_2(SO_4)_3$	313	0	$CuSO_4 \cdot 5H_2O$	316	0
$Al_2(SO_4)_3 \cdot 18H_2O$	869	0	$[Cu(NH_3)_4]SO_4 \cdot H_2O$	185	21.5
As_2O_5	1500	14	$FeCl_2 \cdot 4H_2O$	1601	10
As_2O_3	37	20	$FeCl_3 \cdot 6H_2O$	919	20
$BaCl_2$	375	26	$Fe(NO_3)_2 \cdot 6H_2O$	835	20
$BaCl_2 \cdot 2H_2O$	587	100	$Fe(NO_3)_3 \cdot 6H_2O$	1500	0
BaF_2	1.2	25	$FeC_2O_4 \cdot 2H_2O$	0.22	
$Ba(OH)_2 \cdot 8H_2O$	56	15	$FeSO_4 \cdot 7H_2O$	156.5	
$Ba(NO_3)_2 \cdot H_2O$	630	20	$Fe_2(SO_4)_3 \cdot 9H_2O$	4400	
BaO	34.8	20	H_3BO_3	63.5	20
$BaO \cdot 8H_2O$	1.6		HIO_3	2860	0
$BaSO_4 \cdot 4H_2O$	425	25	$HgCl_2$	69	20
$CaCl_2$	745	20	$HgSO_4 \cdot 2H_2O$	0.03	18
$CaCl_2 \cdot 6H_2O$	2790	0	$H_2MoO_4 \cdot H_2O$	1.33	18
$CaCrO_4 \cdot 2H_2O$	163	20	H_3PO_4	5480	
$Ca(OH)_2$	1.85	0	$KAl(SO_4)_2 \cdot 12H_2O$	114	20
$Ca(NO_3)_2 \cdot 4H_2O$	2660	0	KBr	534.8	0
$CaSO_4 \cdot 2H_2O$	2.4		K_2CO_3	1120	20
$CaSO_4 \cdot 1/2H_2O$	3	20	$K_2CO_3 \cdot 2H_2O$	1469	
$CdCl_2$	1400	20	$KClO_3$	71	20
$CdCl_2 \cdot H_2O$	1680	20	$KClO_4$	7.5	0
$Cd(NO_3)_2 \cdot 4H_2O$	2150		KCl	347	20
$3CdSO_4 \cdot 8H_2O$	1130	0	K_2CrO_4	629	20
Cl_2	14.9		$K_2Cr_2O_7$	49	0
CO_2	3.48	0	$KCr(SO_4)_2 \cdot 12H_2O$	243.9	25
CO_2	1.45	25	$K_3[Fe(CN)_6]$	330	4
$CoCl_2 \cdot 6H_2O$	767	0	$K_4[Fe(CN)_6] \cdot 3H_2O$	145	0
$Co(NO_3)_2 \cdot 6H_2O$	1338	0	KOH	1070	15

续附录 1

与饱和溶液平衡的固相物质	溶解度 S/ ($g \cdot dm^{-3}$)	适用温度 t/℃	与饱和溶液平衡的固相物质	溶解度 S/ ($g \cdot dm^{-3}$)	适用温度 t/℃
KIO_3	47.4	0	$NaI \cdot 2H_2O$	3179	0
KIO_4	6.6	15	$Na_2MoO_4 \cdot 2H_2O$	562	0
KI	1275	0	Na_2NO_2	815	15
$KCl \cdot MgCl_2 \cdot 6H_2O$	645	19	$Na_3PO_4 \cdot 10H_2O$	88	
$KMnO_4$	63.3	20	$Na_3P_2O_7 \cdot 10H_2O$	54.1	0
KNO_3	133	0	$Na_2SO_4 \cdot 10H_2O$	110	0
KNO_3	2470	100	$Na_2SO_4 \cdot 10H_2O$	927	30
$KSCN$	1772	0	$Na_2S \cdot 9H_2O$	475	10
$LiCl$	637	0	$Na_2SO_3 \cdot 7H_2O$	328	0
$LiCl \cdot H_2O$	862	20	$Na_2S_2O_3 \cdot 5H_2O$	794	0
$LiOH$	128	20	$Na_2WO_4 \cdot 2H_2O$	410	0
$LiOH \cdot 3H_2O$	348	0	NH_3	899	
$Li_2SO_4 \cdot H_2O$	349	25	CH_3COONH_4	1480	4
$MgCl_2 \cdot 6H_2O$	1670		$NH_4Al(SO_4)_2 \cdot 12H_2O$	150	20
$Mg(NO_3)_2 \cdot 6H_2O$	1250		$NH_4H_2AsO_4$	337.4	0
$MgSO_4 \cdot 7H_2O$	710	20	$NH_4B_5O_8 \cdot 4H_2O$	70.3	18
$MnCl_2 \cdot 4H_2O$	1501	8	$(NH_4)_2B_4O_7 \cdot 4H_2O$	72.7	18
$Mn(NO_3)_2 \cdot 4H_2O$	4264	0	NH_4Br	970	25
$MnSO_4 \cdot 7H_2O$	1720		$(NH_4)_2CO_3 \cdot H_2O$	1000	15
$MnSO_4 \cdot 6H_2O$	1474		NH_4HCO_3	119	0
CH_3COONa	1190	0	NH_4ClO_3	287	0
$CH_3COONa \cdot 3H_2O$	762	0	NH_4ClO_4	107.4	0
$Na_3AsO_4 \cdot 12H_2O$	389	15.5	NH_4Cl	297	0
$Na_2B_4O_7 \cdot 10H_2O$	20.1	0	$(NH_4)_2CrO_4$	405	30
$NaBr \cdot 2H_2O$	795	0	$(NH_4)_2Cr_2O_7$	308	15
Na_2CO_3	71	0	$NH_4Cr(SO_4)_2 \cdot 12H_2O$	212	25
$Na_2CO_3 \cdot H_2O$	215.2	0	NH_4F	1000	0
$NaHCO_3$	69	0	$(NH_4)_2SiF_6$	186	17
$NaCl$	357	0	NH_4I	1542	0
$NaOCl \cdot 5H_2O$	293	0	$NH_4Fe(SO_4)_2 \cdot 12H_2O$	1240	25
Na_2CrO_4	873	20	$(NH_4)_2SO_4 \cdot FeSO_4 \cdot 6H_2O$	269	20
$Na_2CrO_4 \cdot 10H_2O$	500	10	$NH_4MgPO_4 \cdot 6H_2O$	0.231	0
$Na_2Cr_2O_7 \cdot 2H_2O$	2380	0	$(NH_4)_6Mo_7O_{24} \cdot 4H_2O$	430	
$Na_2C_2O_4$	37	20	NH_4NO_3	1183	0
NaI	1840	25	$(NH_4)_2C_2O_4 \cdot H_2O$	2540	0

续附录1

与饱和溶液平衡的固相物质	溶解度 S/ (g·dm^{-3})	适用温度 t/ ℃	与饱和溶液平衡的固相物质	溶解度 S/ (g·dm^{-3})	适用温度 t/ ℃
$(NH_4)_3PO_4 \cdot 3H_2O$	261	25	$Pb(NO_3)_2$	376.5	0
NH_4SCN	1280	0	SO_2	228	0
$(NH_4)_2SO_4$	706	0	$SnCl_2$	839	0
NH_4VO_3	5.2	15	$Sr(NO_3)_2 \cdot 4H_2O$	604.3	0
$Ni(CH_3COO)_2$	166		$Zn(C_2H_3O_2)_2 \cdot 2H_2O$	311	20
$NiCl_2 \cdot 6H_2O$	2540	20	$ZnCl_2$	4320	25
$NiSO_4 \cdot 7H_2O$	756	15.5	$ZnSO_4 \cdot 7H_2O$	965	20
$NiSO_4 \cdot 6H_2O$	625.2	0	$Zn(SO_3)_2 \cdot 6H_2O$	1843	20
$Pb(CH_3COO)_2$	443	20			

附录2 常用酸碱的浓度

试剂名称	密度/ (g·cm³)	质量百分浓度/ %	摩尔浓度/ (mol·dm^{-3})	试剂名称	密度/ (g·cm³)	质量百分浓度/ %	摩尔浓度/ (mol·dm^{-3})
浓硫酸	1.84	98	18	氢溴酸	1.38	40	7
稀硫酸		9	2	氢碘酸	1.70	57	7.5
浓盐酸	1.19	38	12	冰醋酸	1.05	99	17.5
稀盐酸		7	2	醋酸	1.04	30	5
浓硝酸	1.41	68	16	稀醋酸		12	2
硝酸	1.2	32	6	浓氢氧化钠	1.44	41	14.4
稀硝酸		12	2	稀氢氧化钠		8	2
浓磷酸	1.7	85	14.7	浓氨水	0.91	28	14.8
稀磷酸	1.05	9	1	稀氨水		3.5	2
浓高氯酸	1.67	70	11.6	氢氧化钙水溶液		0.15	
稀高氯酸	1.12	19	2				
浓氢氟酸	1.13	40	23				

附录3 弱电解质的解离常数

酸	温度/℃	级	K_a	pK_a
砷酸(H_3AsO_4)	18	1	5.62×10^{-3}	2.25
	18	2	1.70×10^{-7}	6.77
	18	3	3.95×10^{-12}	11.60
亚砷酸(H_3AsO_3)	25		6×10^{-10}	9.23
硼酸(H_3BO_3)	20		7.3×10^{-10}	9.14

续附录3

酸	温度/℃	级	K_a	pK_a
碳酸(H_2CO_3)	25	1	4.30×10^{-7}	6.37
	25	2	5.61×10^{-11}	10.25
铬酸(H_2CrO_4)	25	1	1.8×10^{-1}	0.74
	25	2	3.20×10^{-7}	6.49
氢氰酸(HCN)	25		4.93×10^{-10}	9.31
氢氟酸(HF)	25		3.53×10^{-4}	3.45
氢硫酸(H_2S)	18	1	9.1×10^{-8}	7.04
	18	2	1.1×10^{-12}	1.96
过氧化氢(H_2O_2)	25		2.4×10^{-12}	11.62
次溴酸(HBrO)	25		2.06×10^{-9}	8.69
次氯酸(HClO)	18		2.95×10^{-3}	7.53
次碘酸(HIO)	25		2.3×10^{-11}	10.64
碘酸(HIO_3)	25		1.69×10^{-1}	0.77
亚硝酸(HNO_2)	12.5		4.6×10^{-4}	3.37
高碘酸(HIO_4)	25		2.3×10^{-2}	1.64
正磷酸(H_3PO_4)	25	1	7.52×10^{-3}	2.12
	25	2	6.23×10^{-8}	7.21
	18	3	2.2×10^{-12}	12.67
亚磷酸(H_3PO_3)	18	1	1.0×10^{-2}	2.00
	18	2	2.6×10^{-7}	6.59
焦磷酸($H_4P_2O_7$)	18	1	1.4×10^{-1}	0.85
	18	2	3.2×10^{-2}	1.49
	18	3	1.7×10^{-6}	5.77
	18	4	6×10^{-9}	8.22
硒酸(H_2SeO_4)	25	2	1.2×10^{-2}	1.92
亚硒酸(H_2SeO_3)	25	1	3.5×10^{-3}	2.46
	25	2	5×10^{-3}	7.31
硅酸(H_2SiO_3)	常温	1	2×10^{-10}	9.70
	常温	2	1×10^{-12}	12.00
硫酸(H_2SO_4)	25	2	1.20×10^{-2}	1.92
亚硫酸(H_2SO_3)	18	1	1.54×10^{-2}	1.81
	18	2	1.02×10^{-7}	6.91
甲酸(HCOOH)	20		1.77×10^{-4}	3.75
醋酸(HAc)	25		1.76×10^{-5}	4.75
草酸($H_2C_2O_4$)	25	1	5.90×10^{-2}	1.23
	25	2	6.40×10^{-3}	4.19

续附录3

碱	温度/℃	级	K_b	pK_b
氨水	25		1.79×10^{-5}	4.75
氢氧化铍	25	2	5×10^{-11}	10.30
氢氧化钙	25	1	3.74×10^{-3}	2.43
	30	2	4.0×10^{-2}	1.40
联氨	20		1.7×10^{-6}	5.77
羟胺	20		1.07×10^{-8}	7.97
氢氧化铝	25		9.6×10^{-4}	3.02
氢氧化银	25		1.1×10^{-4}	3.96
氢氧化锌	25		9.6×10^{-4}	3.02

摘译自 R. C. Weast: Handbook of Chemistry and Physics, p159-163, 66th Ed. (1985—1986)。

附录4　难溶电解质的溶度积

化合物	溶度积(pK_{sp})	化合物	溶度积(pK_{sp})
AgBr	5.1×10^{-13}	$CaC_2O_4\cdot H_2O$	4×10^{-9}
AgCl	1.8×10^{-10}	$CaCrO_4$	7.1×10^{-4}
AgCN	1.2×10^{-16}	CaF_2	2.7×10^{-11}
Ag_2CO_3	8.1×10^{-12}	$Ca(OH)_2$	5.5×10^{-6}
$Ag_2C_2O_4$	3.4×10^{-11}	$CaSO_4$	9.1×10^{-6}
Ag_2CrO_4	1.1×10^{-12}	$Ca_3(PO_4)_2$	2.0×10^{-29}
$Ag_2Cr_2O_7$	2.0×10^{-7}	$CdCO_3$	5.2×10^{-12}
AgI	8.3×10^{-17}	$Cd(OH)_2$(新制)	2.5×10^{-14}
AgOH	2.0×10^{-8}	CdS	8.0×10^{-27}
AgSCN	1.0×10^{-12}	$CoS(\alpha)$	4×10^{-21}
Ag_2S	6.3×10^{-50}	$CoS(\beta)$	2.0×10^{-25}
Ag_2SO_4	1.4×10^{-5}	$Cr(OH)_3$	6.3×10^{-31}
Ag_2SO_3	1.5×10^{-14}	CuBr	5.3×10^{-9}
Ag_3PO_4	1.4×10^{-16}	CuCl	1.2×10^{-6}
$Al(OH)_3$	1.3×10^{-33}	CuI	1.1×10^{-12}
$BaCO_3$	5.1×10^{-9}	$Cu(OH)_2$	2.2×10^{-20}
BaC_2O_4	1.6×10^{-7}	$CuCO_3$	1.4×10^{-10}
$BaC_2O_4\cdot H_2O$	2.3×10^{-8}	$CuCrO_4$	3.6×10^{-6}
$BaCrO_4$	1.2×10^{-10}	$Cu_3(PO_4)_2$	1.3×10^{-37}
BaF_2	1.0×10^{-6}	Cu_2S	2.5×10^{-18}
$BaSO_4$	1.1×10^{-10}	CuS	6.3×10^{-36}
$BaSO_3$	8×10^{-7}	$FeCO_3$	3.2×10^{-11}

续附录 4

化合物	溶度积(pK_{sp})	化合物	溶度积(pK_{sp})
$Bi(OH)_3$	4×10^{-31}	$Fe_4[Fe(CN)_6]_3$	3.3×10^{-11}
Bi_2S_3	1×10^{-97}	$Fe(OH)_2$	8.0×10^{-16}
$CaCO_3$	2.8×10^{-9}	$Fe(OH)_3$	4×10^{-38}
FeS	6.3×10^{-18}	$PbCl_2$	1.6×10^{-5}
Hg_2Cl_2	1.3×10^{-18}	$PbCO_3$	7.4×10^{-14}
Hg_2Br_2	5.6×10^{-23}	PbC_2O_4	4.8×10^{-10}
Hg_2CO_3	8.9×10^{-17}	$PbCrO_4$	2.8×10^{-13}
Hg_2S	1.0×10^{-47}	PbF_2	2.7×10^{-8}
HgS(红)	4×10^{-53}	$Pb(OH)_2$	1.2×10^{-15}
HgS(黑)	1.6×10^{-52}	PbS	8.0×10^{-28}
Hg_2SO_4	7.4×10^{-7}	$PbSO_4$	1.6×10^{-8}
$MgCO_3$	3.5×10^{-8}	PbI_2	9.8×10^{-9}
$Mg(OH)_2$	1.8×10^{-11}	$Sn(OH)_2$	1.4×10^{-28}
MgF_2	6.5×10^{-13}	$Sn(OH)_4$	1×10^{-56}
$MgNH_4PO_4$	2.5×10^{-13}	SnS	1.0×10^{-25}
$MnCO_3$	1.8×10^{-11}	SrF_2	2.5×10^{-9}
$Mn(OH)_2$	1.9×10^{-13}	$SrC_2O_4\cdot H_2O$	1.6×10^{-7}
MnS(无定形)	2.5×10^{-10}	$SrCO_3$	1.1×10^{-10}
MnS(结晶)	2.5×10^{-13}	$SrCrO_4$	2.2×10^{-5}
$NiCO_3$	6.6×10^{-9}	$SrSO_4$	3.2×10^{-7}
$Ni(OH)_2$(新制)	2.0×10^{-15}	$Ti(OH)_2$	1×10^{-40}
$NiS(\alpha)$	3.2×10^{-19}	$ZnCO_3$	1.4×10^{-11}
$NiS(\beta)$	1×10^{-24}	$Zn(OH)_2$	1.2×10^{-17}
$NiS(\gamma)$	2.0×10^{-26}	$ZnS(\alpha)$	1.6×10^{-24}
$PbBr_2$	4.0×10^{-5}	$ZnS(\beta)$	2.5×10^{-22}

附录 5　常见元素及其化合物的标准电极电势(298.15 K)

元素	电极反应	$E^{\ominus}$/V
Ag	$Ag^+ + e \rightleftharpoons Ag$	+0.799 9
	$AgBr + e \rightleftharpoons Ag + Br^-$	+0.071
	$AgCN + e \rightleftharpoons Ag + CN^-$	−0.017
	$[Ag(CN)_2]^- + e \rightleftharpoons Ag + 2CN^-$	−0.31
	$Ag_2C_2O_4 + 2e \rightleftharpoons 2Ag + C_2O_4^{2-}$	+0.47
	$AgCl + e \rightleftharpoons Ag + Cl^-$	+0.222 3
	$Ag_2CrO_4 + 2e \rightleftharpoons 2Ag + CrO_4^{2-}$	+0.447

续附录 5

元素	电极反应	$E^{\ominus}/V$
Ag	$AgI + e \rightleftharpoons Ag + I^-$	-0.153
	$Ag(NH_3)_2^+ + e \rightleftharpoons Ag + 2NH_3$	$+0.373$
	$AgO + H^+ + e \rightleftharpoons \frac{1}{2}Ag_2O + \frac{1}{2}H_2O$	$+1.41$
	$Ag_2O + 2H^+ + 2e \rightleftharpoons 2Ag + H_2O$	$+1.17$
	$Ag_2O + H_2O + 2e \rightleftharpoons 2Ag + 2OH^-$	$+0.34$
	$Ag_2S + 2e \rightleftharpoons 2Ag + S^{2-}$	-0.71
	$AgSCN + e \rightleftharpoons Ag + SCN^-$	$+0.09$
	$Ag_2SO_4 + 2e \rightleftharpoons 2Ag + SO_4^{2-}$	$+0.653$
Al	$Al^{3+} + 3e \rightleftharpoons Al$	-1.66
	$AlF_6^{3-} + 3e \rightleftharpoons Al + 6F^-$	-2.07
	$H_2AlO_3^- + H_2O + 3e \rightleftharpoons Al + 4OH^-$	-2.35
As	$As + 3H^+ + 3e \rightleftharpoons AsH_3$	-0.61
	$AsO_4^{3-} + 2H_2O + 2e \rightleftharpoons AsO_2^- + 4OH^-$	-0.67
	$HAsO_2 + 3H^+ + 3e \rightleftharpoons As + 2H_2O$	$+0.248$
	$H_3AsO_4 + 2H^+ + 2e \rightleftharpoons HAsO_2 + 2H_2O$	$+0.56$
Au	$Au^{3+} + 2e \rightleftharpoons Au^+$	$+1.41$
	$Au^{3+} + 3e \rightleftharpoons Au$	$+1.50$
	$Au(CN)_2^- + e \rightleftharpoons Au + 2CN^-$	$+0.06$
	$AuCl_4^- + 3e \rightleftharpoons Au + 4Cl^-$	$+1.00$
	$Au(OH)_3 + 3H^+ + 3e \rightleftharpoons Au + 3H_2O$	$+1.45$
B	$BF_4^- + 3e \rightleftharpoons B + 4F^-$	-1.04
	$H_3BO_3 + 3H^+ + 3e \rightleftharpoons B + 3H_2O$	-0.87
	$H_2BO_3^- + H_2O + 3e \rightleftharpoons B + 4OH^-$	-1.79
Ba	$Ba^{2+} + 2e \rightleftharpoons Ba$	-2.91
Be	$Be^{2+} + 2e \rightleftharpoons Be$	-1.85
	$Be_2O_3^{2-} + 3H_2O + 4e \rightleftharpoons 2Be + 6OH^-$	-2.62
Bi	$Bi^{3+} + 3e \rightleftharpoons Bi$	$+0.293$
	$BiO^+ + 2H^+ + 3e \rightleftharpoons Bi + H_2O$	$+0.32$
	$Bi_2O_3 + 6H^+ + 6e \rightleftharpoons 2Bi + 3H_2O$	-0.46
	$BiOCl + 2H^+ + 3e \rightleftharpoons Bi + H_2O + Cl^-$	$+0.16$
	$NaBiO_3 + 6H^+ + 2e \rightleftharpoons Bi^{3+} + Na^+ + 3H_2O$	$+1.80$
Br	$Br_2(g) + 2e \rightleftharpoons 2Br^-$	$+1.08$
	$Br_2(l) + 2e \rightleftharpoons 2Br^-$	$+1.065$
	$HBrO + H^+ + e \rightleftharpoons \frac{1}{2}Br_2 + H_2O$	$+1.6$
	$BrO^- + H_2O + 2e \rightleftharpoons Br^- + 2OH^-$	$+0.76$
	$BrO_3^- + 6H^+ + 5e \rightleftharpoons \frac{1}{2}Br_2 + 3H_2O$	$+1.5$

续附录 5

元素	电极反应	$E^{\ominus}/V$
Ca	$Ca^{2+} + 2e \rightleftharpoons Ca$	-2.87
Cd	$Cd^{2+} + 2e \rightleftharpoons Cd$	-0.403
	$Cd(CN)_4^{2-} + 2e \rightleftharpoons Cd + 4CN^-$	-1.09
	$Cd(NH_3)_4^{2+} + 2e \rightleftharpoons Cd + 4NH_3$	-0.61
Cl	$Cl_2 + 2e \rightleftharpoons 2Cl^-$	$+1.359$
	$HClO + H^+ + e \rightleftharpoons \frac{1}{2}Cl_2 + H_2O$	$+1.63$
	$HClO + H^+ + 2e \rightleftharpoons Cl^- + H_2O$	$+1.49$
	$ClO^- + H_2O + 2e \rightleftharpoons Cl^- + 2OH^-$	$+0.89$
	$ClO_3^- + 6H^+ + 5e \rightleftharpoons \frac{1}{2}Cl_2 + 3H_2O$	$+1.47$
	$ClO_3^- + 6H^+ + 6e \rightleftharpoons Cl^- + 3H_2O$	$+1.45$
	$ClO_4^- + 2H^+ + 2e \rightleftharpoons ClO_3^- + H_2O$	$+1.19$
Co	$Co^{2+} + 2e \rightleftharpoons Co$	-0.29
	$Co^{3+} + e \rightleftharpoons Co^{2+}$	$+1.80$
	$Co(NH_3)_6^{2+} + 2e \rightleftharpoons Co + 6NH_3$	-0.422
	$Co(NH_3)_6^{3+} + e \rightleftharpoons Co(NH_3)_6^{2+}$	$+0.1$
	$Co(OH)_3 + e \rightleftharpoons Co(OH)_2 + OH^-$	$+0.17$
Cr	$Cr^{2+} + 2e \rightleftharpoons Cr$	-0.86
	$Cr^{3+} + e \rightleftharpoons Cr^{2+}$	-0.41
	$Cr^{3+} + 3e \rightleftharpoons Cr$	-0.74
	$CrO_4^{2-} + 2H_2O + 3e \rightleftharpoons CrO_2^- + 4OH^-$	-0.12
	$Cr_2O_7^{2-} + 14H^+ + 6e \rightleftharpoons 2Cr^{3+} + 7H_2O$	$+1.33$
	$HCrO_4^- + 7H^+ + 3e \rightleftharpoons Cr^{3+} + 4H_2O$	$+1.20$
Cs	$Cs^+ + e \rightleftharpoons Cs$	-2.92
Cu	$Cu^+ + e \rightleftharpoons Cu$	$+0.52$
	$CuCl + e \rightleftharpoons Cu + Cl^-$	$+0.171$
	$Cu^{2+} + e \rightleftharpoons Cu^+$	$+0.17$
	$Cu^{2+} + 2e \rightleftharpoons Cu$	$+0.34$
	$Cu^{2+} + 2CN^- + e \rightleftharpoons [Cu(CN)_2]^-$	$+1.12$
	$Cu^{2+} + 2Cl^- + e \rightleftharpoons [CuCl_2]^-$	$+0.438$
	$Cu^{2+} + I^- + e \rightleftharpoons CuI$	$+0.86$
	$CuI + e \rightleftharpoons Cu + I^-$	-0.185
	$Cu(en)_2^{2+} + e \rightleftharpoons Cu(en)^+ + en$①	-0.35
F	$F_2 + 2e \rightleftharpoons 2F^-$	$+2.87$
	$F_2 + 2H^+ + 2e \rightleftharpoons 2HF$	$+0.36$

① en 表示乙二胺。

续附录 5

元素	电极反应	$E^{\ominus}/V$
Fe	$Fe^{2+}+2e \rightleftharpoons Fe$	-0.44
	$Fe^{3+}+e \rightleftharpoons Fe^{2+}$	$+0.771$
	$Fe(CN)_6^{3-}+e \rightleftharpoons Fe(CN)_6^{4-}$	$+0.55$
	$Fe(OH)_3+3H^++e \rightleftharpoons Fe^{2+}+3H_2O$	$+0.93$
	$Fe(OH)_3+e \rightleftharpoons Fe(OH)_2+OH^-$	-0.56
Ga	$Ga^{3+}+3e \rightleftharpoons Ga$	-0.56
Ge	$Ge^{2+}+2e \rightleftharpoons Ge$	$+0.23$
	$Ge^{4+}+2e \rightleftharpoons Ge^{2+}$	0.0
	$H_2GeO_3+4H^++4e \rightleftharpoons Ge+3H_2O$	$+0.01$
H	$2H^++2e \rightleftharpoons H_2$	0.000
	$1/2H_2+e \rightleftharpoons H^-$	-2.25
	$2H_2O+2e \rightleftharpoons H_2+2OH^-$	-0.828
Hg	$Hg^{2+}+2e \rightleftharpoons Hg$	$+0.854$
	$Hg_2^{2+}+2e \rightleftharpoons 2Hg$	$+0.792$
	$2Hg^{2+}+2e \rightleftharpoons Hg_2^{2+}$	$+0.907$
	$Hg_2Br_2+2e \rightleftharpoons 2Hg+2Br^-$	$+0.1398$
	$Hg(CN)_4^{2-}+2e \rightleftharpoons Hg+4CN^-$	-0.37
	$Hg_2Cl_2+2e \rightleftharpoons 2Hg+2Cl^-$	$+0.268$
	$2HgCl_2+2e \rightleftharpoons Hg_2Cl_2+2Cl^-$	$+0.63$
	$HgCl_4^{2-}+2e \rightleftharpoons Hg+4Cl^-$	$+0.48$
	$Hg_2I_2+2e \rightleftharpoons 2Hg+2I^-$	-0.040
I	$I_2(aq)+2e \rightleftharpoons 2I^-$	$+0.621$
	$I_2(s)+2e \rightleftharpoons 2I^-$	$+0.535$
	$HIO+H^++2e \rightleftharpoons I^-+H_2O$	$+0.99$
	$2HIO+2H^++2e \rightleftharpoons I_2+2H_2O$	$+1.45$
	$IO_3^-+5H^++4e \rightleftharpoons HIO+2H_2O$	$+1.14$
	$IO_3^-+6H^++5e \rightleftharpoons \frac{1}{2}HI_2+3H_2O$	$+1.19$
K	$K^++e \rightleftharpoons K$	-2.925
Li	$Li^++e \rightleftharpoons Li$	-3.03
Mg	$Mg^{2+}+2e \rightleftharpoons Mg$	-2.37
	$Mg(OH)_2+2e \rightleftharpoons Mg+2OH^-$	-2.69
Mn	$Mn^{2+}+2e \rightleftharpoons Mn$	-1.17
	$MnO_2+4H^++2e \rightleftharpoons Mn^{2+}+2H_2O$	$+1.23$
	$MnO_4^-+e \rightleftharpoons MnO_4^{2-}$	$+0.57$
	$MnO_4^-+4H^++3e \rightleftharpoons MnO_2+2H_2O$	$+1.68$
	$MnO_4^-+8H^++5e \rightleftharpoons Mn^{2+}+4H_2O$	$+1.51$

续附录 5

元素	电极反应	$E^{\ominus}/V$
Mn	$MnO_4^- + 2H_2O + 3e \rightleftharpoons MnO_2 + 4OH^-$	+0.588
	$Mn(OH)_2 + 2e \rightleftharpoons Mn + 2OH^-$	-1.55
Mo	$MoO_4^{2-} + 4H_2O + 6e \rightleftharpoons Mo + 8OH^-$	-1.05
	$H_2MoO_4(aq) + 2H^+ + e \rightleftharpoons MoO_2^- + 2H_2O$	+0.48
N	$HNO_2 + H^+ + e \rightleftharpoons NO + H_2O$	+0.98
	$NO_3^- + 2H^+ + e \rightleftharpoons NO_2 + H_2O$	+0.80
	$NO_3^- + 3H^+ + 2e \rightleftharpoons HNO_2 + H_2O$	+0.94
	$NO_3^- + 4H^+ + 3e \rightleftharpoons NO + 2H_2O$	+0.96
	$NO_3^- + H_2O + 2e \rightleftharpoons NO_2^- + 2OH^-$	+0.01
Na	$Na^+ + e \rightleftharpoons Na$	-2.713
Ni	$Ni^{2+} + 2e \rightleftharpoons Ni$	-0.25
	$Ni(NH_3)_6^{2+} + 2e \rightleftharpoons Ni + 6NH_3$	-0.48
	$Ni(OH)_2 + 2e \rightleftharpoons Ni + 2OH^-$	-0.72
	$Ni(OH)_3 + e \rightleftharpoons Ni(OH)_2 + OH^-$	+0.48
	$Ni(OH)_3 + 3H^+ + e \rightleftharpoons Ni^{2+} + 3H_2O$	+2.08
O	$O_2 + 2H^+ + 2e \rightleftharpoons H_2O_2$	+0.69
	$O_2 + 4H^+ + 4e \rightleftharpoons 2H_2O$	+1.229
	$O_2 + H_2O + 2e \rightleftharpoons HO_2^- + OH^-$	-0.076
	$O_2 + 2H_2O + 4e \rightleftharpoons 4OH^-$	+0.401
	$H_2O_2 + 2e \rightleftharpoons 2OH^-$	+0.88
	$H_2O_2 + 2H^+ + 2e \rightleftharpoons 2H_2O$	+1.77
	$O_3 + 2H^+ + 2e \rightleftharpoons O_2 + H_2O$	+2.07
	$O_3 + H_2O + 2e \rightleftharpoons O_2 + 2OH^-$	+1.24
P	$P(白磷) + 3H^+ + 3e \rightleftharpoons H_3P$	+0.06
	$H_3PO_3 + 2H^+ + 2e \rightleftharpoons H_3PO_2 + H_2O$	-0.50
	$H_3PO_4 + 2H^+ + 2e \rightleftharpoons H_3PO_3 + H_2O$	-0.28
Pb	$Pb^{2+} + 2e \rightleftharpoons Pb$	-0.126
	$PbBr_2 + 2e \rightleftharpoons Pb + 2Br^-$	-0.274
	$PbCl_2 + 2e \rightleftharpoons Pb + 2Cl^-$	-0.266
	$PbI_2 + 2e \rightleftharpoons Pb + 2I^-$	-0.364
	$PbO_2 + 2H^+ + 2e \rightleftharpoons PbO + H_2O$	+0.28
	$PbO_2 + 4H^+ + 2e \rightleftharpoons Pb^{2+} + 2H_2O$	+1.455
	$PbO_2 + SO_4^{2-} + 4H^+ + 2e \rightleftharpoons PbSO_4 + 2H_2O$	+1.69
	$PbSO_4 + 2e \rightleftharpoons Pb + SO_4^{2-}$	-0.356
Pt	$Pt^{2+} + 2e \rightleftharpoons Pt$	+1.2
	$PtCl_4^{2-} + 2e \rightleftharpoons Pt + 4Cl^-$	+0.73

续附录 5

元素	电极反应	$E^{\ominus}/V$
Pt	$PtCl_6^{2-} + 2e \rightleftharpoons PtCl_4^{2-} + 2Cl^-$	+0.73
	$Pt(OH)_2 + 2H^+ + 2e \rightleftharpoons Pt + 2H_2O$	+0.98
Rb	$Rb^+ + e \rightleftharpoons Rb$	−2.93
S	$S + 2e \rightleftharpoons S^{2-}$	−0.48
	$2S + 2e \rightleftharpoons S_2^{2-}$	−0.43
	$S + 2H^+ + 2e \rightleftharpoons H_2S(g)$	+0.14
	$2SO_2(aq) + 2H^+ + 4e \rightleftharpoons S_2O_3^{2-} + H_2O$	+0.40
	$SO_3^{2-} + 3H_2O + 4e \rightleftharpoons S + 6OH^-$	−0.66
	$2SO_3^{2-} + 2H_2O + 2e \rightleftharpoons S_2O_4^{2-} + 4OH^-$	−1.12
	$2SO_3^- + 3H_2O + 4e \rightleftharpoons S_2O_3^{2-} + 6OH^-$	−0.58
	$SO_4^{2-} + 4H^+ + 2e \rightleftharpoons SO_2(aq) + 2H_2O$	+0.17
	$SO_4^{2-} + H_2O + 2e \rightleftharpoons SO_3^{2-} + 2OH^-$	−0.93
	$S_2O_8^{2-} + 6H^+ + 4e \rightleftharpoons 2S + 3H_2O$	+0.5
	$S_2O_8^{2-} + 2e \rightleftharpoons 2SO_4^{2-}$	+2.0
	$S_4O_6^{2-} + 2e \rightleftharpoons 2S_2O_3^{2-}$	+0.09
Sb	$Sb + 3H^+ + 3e \rightleftharpoons SbH_3$	−0.51
	$SbO^+ + 2H^+ + 3e \rightleftharpoons Sb + H_2O$	+0.21
	$Sb_2O_3 + 6H^+ + 6e \rightleftharpoons 2Sb + 3H_2O$	+0.15
	$Sb_2O_5 + 4H^+ + 4e \rightleftharpoons Sb_2O_3 + 2H_2O$	+0.69
	$Sb_2O_5 + 6H^+ + 4e \rightleftharpoons 2SbO^+ + 3H_2O$	+0.58
Sc	$Sc^{3+} + 3e \rightleftharpoons Sc$	−2.1
Se	$Se + 2e \rightleftharpoons Se^{2-}$	−0.92
	$Se + 2H^+ + 2e \rightleftharpoons H_2Se$	−0.40
	$SeO_4^{2-} + 4H^+ + 2e \rightleftharpoons H_2SeO_3 + H_2O$	+1.15
Si	$Si + 4H^+ + 4e \rightleftharpoons SiH_4(g)$	+0.10
	$SiF_6^{2-} + 4e \rightleftharpoons Si + 6F^-$	−1.2
	$SiO_2 + 4H^+ + 4e \rightleftharpoons Si + 2H_2O$	−0.86
Sn	$Sn^{2+} + 2e \rightleftharpoons Sn$	−0.14
	$Sn^{4+} + 2e \rightleftharpoons Sn^{2+}$	+0.154
	$SnCl_4^{2-} + 2e \rightleftharpoons Sn + 4Cl^-$	−0.19
	$SnCl_6^{2-} + 2e \rightleftharpoons SnCl_4^{2-} + 2Cl^-$	+0.14
	$HSnO_2^- + H_2O + 2e \rightleftharpoons Sn + 3OH^-$	−0.91
	$Sn(OH)_6^{2-} + 2e \rightleftharpoons HSnO_2^- + H_2O + 3OH^-$	−0.93
Sr	$Sr^{2+} + 2e \rightleftharpoons Sr$	−2.89
Ti	$Ti^{2+} + 2e \rightleftharpoons Ti$	−1.63
	$Ti^{3+} + e \rightleftharpoons Ti^{2+}$	−0.37

续附录 5

元素	电极反应	$E^{\ominus}/V$
Ti	$Ti^{4+}+e \rightleftharpoons Ti^{3+}$	-0.09
	$TiF_6^{2-}+4e \rightleftharpoons Ti+6F^-$	-1.24
	$TiO^{2+}+2H^++e \rightleftharpoons Ti^{3+}+H_2O$	$+0.1$
	$TiO_2+4H^++4e \rightleftharpoons Ti+H_2O$	-0.86
Tl	$Tl^++e \rightleftharpoons Tl$	-0.336
	$Tl^{3+}+2e \rightleftharpoons Tl^+$	$+1.26$
V	$V^{2+}+2e \rightleftharpoons V$	约-1.2
	$V^{3+}+e \rightleftharpoons V^{2+}$	-0.255
	$VO^{2+}+2H^++e \rightleftharpoons V^{3+}+H_2O$	$+0.34$
	$VO_2^-+2H^++e \rightleftharpoons VO^{2+}+H_2O$	$+0.999$
	$VO_2^-+4H^++5e \rightleftharpoons V+4H_2O$	0.25
W	$W(CN)_8^{2-}+e \rightleftharpoons W(CN)_8^{3-}$	$+0.46$
	$WO_2+4H^++4e \rightleftharpoons W+2H_2O$	-0.12
	$2WO_3+2H^++2e \rightleftharpoons W_2O_5+H_2O$	-0.03
	$WO_3+6H^++6e \rightleftharpoons W+3H_2O$	-0.09
	$WO_4^{2-}+4H_2O+6e \rightleftharpoons W+8OH^-$	-1.01
	$W_2O_5+2H^++2e \rightleftharpoons 2WO_2+H_2O$	-0.04
Zn	$Zn^{2+}+2e \rightleftharpoons Zn$	-0.7623
	$Zn(CN)_4^{2-}+2e \rightleftharpoons Zn+4CN^-$	-1.26
	$Zn(NH_3)_4^{2+}+2e \rightleftharpoons Zn+4NH_3$	-1.04

摘自 John A. Dean: Lange's Handbook of Chemistry, 13th Ed. (1985)。

附录 6 常见配离子的稳定常数

配离子	$K_{稳}$	$\lg K_{稳}$	配离子	$K_{稳}$	$\lg K_{稳}$
1∶1			1∶3		
$[NaY]^{3-}$	5.0×10^1	1.69	$[Fe(NCS)_3]$	2.0×10^3	3.30
$[AgY]^{3-}$	2.0×10^7	7.30	$[CdI_3]^-$	1.2×10^1	1.07
$[CuY]^{2-}$	6.8×10^{18}	18.79	$[Cd(CN)_3]^-$	1.1×10^4	4.04
$[MgY]^{2-}$	4.9×10^8	8.69	$[Ag(CN)_3]^-$	5×10^0	0.69
$[CaY]^{2-}$	3.7×10^{10}	10.56	$[Ni(en)_3]^{2+}$	3.9×10^{18}	18.59
$[SrY]^{2-}$	4.2×10^8	8.62	$[Al(C_2O_4)_3]^{3-}$	2.0×10^{16}	16.30
$[BaY]^{2-}$	6.0×10^7	7.77	$[Fe(C_2O_4)_3]^{3-}$	1.6×10^{20}	20.20
$[ZnY]^{2-}$	3.1×10^{16}	16.49	1∶4		

续附录 6

配离子	$K_{稳}$	$\lg K_{稳}$	配离子	$K_{稳}$	$\lg K_{稳}$
$[CdY]^{2-}$	3.8×10^{16}	16.57	$[Cu(NH_3)_4]^{2+}$	4.8×10^{12}	12.68
$[HfY]^{2-}$	6.3×10^{21}	21.79	$[Zn(NH_3)_4]^{2+}$	5×10^8	8.69
$[PbY]^{2-}$	1.0×10^{18}	18.00	$[Cd(NH_3)_4]^{2+}$	3.6×10^6	6.55
$[MnY]^{2-}$	1.0×10^{14}	14.00	$[Zn(CNS)_4]^{2-}$	2.0×10^1	1.30
$[FeY]^{2-}$	2.1×10^{14}	14.32	$[Zn(CN)_4]^{2-}$	1.0×10^{16}	16.00
$[CoY]^{2-}$	1.6×10^{16}	16.20	$[Cd(SCN)_4]^{2-}$	1.0×10^3	3.00
$[NiY]^{2-}$	4.1×10^{18}	18.61	$[CdCl_4]^{2-}$	3.1×10^2	2.49
$[FeY]^-$	1.2×10^{25}	25.07	$[CdI_4]^{2-}$	3.0×10^6	6.43
$[CoY]^-$	1.0×10^{36}	36.00	$[Cd(CN)_4]^{2-}$	1.3×10^{18}	18.11
$[GaY]^-$	1.8×10^{20}	20.25	$[Hg(CN)_4]^{2-}$	3.1×10^{41}	41.51
$[InY]^-$	8.9×10^{24}	24.94	$[Hg(SCN)_4]^{2-}$	7.7×10^{21}	21.88
$[TlY]^-$	3.2×10^{22}	22.51	$[HgCl_4]^{2-}$	1.6×10^{15}	15.20
$[TlHY]$	1.5×10^{23}	23.17	$[HgI_4]^{2-}$	7.2×10^{20}	29.80
$[CuOH]^+$	1.0×10^5	5.00	$[Co(NCS)_4]^{2-}$	3.8×10^2	2.58
$[AgNH_3]^+$	20×10^5	3.30	$[Ni(CN)_4]^{2-}$	1×10^{22}	22.00
1:2			1:6		
$[Cu(NH_3)_2]^+$	7.4×10^{10}	10.87	$[Cd(NH_3)_6]^{2+}$	1.4×10^6	6.15
$[Cu(CN)_2]^-$	2.0×10^{18}	38.30	$[Co(NH_3)_6]^{2+}$	2.4×10^4	4.38
$[Ag(NH_3)_2]^+$	1.7×10^7	7.24	$[Ni(NH_3)_6]^{2+}$	1.1×10^8	8.04
$[Ag(en)_2]^+$	7.0×10^7	7.84	$[Co(NH_3)_6]^{3+}$	1.4×10^{35}	35.15
$[Ag(NCS)_2]^-$	4.0×10^8	8.60	$[AlF_6]^{3-}$	6.9×10^{19}	19.84
$[Ag(CN)_2]^-$	1.0×10^{21}	21.00	$[Fe(CN)_6]^{3-}$	1×10^{24}	24.00
$[Au(CN)_2]^-$	2×10^{38}	38.30	$[Fe(CN)_6]^{4-}$	1×10^{35}	35.00
$[Cu(en)_2]^{2+}$	4.0×10^{19}	19.60	$[Co(CN)_6]^{3-}$	1×10^{64}	64.00
$[Ag(S_2O_3)_2]^{3-}$	1.6×10^{13}	13.20	$[FeF_6]^{3-}$	1.0×10^{16}	16.00

表中 Y 表示 EDTA 的酸根，en 表示乙二胺。

摘自 O. Ⅱ. KpaTHHA CnpaBoyHHK Ⅱ Xumhh 增订四版(1974)。

附录7 危险药品的分类、性质和管理

危险药品是指受光、热、空气、水或撞击等外界因素的影响,可能引起燃烧、爆炸的药品,或具有强腐蚀性、剧毒性的药品。常用危险药品按危害可分为以下几类来管理。

类别		举例	性质	注意事项
1. 爆炸品		硝酸铵、苦味酸、三硝基甲苯	遇高热、摩擦、撞击等引起剧烈反应,放出大量气体和热量,产生猛烈爆炸	存放于阴凉、低下处。轻拿、轻放
2.易燃品	易燃液体	丙酮、乙醚、甲醇、乙醇、苯等有机溶剂	沸点低、易挥发,遇水则燃烧,甚至引起爆炸	存放阴凉处,远离热源。使用时注意通风,不得有明火
	易燃固体	赤磷、硫、萘、硝化纤维	燃点低,受热、摩擦、撞击或遇氧化剂,可引起剧烈连续燃烧、爆炸	同上
	遇水易燃品	钠、钾	遇水剧烈反应,产生可燃气体并放出热量,此反应热会引起燃烧	保存于煤油中,切勿与水接触
	自燃物品	黄磷	在适当温度下被空气氧化、放热,达到燃点而引起自燃	保存于水中
3. 氧化剂		硝酸钾、氯酸钾、过氧化氢、过氧化钠、高锰酸钾	具有强氧化性。遇酸,受热,与有机物、易燃品、还原剂等混合时,因反应引起燃烧或爆炸	不得与易燃品、爆炸品、还原剂等一起存放
4. 剧毒品		氰化钾、三氧化二砷、升汞、氯化钡、六六六	剧毒,少量侵入人体(误食或接触伤口)引起中毒,甚至死亡	专人、专柜保管,现用现领,用后的剩余物,不论是固体或液体都应交回保管人,并应设有使用登记制度
5. 腐蚀性药品		强酸、氟化氢、强碱、溴、酚	具有强腐蚀性,触及物品造成腐蚀,破坏,触及人体皮肤,引起化学烧伤	不要与氧化剂,易燃品、爆炸品放在一起

附录8　一些化学试剂的性质、危害及存放要求

名称	分子式	性质	危害	存放
硫酸	H_2SO_4	强腐蚀	溅到身上引起烧伤	密封储存于阴凉、干燥通风处
过氯酸 高氯酸	$HClO_4$	强腐蚀、有毒	对皮肤、黏膜、眼睛有刺激	密封放于阴凉、避光处
氢氧化钠	NaOH	强腐蚀	皮肤接触引起灼伤	放于阴凉、干燥处,如果是液体,用橡皮塞
氢氧化钾	KOH			
氯酸钾	$KClO_3$	易炸、腐蚀	对皮肤、眼鼻黏膜有刺激	存于阴凉、干燥处,防震,与硫、磷、炭铵盐、有机物、还原剂隔开
硝酸钠	$NaNO_3$			
亚氯酸钠	$NaClO_2$	强腐蚀	对皮肤、黏膜有刺激	密封、与硫磺、酸、磷及油脂隔开
硝酸铵	NH_4NO_3	腐蚀、易炸、有特别臭气	有刺激性	密封,放于阴凉、避光处,不可与氧化剂、还原剂、酸类共存放
金属钠	Na	极易燃、易爆,遇水极易炸	皮肤千万不能接触	存放瓶内金属钠或金属钾应完全被煤油浸没,并高出物品 $5\sim10cm$,千万不要与水接触
金属钾	K			
三氧化二砷（砒霜）	As_2O_3	剧毒	可经皮肤接触、吸入蒸汽和粉尘或经口进入肠胃而中毒,重者即死	密封放于干燥、通风处,五氧化二砷、亚砷酸应隔绝热源
亚砷酸钠	Na_3AsO_3			
五氧化二砷（砷酸酐）	As_2O_5			
砷酸钠	$Na_3AsO_4 \cdot 12H_2O$			
氰化钠	NaCN	剧毒、易潮解、腐蚀,与氯酸盐或亚硝酸钠混合易发生爆炸	本品易经皮肤吸收中毒。皮肤伤口和吸入微量粉末即可中毒死亡	密封放于干燥通风处,禁止与酸类氯酸盐、亚硝酸钠共存一处
氰化钾（山奈钾）	KCN			
氢氰酸	HCN	剧毒、易挥发、易炸	通过皮肤吸收产生重烧伤,重者死亡	密封存于干燥、通风处,切忌与酸、氯酸盐、亚硝酸钠、钾共存一处
汞（水银）	Hg	毒品、极易挥发	主要由呼吸道侵入人体,中毒表现为头痛、胸痛、记忆力衰退、皮肤脓疱、糜烂、眼睑震颤,重者死亡	加水覆盖密封放于阴凉处,以防蒸气。撒落地面时,捡起大液滴,再撒硫磺覆盖
氯化汞	$HgCl_2$	毒品、腐蚀	中毒现象:呕吐、腹痛、肾脏显著衰变以至死亡	密封放于阴凉、干燥处,不可与酸、碱混存
硫	S	易燃,与木炭、氯酸盐或硝酸盐混合遇火即爆炸,受潮后呈现腐蚀性	吸入硫磺粉尘引起肺障碍,常接触引起皮炎	存于干燥阴凉、通风处
赤磷（红磷）	P	易燃、易爆,与空气接触能燃烧		绝对密封于阴凉、干燥、通风处,不能与氧化剂、酸类存放一处

续附录 8

名称	分子式	性质	危害	存放
乙醛	C_2H_4O	毒品、易挥发、易燃、腐蚀	对眼鼻、呼吸道有强烈的刺激性,高浓度四氢呋喃、乙醚、乙醛蒸汽对人体有麻醉作用,甚至会造成死亡	密封存于阴凉通风处。库温不宜超过 28 ℃。隔绝火源
乙醚	$C_4H_{10}O$			
丙酮	C_3H_6O			
乙醇	C_2H_5OH			
四氢呋喃	C_4H_8O			
乙二醇	$HO(CH_2)_2OH$			
乙酰胺	C_2H_5NO	有毒、易挥发	溅到皮肤、眼睛上引起烧伤,吸入中毒	密封于阴凉通风处
乙酸(冰乙酸)	$C_2H_4O_2$	易挥发、腐蚀、有毒	对眼睛、皮肤有刺激,吸入中毒	密封于干燥阴凉处,乙酸不能冰冻
乙酸酐	$C_4H_6O_3$	乙酸酐易燃	吸入中毒	存放于阴凉、干燥、通风处
硝胺类		有毒、挥发、极易燃		
砷化氢	AsH_3	剧毒	不能直接接触(使用时要戴手套、口罩、防毒眼镜,在通风柜中进行操作)	高度密封于阴凉、干燥、通风处
苯	C_6H_6	毒品、挥发、易燃	对眼睛、皮肤有刺激性,吸入中毒	密封于阴凉通风处,远离火源
萘	$C_{10}H_8$			
三氯甲烷	$CHCl_3$			
苯甲醛	C_7H_6O	低毒、挥发、易燃易爆	对皮肤、眼睛、上呼吸道有刺激性	密封阴凉、干燥、通风处
苯甲酸	$C_7H_6O_2$	有毒、挥发、易燃	对皮肤、眼睛刺激性,吸入中毒	密封于阴凉、干燥、通风处
溴	Br_2	有毒、挥发、腐蚀	刺激眼睛、皮肤,吸入中毒	密封于阴凉、通风处
戊醇-1	$CH_3-(CH_2)_3-CH_2OH$	易挥发、易燃、强氧化、有毒	对呼吸道有刺激,引起头痛、咳嗽、恶心、呕吐、腹泻	密封于阴凉、通风处
甲胺	CH_3NH_2	易燃、易爆、腐蚀、有毒	对皮肤和黏膜、眼睛、上呼吸道有刺激,吸入甲胺气体会引起头痛	密封于阴凉、通风处
甲酸甲酯	$C_2H_4O_2$			
乙胺	$C_2H_5NH_2$			
吡啶	C_5H_5N	易燃、有毒	有神经系统改变作用,对眼睛角膜、呼吸道黏膜有损害	密封于阴凉、通风处
四氯化碳	CCl_4	有毒	CCl_4 液体和喷雾溅入眼内,当即流泪,灼痛引起炎症。急性中毒、恶心呕吐,便血等全身中毒状	密闭容器内,阴凉、通风处
四氯化钛	$TiCl_4$	有毒,空气中发烟,甚强腐蚀	皮肤直接接触可引起不同程度的灼伤。吸入烟尘,引起不同程度的呼吸道刺激症状	可用玻璃或塑料瓶包装,瓶口用石蜡或石膏封严,再捆扎塑料布于阴凉、避光处

附录9　部分物理化学常用数据表

附录9.1　不同温度下水的蒸气压

$t/℃$	p/kPa	$t/℃$	p/kPa	$t/℃$	p/kPa	$t/℃$	p/kPa
0	0.610	30	4.24	60	19.92	90	70.10
5	0.872	35	5.62	65	25.05	92	75.60
10	1.23	40	7.38	70	31.16	94	81.45
15	1.70	45	9.58	75	38.55	96	87.68
20	2.34	50	12.35	80	47.35	98	94.30
25	3.17	55	15.74	85	57.81	100	101.32

附录9.2　低共熔混合物的组成和低共熔温度

分组Ⅰ		分组Ⅱ		$tc,R/℃$**	低共熔混合物的组成（按质量百分数）	
金属	$tc,m/℃$**	金属	$tc,m/℃$**			
Sn	232	Pb	327	183	Sn,63.0	Pb,37.0
Sn	232	Zn	420	198	Sn,91.0	Zn,9.0
Sn	232	Ag	961	221	Sn,96.5	Ag,3.5
Sn	232	Cu	1083	227	Sn,99.2	Cu,0.8
Sn	232	Bi	271	140	Sn,42.0	Bi,58.0
Sb	630	Pb	327	246	Sb,12.0	Pb,88.0
Bi	271	Pb	327	124	Bi,55.5	Pb,44.5
Bi	271	Cd	321	146	Bi,60.0	Cd,40.0
Cd	321	Zn	420	270	Cd,83.0	Zn,17.0

*低共熔温度tc,R是一种混合物的两种固态组分与液相达到平衡时的最低温度。**tc,m表示熔化温度。

附录9.3　不同温度下液体的密度 $\rho/(g \cdot cm^{-3})$

$t/℃$	水	苯	甲苯	乙醇	氯仿	汞	醋酸
0	0.999 842 5		0.886	0.806 25	1.526	13.595 5	1.071 8
5	0.999 966 8	—	—	0.802 07	—	13.583 2	1.066 0
10	0.999 702 6	0.887	0.375	0.797 88	1.496	13.570 8	1.060 3
11	0.999 608 1	—	—	0.797 04	—	13.568 4	1.059 1
12	0.999 500 4	—	—	0.796 20	—	13.565 9	1.058 0
13	0.999 380 1	—	—	0.795 35	—	13.563 4	1.056 8
14	0.999 247 4	—	—	0.794 51	—	13.561 0	1.055 7
15	0.999 102 6	0.883	0.870	0.793 67	1.486	13.558 5	1.054 6
16	0.998 946 0	0.882	0.869	0.792 83	1.484	13.556 1	1.053 4
17	0.998 777 9	0.882	0.867	0.791 98	1.482	13.553 6	1.052 3
18	0.998 598 6	0.881	0.866	0.791 14	1.480	13.551 2	1.051 2
19	0.998 408 2	0.880	0.865	0.790 29	1.478	13.548 7	1.050 0
20	0.998 207 1	0.870	0.864	0.789 45	1.476	13.546 2	1.048 9

续附录 9.3

$t/℃$	水	苯	甲苯	乙醇	氯仿	汞	醋酸
21	0.997 995 5	0.879	0.863	0.788 60	1.474	13.543 8	1.047 8
22	0.997 773 5	0.878	0.862	0.787 75	1.472	13.541 3	1.046 7
23	0.997 541 5	0.877	0.861	0.786 91	1.471	13.538 9	1.045 5
24	0.997 299 5	0.876	0.860	0.786 06	1.469	13.536 4	1.044 4
25	0.997 047 9	0.875	0.859	0.785 22	1.467	13.534 0	1.043 3
26	0.996 786 7	—	—	0.784 37	—	13.531 5	1.042 2
27	0.996 516 2	—	—	0.783 52	—	13.529 1	1.041 0
28	0.996 236 5	—	—	0.782 67	—	13.526 6	1.039 9
29	0.995 947 8	—	—	0.781 82	—	13.524 2	1.038 8
30	0.995 650 2	0.869	—	0.780 97	1.460	13.521 7	1.037 7
40	0.992 218 7	0.858	—	0.772	1.451	13.497 3	—
50	0.988 039 3	0.847	—	0.763	1.433	13.472 9	—
90	0.965 323 0	0.836	—	0.754	1.411	13.376 2	

附录 9.4 不同温度下水的折光率(n_D)

$t/℃$	n_D	$t/℃$	n_D	$t/℃$	n_D	$t/℃$	n_D
10	1.333 70	16	1.333 31	22	1.332 81	28	1.332 19
11	1.333 65	17	1.333 24	23	1.332 72	29	1.332 08
12	1.333 59	18	1.333 16	24	1.332 63	30	1.331 96
13	1.333 52	19	1.333 07	25	1.332 52		
14	1.333 46	20	1.332 99	26	1.332 42		
15	1.333 39	21	1.332 90	27	1.332 31		

附录 9.5 几种常用液体的折光率(n_D^t)

| 物质 | $t/℃$ | | 物质 | $t/℃$ | |
	15	20		15	20
苯	1.504 93	1.501 10	四氯化碳	1.463 05	1.460 44
丙酮	1.381 75	1.359 11	乙醇	1.363 30	1.360 48
甲苯	1.499 8	1.496 8	环己烷	1.429 00	—
醋酸	1.377 6	1.371 7	硝基苯	1.554 7	1.5524
氯苯	1.527 48	1.524 60	正丁醇	—	1.399 09
氯仿	1.448 53	1.445 50	二硫化碳	1.629 35	1.625 46

附录 10 一些物质的热力学性质

(298.15 K, 101.325 kPa)

物质	$\Delta_f H_m^\ominus/(kJ \cdot mol^{-1})$	$\Delta_f G_m^\ominus/(kJ \cdot mol^{-1})$	$S_m^\ominus/(J \cdot K^{-1} \cdot mol^{-1})$
Ag(s)	0	0	42.72
AgCl(s)	−127.0	−109.7	96.11
$Ag_2S(\alpha)$	−31.8	−40.3	146
$Ag_2S(\beta)$	−29.3	−39.2	150
Al(s)	0	0	28.3
$Al_2O_3(\alpha,刚玉)(s)$	−1 669.8	−1 576.4	51.03
$Al_2O_3 \cdot H_2O(s)$	−1970	−1820	96.86
$Al_2O_3 \cdot 3H_2O(s)$	−2568	−2 292.4	140.2
$Al_2(SO_4)_3(s)$	−3435	−3 091.9	239
As(s,灰)	0	0	35
As(s,黄)	+14.8	—	—
$As_2O_5(s,正方)$	−1 313.5	−1 152.1	214
$As_2O_5(s,单斜)$	−1309	—	—
$As_2S_3(s)$	−150	—	—
B(s)	0	0	6.53
$B_2O_3(s)$	−1264	−1134	54.02
$B(OH)_3(s)$	−1089	−963.2	89.58
Ba(s)	0	0	67
$BaCO_3(s)$	−1219	−1139	112
$BaCl_2(s)$	−860.06	−810.9	130
$BaCl_2 \cdot H_2O(s)$	−1165	−1059	170
$BaCl_2 \cdot 2H_2O(s)$	−1 461.7	−1296	203
$Ba(NO_3)_2(s)$	−991.86	−795.0	214
BaO(s)	−558.2	−528.4	70.3
$Ba(OH)_2(s)$	−946.4	—	—
$Ba(OH)_2 \cdot H_2O(s)$	−1251	—	—
$Ba(OH)_2 \cdot 8H_2O(s)$	−3345	—	—
BaS(s)	−443.5	—	—
$BaSO_4(s)$	−1465	−153	132
Be(s)	0	0	9.54
BeO(s)	−618.9	−581.6	14.1
$Be(OH)_2(s,\alpha)$	−907.0	—	—
$Be(OH)_2(s,\beta)$	−904.2	—	—
BeS(s)	−234	—	—

续附录 10

物质	$\Delta_f H_m^\ominus/(kJ \cdot mol^{-1})$	$\Delta_f G_m^\ominus/(kJ \cdot mol^{-1})$	$S_m^\ominus/(J \cdot K^{-1} \cdot mol^{-1})$
Bi(s)	0	0	55.9
$BiCl_3$(s)	-379.1	-319.0	190
$Bi(OH)_3$(s)	-709.6	—	—
Bi_2S_3(s)	-183	-165	148
Br_2(l)	0	0	152
Br_2(g)	+30.7	+3.1	245.4
C(金刚石)	+1.9	+2.9	2.4
C(石墨)	0	0	5.69
CO_2(g)	-393.5	-394.4	213.6
CO(g)	-110.5	-173.3	197.9
Ca(s)	0	0	41.6
$2CaO \cdot Al_2O_3$(s)	-2950	—	—
$2CaO \cdot Al_2O_3 \cdot 5H_2O$(s)	-4510	—	—
$3CaO \cdot Al_2O_3$(s)	-3600	—	—
$3CaO \cdot Al_2O_3 \cdot 6H_2O$(s)	-5561	—	—
$4CaO \cdot Al_2O_3$(s)	-4293	—	—
$CaCO_3$(文石)	-1207.0	-1127.7	88.7
$CaCO_3$(方解石)	-1206.9	-1128.8	92.6
$CaCl_2$(s)	-795.0	-750.2	114
$CaCl_2 \cdot H_2O$(s)	-1109	—	—
$CaCl_2 \cdot 2H_2O$(s)	-1044	—	—
$CaCl_2 \cdot 4H_2O$(s)	-2009	—	—
$CaCl_2 \cdot 6H_2O$(s)	-2607.3	—	—
$Ca(NO_3)_2$(s)	-937.2	-741.99	193
CaO(s)	-635.6	-604.2	40
$Ca(OH)_2$(s)	-986.59	-896.76	76.1
CaS(s)	-482.4	-477.4	56.5
$CaSO_4$(s)	-1432.7	-1320.3	107
$CaSO_4 \cdot 1/2H_2O(\alpha)$	-1574.2	-1435.2	131
$CaSO_4 \cdot 2H_2O$(s)	-2021.1	-1795.7	194.0
$CaSiO_3(s,\alpha)$(假硅灰石)	-1579	-1495	97.4
$CaSiO_3(s,\beta)$(硅灰石)	-1584	-1499	82.0
$CaSiO_4(s,\beta)$	-2250	—	—
$CaSiO_4(s,\gamma)$	-2252	—	—
$CaSiO_5$(s)	-2880	—	—
$CaWO_4$(s)	-1642	—	—

续附录 10

物质	$\Delta_f H_m^\ominus/(kJ \cdot mol^{-1})$	$\Delta_f G_m^\ominus/(kJ \cdot mol^{-1})$	$S_m^\ominus/(J \cdot K^{-1} \cdot mol^{-1})$
$Cd(s,\alpha)$	0	—	—
$Cd(s,\gamma)$	—	0	51.4
$CdCO_3(s)$	−747.7	0.59	—
$CdO(s)$	−254.6	−670.3	105
$Cd(OH)_2(s)$	−557.57	−255.1	54.8
$CdS(s)$	−144	−470.54	95.4
$CdSO_4(s)$	−926.17	−141	71
$CdSO_4 \cdot H_2O(s)$	−1 231.6	−820.02	137
$Ce(s)$	0	−1 066.3	172
$CeO_2(s)$	−975	0	57.7
$CeO_3 \cdot 2H_2O(s)$	−1628	—	—
$Ce(SO_4)_2(s)$	−2343	—	—
$Cl_2(g)$	0	—	223.0
$Co(s)$	0	0	29
$CoCO_3(s)$	−722.6	−650.03	—
$GeS(s)$	+5.65	—	—
$H_2(g)$	0	0	130.6
$HBr(g)$	−36.2	−53.22	198.5
$HCl(g)$	−92.30	−95.27	186.7
$HF(g)$	−269	−271	173.5
$H_2O(g)$	−241.8	−228.6	188.7
$H_2O(l)$	−285.9	−237.2	69.69
$Hg(g)$	+60.84	+31.8	175
$Hg(l)$	0	0	77.4
$HgO(红)$	−90.71	−58.534	72.0
$HgO(黄)$	−90.21	−58.404	73.2
$HgS(红)$	−58.16	−48.83	77.7
$HgS(黑)$	−53.97	−46.23	83.2
$HgSO_4(s)$	−704.2	—	—
$I_2(s)$	0	0	117
$HIO_3(s)$	−233.6	—	—
$K(s)$	0	0	63.6
$KAl(SO_4)_2 \cdot 12H_2O(s)$	−6 057.34	−5 137.1	687.4
$KBr(s)$	−392.2	−379.2	96.44
$K_2CO_3(s)$	−1 146.1	—	—
$KCl(s)$	−435.89	−408.3	82.68

续附录 10

物质	$\Delta_f H_m^\ominus/(kJ \cdot mol^{-1})$	$\Delta_f G_m^\ominus/(kJ \cdot mol^{-1})$	$S_m^\ominus/(J \cdot K^{-1} \cdot mol^{-1})$
$K_2CrO_4(s)$	-1382.8	—	—
$K_2Cr_2O_7(s)$	-2033.0	—	—
$KMnO_4(s)$	-813.4	-713.8	171.7
$K_2O(s)$	-362	—	—
$KOH(s)$	-425.58	—	57.3
$La(s)$	0	0	—
$La_2O_3(s)$	-1920	—	—
$La(OH)_3(s)$	—	-1039	—
$La_2S_3(s)$	-1284	—	—
$Li(s)$	0	0	28.0
$Li_2CO_3(s)$	-1215.6	-1132.4	90.37
$LiCl(s)$	-408.8	—	—
$Li_2O(s)$	-595.8	—	—
$LiOH(s)$	-487.23	-443.9	50
$Li_2SO_4(s)$	-1434.4	—	—
$Mg(s)$	0	0	32.5
$MgCO_3(s)$	-1110	-1030	65.7
$MgCl_2(s)$	-641.83	-592.33	89.5
$MgO(s)$	-601.83	-569.57	27
$Mg(OH)_2(s)$	-924.6	-833.75	63.14
$MgS(s)$	-347	—	—
$MgSO_4(s)$	-1278	-1174	91.6
$MgSO_4 \cdot 2H_2O(s)$	-1598	—	—
$MgSO_4 \cdot 4H_2O(s)$	-2492	—	—
$MgSO_4 \cdot 6H_2O(s)$	-3082	—	—
$MgSO_4 \cdot 7H_2O(s)$	-3384	—	—
$CoCl_2(s)$	-326	-282	106
$CoO(s)$	-239	-213	43.9
$Co_2O_4(s)$	-878	—	—
$Co(OH)_2(s)$	-738.9	-594.1	—
$CoS(s)$	-84.5	-82.8	—
$Co_2S_3(s)$	-210	—	—
$CoSO_4(s)$	-368.2	-761.9	113
$CoSO_4 \cdot 6H_2O(s)$	-2691	—	—
$CoSO_4 \cdot 7H_2O(s)$	-2987	—	—
$Cr(s)$	0	0	23.8

续附录 10

物质	$\Delta_f H_m^\ominus/(kJ \cdot mol^{-1})$	$\Delta_f G_m^\ominus/(kJ \cdot mol^{-1})$	$S_m^\ominus/(J \cdot K^{-1} \cdot mol^{-1})$
$CrCl_2(s)$	−395.6	−356.2	115
$Cr_2O_3(s)$	−1128	−1047	81.2
$Cr_2O_3 \cdot H_2O(s)$	−1500	—	—
$Cr_2O_2 \cdot 2H_2O(s)$	−1840	—	—
$Cr_2O_2 \cdot 3H_2O(s)$	−2160	—	—
$Cr(OH)_2(s)$	−1034	—	—
$Cs(s)$	0	0	82.8
$Cu(s)$	0	0	33.3
$CuCl_2(s)$	−260	—	—
$CuO(s)$	−155	−127	43.5
$Cu_2O(s)$	−166.7	−146.4	101
$Cu(OH)_2(s)$	−448.5	—	—
$CuS(s)$	−48.5	−49.0	66.5
$Cu_2S(s)$	−70.5	−86.2	131
$Cu_2SO_4(s)$	−769.86	−661.9	113
$Cu_2SO_4 \cdot H_2O(s)$	−1 083.7	−917.1	150
$Cu_2SO_4 \cdot 3H_2O(s)$	−1 683.1	−1400	225
$Cu_2SO_4 \cdot 5H_2O(s)$	−2 278.0	−1880	305
$CuSe(s)$	−63.2	—	—
$F_2(s)$	0	0	203
$Fe(s)$	0	0	27.2
$FeCO_3(s)$	−747.699	−673.88	92.5
$FeCl_2(s)$	−341	−320	120
$FeCl_3(s)$	−405	—	—
Fe_2O_3(赤铁矿)	−822.2	−741.0	90.0
Fe_2O_4(磁铁矿)	−1117	−1014	146
$Fe(OH)_2(s)$	−568.2	−483.55	79
$Fe(OH)_3(s)$	−824.2	—	—
$FeS(s,\alpha)$	−95.06	−97.57	67.4
$FeS(s,\beta)$	−89.33	—	—
$FeO(s)$	−267	−234	59.4
FeS_2(黄铁矿)	−177.9	−166.7	53.1
FeS_2(白铁矿)	−154.3	—	—
$Ga_2O_3(s)$	−1080	—	—
$Ga(OH)_3(s)$	—	−833	—
$Ge(s)$	0	0	42.43

续附录 10

物质	$\Delta_f H_m^\ominus/(kJ \cdot mol^{-1})$	$\Delta_f G_m^\ominus/(kJ \cdot mol^{-1})$	$S_m^\ominus/(J \cdot K^{-1} \cdot mol^{-1})$
GeO_2(s,四方)	−536.7	—	—
$MgSiO_3$(s)	−1497	−1411	67.7
Mg_2SiO_4(镁橄榄石)	−2043	−1924	95.0
$MgWO_4$(s)	−1444	—	—
Mn(s,α)	0	0	31.8
$MnCO_3$(s)	−895.0	−817.6	85.8
$MnCl_2$(s)	−482.4	−817.9	117
MnO(s)	−385	−363	60.3
MnO_2(s)	−520.9	−466.1	53.1
MnS(s,绿)	−204	−209	78.2
MnS(红)	−199.2	—	—
$MnSO_4$(s)	−106.7	−955.96	112
$MnSiO_3$(s)	−1266	−1185	89.1
Mo(s)	0	0	28.6
MoO_2(s)	−544	—	—
MoO_3(s)	−754.50	−677.60	78.16
MoS_2(s)	−232	−225	63.2
N_2(g)	0	0	191.5
NH_3(g)	−46.19	−16.64	192.5
NH_4Cl(s)	−315.4	−203.9	94.6
NH_4F(s)	−466.9	—	—
NH_4Br(s)	−270.3	—	—
NH_4I(s)	−202.1	—	—
NH_4NO_3(s)	−365.1	—	—
$(NH_4)_2SO_4$(s)	−1179.3	−900.36	220.3
NH_4VO_3(s)	−1051	−866.2	141
NO_2(g)	33.9	51.84	240.5
N_2O_4(g)	9.67	98.28	304.3
HNO_3(l)	−173.2	−79.91	155.6
Na(s)	0	0	51.0
$Na_2B_4O_7 \cdot 10H_2O$(s)	−5264.3	—	—
Na_3BiO_4(s)	−1210	—	—
$NaBr$(s)	−360.0	—	—
Na_2CO_3(s)	−1131	−1048	136
$Na_2CO_3 \cdot H_2O$(s)	−1439	—	—
$Na_2CO_3 \cdot 7H_2O$(s)	−3201	—	—

续附录 10

物质	$\Delta_f H_m^\ominus/(kJ \cdot mol^{-1})$	$\Delta_f G_m^\ominus/(kJ \cdot mol^{-1})$	$S_m^\ominus/(J \cdot K^{-1} \cdot mol^{-1})$
$Na_2CO_3 \cdot 10H_2O(s)$	−4082	—	—
$NaHCO_3(s)$	−947.7	−851.9	102
$NaCl(s)$	−411.0	−334.1	72.38
$Na_2CrO_4(s)$	−1329	—	—
$NaF(s)$	−509.0	−541.0	58.6
$NaOH(s)$	−426.73	—	—
$Na_2SO_4(s)$	−1384.5	−1266.8	149.5
$Na_2SO_4 \cdot 10H_2O(s)$	−4325.96	−3644.0	592.9
$Na_2SiO_3(s)$	−1520	−1430	114
$NaAlSi_3O_4$(钠长石)	−3798	−3574	206
$NaAlSiO_4$(霞石)	−2054	−1939	122
$Na_3VO_4(s)$	−1760	—	—
$Na_2WO_4(s)$	−1650	—	—
$Nb(s)$	0	0	35
$Nb_2O_4(s)$	−1623	—	—
$Nb_2O_5(s)$	−1938	—	—
$Ni(s)$	0	0	30.1
$NiCO_3(s)$	—	−613.8	—
$NiO(s)$	−244	−216	38.6
$Ni(OH)_2(s)$	−538.6	−453.1	79
$Ni(OH)_3(s)$	−678.2	—	—
$NiS(s)$	−73.2	—	—
$NiSO_4(s)$	−891.2	−773.6	77.8
$O_2(g)$	0	0	205.03
$O_3(g)$	142	163.4	238
$P(s,白)$	0	0	44.4
$P(红)$	−18	—	—
$P(黑)$	−43.1	—	—
$H_3PO_4(l)$	−1281	—	—
$Pb(s)$	0	0	64.89
$PbCO_3(s)$	−700.0	−626.3	131
$PbCl_2(s)$	−359.3	−314.0	136
$PbF_2(s)$	−663.2	−619.7	120
$PbI_2(s)$	−175.1	−173.8	177
$PbO(s,红)$	−219.2	−189.3	67.8
$PbO(黄)$	−217.9	−188.5	69.5

续附录 10

物质	$\Delta_f H_m^\ominus/(kJ \cdot mol^{-1})$	$\Delta_f G_m^\ominus/(kJ \cdot mol^{-1})$	$S_m^\ominus/(J \cdot K^{-1} \cdot mol^{-1})$
$PbO_2(s)$	−276.7	−219.0	76.6
$Pb_3O_4(s)$	−734.7	−617.6	211
$Pb(OH)_2(s)$	−514.6	−420.9	88
$Pb_3(PO_4)_2(s)$	−2595	−2433	353.3
$PbS(s)$	−94.31	−92.68	91.2
$PbSO_4(s)$	−918.39	−811.24	147
$Pd(s)$	0	0	3.7
$PdO(s)$	−85.4	—	—
$Pd(OH)_2(s)$	−385	—	—
$Pd(OH)_4(s)$	−708.8	—	—
$Pt(s)$	0	0	41.8
$S(s,斜方)$	0	0	31.9
$S(单斜)$	+0.30	+0.096	32.6
$H_2S(g)$	−20.15	−33.02	205.6
$SO_2(g)$	−296.9	−300.4	248.5
$SO_3(g)$	−395.2	−370.4	256.2
$H_2SO_4(l)$	−811.32	—	—
$Sb(s,Ⅲ)$	0	0	43.9
$SbCl_3(s)$	−315	−303	338
$Sb_2S_3(s,黑)$	−182	—	—
$Si(s)$	0	0	18.7
$SiO_2(石英)$	−859.4	−850.0	41.84
$SiO_2(方石英)$	−857.7	−803.7	42.54

主要参考文献

北京大学化学与分子工程学院普通化学实验教学组,2012.普通化学实验[M].3版.北京:北京大学出版社.

范星河,李国宝,2009.综合化学实验[M].北京:北京大学出版社.

古凤才,肖衍繁,2000.基础化学实验教程[M].北京:科学出版社.

古国榜,李朴,徐立宏,2009.大学化学实验[M].北京:化学工业出版社.

韩葆玄,1979.无机离子快速检出法[M].北京:人民教育出版社.

柯以侃,王桂花.2010,大学化学实验[M].2版.北京:化学工业出版社.

李泽全,2017.大学化学实验[M].北京:科学出版社.

林深,王世铭,2016.大学化学实验[M].2版.北京:化学工业出版社.

刘汉蓝,陈浩,文利柏,2005.化学基础实验[M].北京:科学出版社.

罗志刚,2002.基础化学实验技术[M].广州:华南理工大学出版社.

牛盾,王育红,王锦霞,2007.大学化学实验[M].北京:冶金工业出版社.

清华大学化学系物理化学实验教研室,2013.物理化学实验[M].北京:清华大学出版社.

田玉美,2018.新大学化学实验[M].4版.北京:科学出版社.

武汉大学化学与分子科学学院实验中心,2002.无机化学实验[M].武汉:武汉大学出版社.

玄哲仙,2003.水中氯离子含量的测定[J].延边大学农学学报,25(1):53-55.

颜朝国,2016.新编大学化学实验(四)—综合与探究[M].北京:化学工业出版社.

展树中,刘静,杨少容,2020.大学化学实验[M].北京:高等教育出版社.

张寒琦,徐家宁,2006.综合和设计化学实验[M].北京:高等教育出版社.

赵珍义,1997.双光束流动注射光度法测定生活用水中氯离子[J].分析测试学报,16(5):32-34.

赵仲丽,靳岚,2012.大学化学实验[M].北京:化学工业出版社.

浙江大学,华东理工大学,四川大学,2003.新编大学化学实验[M].北京:高等教育出版社.

周怀宁,2000.微型无机化学实验[M].北京:科学出版社.

朱红,朱英,2002.综合性与设计性化学实验[M].徐州:中国矿业大学出版社.

PRIGOGINE I, 1967. Dissipative Structures in Chemical System[C]. Fifth Nobel, Symp, New York, John Willy and Sons, Inc., 371.